河出文庫

生命科学者たちの むこうみずな日常と 華麗なる研究

仲野徹

河出書房新社

生命科学者たちのむこうみずな日常と華麗なる研究

目次

イラスト　髙柳浩太郎
本文デザイン　佐藤亜沙美

はじめに

本を読むのが好きである。なかでも伝記がたまらなく好きである。日本の本屋さんには伝記のコーナーがあまり見当たらないが、アメリカでは、空港の本屋さんのような小さなお店にも伝記コーナーがあったりするので、けっこう人気があるようだ。私などは典型であるが、他人の生活をちょっとのぞいてみたいという下世話好きな本能というのがあるのだろう。

当然のことながら伝記はノンフィクションである。とはいうものの、科学者が考える厳密な尺度での「事実」や「真実」が書かれているかというと、そんなことはない。自伝には、都合のよいことだけが書かれていたり、適当な脚色のほどこされていることがよくある。他人の書いた伝記であっても、筆者の立ち位置によって内容が異なってしまうこともままある。それでも伝記を読むのは楽しい。

フィクションであればご都合主義的な話とバカにされるような信じられない幸運が本

当に転がっていたり、これではあまりにひどすぎるではないかというような厄災が実際に起こってしまうのが伝記である。のぞき見趣味を満たすだけでなく、あぁ、生きているとこういうことがあったりするのか、と、人生というものを真摯に考えさせてくれる。

生命科学者の伝記も、もちろん例外ではない。伝記が書かれるような人たちなのだから、卓越した業績をあげた人たちである。しかし、その成果にいたる道筋は大きく異なっているし、それぞれの生き様となるともっと振幅が大きい。研究する日常というのはけっこう淡々としたものであって、巷間想像されているほどドラマチックではない。しかし、伝記になるような科学者の生き様を知り、人間らしい営みの物語としての研究を知るというのは面白い。

この本は『細胞工学』という生命科学の専門誌に「なかのとおるの生命科学者の伝記を読む」というタイトルで二〇回にわたって連載し、ご愛読いただいた内容を訂正、加筆してまとめたものである。男女、東西、古今、できるだけ多彩に、しかし、必ず驚くような面白いエピソードを持った生命科学者たちの伝記を、まったく個人の興味で取り上げさせてもらった。それぞれの伝記本を紹介し、その科学者のエピソードから思いつくことなどを妄想的にまとめた、項目ごと読み切り形式の内容になっている。

取り上げた伝記本の内容は多岐にわたっており、専門知識がまったくなくとも読めるものから、少し専門知識が必要なものまで幅広い。しかし、ほとんどは、専門的な話をすっとばしても面白く読めるように書いたつもりである。なんとなく興味があるというレベルからどっぷりひたっているというレベルまで、生命科学に関心のある人、生命科学研究者の人生をのぞいてみたい人、そして将来生命科学者になりたい人にぜひ読んでもらいたい。読み終えた時、生命科学の研究者の人生って面白いなぁ、と思っていただけたらなによりの喜びである。

二〇一一年一一月　仲野　徹

文庫版　はじめに

単行本『なかのとおるの生命科学者の伝記を読む』を出版してから早くも八年。思いがけず文庫化のお話をいただきました。あちこちに講演や講義でお呼びいただいた時に、けっこう「先生の伝記の本、おもしろかったです」と声をかけてもらえたり、サインをお願いしますと頼まれることがあって、ほんとうにありがたいことだと思っています。

何を書いたか忘れてしまっていることが多いことには、自分でもあきれてしまいます。こういったエッセイ風のものだけでなく、生業としている研究の論文でさえそうなのですから、どうしようもありません。

ときどき、必要にせまられて、昔、自分で書いた論文を読むことがあります。さすがにデータはおおよそ記憶していますが、ディスカッションになると、そうでもありません。しかし、読んでみると、じつに鋭い考察がなされているのです。思わず、おぉ、なんと深い、とつぶやいてしまうことすらあります。アホかお前は、あるいは、どこまで自己肯定的やねん、と思われるかもしれません。しかし、本当の話だからしかたないのです。

自分で書いた本を読み返すことは、資料として参考にする時以外、ほとんどありません。しかし、今回の文庫化にあたってはこの伝記本を読み返してみました。誰について書いたかくらいは、さすがに覚えていましたが、どんなことを書いたかは、当然のごとく、ほとんど記憶にありませんでした。

しかし、むちゃくちゃおもしろい！　昔の自分と対話しているようなものなので、信じられないくらい気が合うのです。そのうえ、昔書いた論文を読む時と同じように、おぉ、素晴らしい考察がなされている、と思うところもいっぱいありました。

論文を書いたり、本の原稿を書いたりする時は、自慢じゃありませんが、ものすごく集中して考えます。けれど、書き終えたら、その内容がきれいさっぱり脳みそから出ていってしまう体質みたいです。そんなザル頭ですが、さすがに一〇年近くも年を経ると、経験知が増えて、違う角度から物事を考えられるようになっています。（より正確には、そう思いたい、ですが……）

ということで、文庫化にあたり、半分くらいの項目で、一〇年近く前に考えたことに、あらたに調べたり考えたりして、いろいろなことを書き加えました。これは、おぉ、この数年の間にやっぱり賢くなったんちゃうんか、と、自己肯定感がいやます楽しい作業でありました。

最後に、あつかましくも自伝を付け加えてあります。自己肯定感が強いといわれる私ですが、自発的に書いた訳ではなくて、編集者さんにそそのかされてのことです。さすがに恥ずかしかったりしたのですが、昔のことを思い出す楽しい作業でもありました。まったく偉大でない研究者であっても、けっこうな偶然や幸運があることを知っていただけたら幸いです。

単行本の「はじめに」にも書きましたように、生命科学の研究者の人生って面白いなぁと思ってもらえたら、また、そこから何かを学び取ってもらえたら、とてもうれしいことであります。

二〇一九年六月　仲野　徹

第1章	野口英世	1876-1928
	クレイグ・ベンター	1946-
	アルバート・セント＝ジェルジ	1893-1986
	ルドルフ・ウィルヒョウ	1821-1902
第2章	ジョン・ハンター	1728-1793
	トーマス・ヤング	1773-1829
	森鷗外（林太郎）	1862-1922
	シーモア・ベンザー	1921-2007
第3章	アレキシス・カレル	1873-1944
	オズワルド・エイブリー	1877-1955
	サルバドール・E・ルリア	1912-1991
	ロザリンド・フランクリン	1920-1958
	吉田富三	1903-1973
	リタ・レーヴィ＝モンタルチーニ	1909-2012

〔登場人物たちの生きた時代〕

年代	重要な出来事	
1720	ベーリング海峡の発見	ベーリング
1730	ベルヌーイの定理	ベルヌーイ
1740	摂氏温度の提案	セルシウス
1750	雷が電気であるとの証明	フランクリン
1760	蒸気機関の発明	ワット
1770	『解体新書』の翻訳	杉田玄白、前野良沢
1780	天王星の発見	ハーシェル
1790	電池の発明	ボルタ
1800	エネルギーの概念	ワット
1810	分子説	アボガドロ
1820	尿素の合成	ヴェーラー
1830	電磁誘導の発見	ファラデー
1840	ドップラー効果	ドップラー
1850	微生物学の曙	パスツールら
1860	元素の周期表	メンデレーエフ
1870	炭疽菌の同定	コッホ
1880	ラジオ波の発見	ヘルツ
1890	ラジウムの発見	キュリー夫妻
1900	量子論	プランク
1910	アンモニア合成法の開発	ハーバー、ボッシュ
1920	ペニシリンの発見	フレミング
1930	中間子理論	湯川秀樹
1940	原子爆弾の開発	マンハッタン計画
1950	DNA二重らせん構造の発見	ワトソン、クリック
1960	人類が月に立つ	アポロ 11 号
1970	アップル社の設立	ジョブズ
1980	PCR 法の開発	マリス
1990	クローン羊ドリー誕生	キャンベル、ウィルマット
2000	ヒトゲノム解読	米欧日協同チーム
2010	ゲノム編集の開発	シャルパンティエ、ダウドナ

第4章			
北里柴三郎	ジャン・ドーセ	フランソワ・ジャコブ	マックス・デルブリュック
1853-1931	1916-2009	1920-2013	1906-1981

生命科学者たちのむこうみずな日常と華麗なる研究

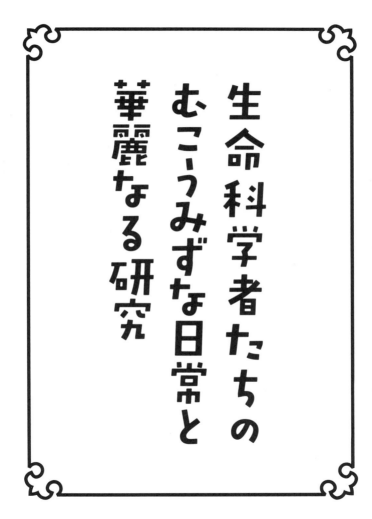

第1章
波瀾万丈に生きる

野口英世

一個の男子か不徳義漢か

伝記界の「巨人」

　本邦における伝記界の巨人は、誰がなんと言おうと、野口英世とキュリー夫人であった。一昔前までは、日本で育ち、野口英世の伝記を読まずに成人するのは難しかったろう。幼いころに囲炉裏に落ちて左手に熱傷を負い、「手棒《てんぼう》」と呼ばれた野口清作が努力に努力を重ねて偉大な細菌学者になり、西アフリカで黄熱病に殉死したことに誰もが感動した。だから、千円札になっても、まぁいいではないかと受け入れられたのである。

　ただ、こういう立身出世物語というのは時代にそぐわないのか、今の大学生に聞くと、野口の伝記というのは、そうポピュラーではない。これはいかん、ということで、トップバッターは、野口英世である。毀誉褒貶があるけれど、いや、あるからこそ、野口の

人生はとてつもなく面白い。偉人伝としてではなく、一人の複雑な人間の記録として、野口の伝記は読まれるべきだ。

野口の伝記と言えば、大多数を占める〝褒め〟系と、渡辺淳一の『遠き落日』(集英社文庫)に代表されるような〝貶し〟系がある。しかし、イザベル・R・プレセットの『野口英世』(星和書店)は、「偶像視」でも「偶像破壊」でもない野口像をあますことなく記録した野口伝記の最高峰である。プレセット女史は、野口を直接知る人へのインタビューを含めてアメリカで一次資料を渉猟したというだけのことはあり、アメリカでの野口、すなわち、科学者としての野口についての記載がとりわけ詳しい。

また、この本は、神戸大学医学部精神神経科の教授であった著述家としても名高い中井久夫と、その友人である英文学者 枡矢好弘の共訳であり、翻訳とは思えない素晴らしい文章で読むことができる。

野口英世とその後援者たち

プレセット女史の本の原題は、『Noguchi and His Patrons』、すなわち、「野口とそのパトロンたち」である。借金を踏み倒したり婚約を一方的に破談にするという、はた迷惑な性格であった野口は、じつに多くの人たちの世話になっている。

なんといっても最大のパトロンは、サイモン・フレクスナーだ。初代所長としてロックフェラー研究所を超一流に育て上げたフレクスナーであるが、意外にも小心翼々とした人物だったらしい。来日時に通訳をしたという縁だけでフィラデルフィアまでやってきてしまった野口を困惑しながらも受け入れ、後にはロックフェラー研究所の所長として、野口を後援しながらも利用していく。というのも、狂犬病や黄熱病の原因となる「微生物」についての研究内容を懐疑していたにもかかわらず、新しくできた研究所の名声のために野口を擁護し続けたのだ。

また、フレクスナーはドイツから移住したユダヤ人の子だくさんの家庭に生まれ、社会の底辺からのし上がった人物である。日本からほとんど無一文でやってきて粉骨砕身がんばる野口に自分自身の影を見たのであろう。

渡米前のパトロンとしては、野口の才能を一目で見抜いた高等小学校時代からの恩師である小林栄と、後に日本歯科医師会会長になる血脇守之助が双璧である。小林は、野口からの手紙を保存していただけでなく、検閲して不都合なところを消したりしているし、知っていることでも野口にとって都合が悪そうなことには口をつぐんでいたようだ。プレセットに言わせると、「野口の記憶は、主として小林が作った民族伝説の主人公となって保存」された、というほど、野口英世が「日本の偉人」として記録されるのに果たした小林の役割は大きい。

血脇は二〇代の若いころに、金銭面で野口を支え続けた、あるいは、続けさせられた。野口は全く金銭の管理ができずに放蕩を続けるが、そんな野口に高利貸しに金を借りてまで金をやる血脇には頭が下がる。

　後に血脇が渡米した際、野口の取り計らいにより、シカゴ大学の歯学部などを訪問できただけでなく、当時の大統領ハーディングとも会見している。血脇の感動はいかばかりであったろうか。「もうこれで恩を帳消しにしてもらいたい」と申し出る血脇に、野口はけなげにも「恩は取引いたすべきものではありません」と答えた。ただし、そう言いながらも、勘定書はきっちり血脇に回ってきた、というのがすごい。

「甘える」というのは日本人独特の感情である、と看破した土居健郎の名著『「甘え」の構造』（弘文堂）が引用されているように、野口は、フレクスナー、小林、血脇に甘えきっていた。しかし、この三者も、野口の名声に共鳴するように、自分の名声という報酬を勝ち得たのである。

　他にも、SF作家、星新一の父で、星製薬の社長であった同郷の星一もパトロンであった。星はひっそりと野口の母シカに仕送りを続け、野口の一時帰国の費用も賄っている。そして、第3章と第4章に登場する二人、野口を何度もノーベル賞に推薦したアレキシス・カレルと、時には冷たくあしらいもしたが、自分の研究所で野口を雇用したことのある北里柴三郎もパトロンにあげていいだろう。

最大の業績　進行麻痺と梅毒

野口英世が成しえた業績のうち、現在まで残っている最大のものは、当時、精神疾患とされていた進行麻痺患者の神経病巣における梅毒スピロヘータ（スピロヘータ細菌の一種）の発見である。今の感覚ではその意義がわかりにくいが、機能的な疾患だと考えられていた精神疾患に、器質的な原因が存在することを明らかにした最初の例として医学史に特筆されるべきものである。

ちなみに、著者であるプレセット女史の父親は、進行麻痺の患者サンプルを野口に提供した精神科の医師であった。父君が野口を尊敬していたということもあるだろうが、幼少時に会った野口から受けたよほど強烈なインパクトが、多くのアメリカ人が全く知らない日本の偉人、野口英世の伝記を八年の歳月をかけて書かせることになる。さすが、元とはいえ、伝記界の巨人、野口には伝記を書かせたくなるような魅力があったに違いない。

渡米初期に行った蛇毒の研究など、他にも優れた業績を残しているが、残念ながら、後年、あるいは、存命中にさえ、誤謬であると判断された研究内容が相当に多い。それは、梅毒スピロヘータの純粋培養であり、狂犬病や、ポリオ、そして、黄熱病の「病原体発見」である。

これらの誤った研究は、研究技術が未成熟であったために後世の研究により覆されていった、というたぐいのものではない。野口独特の研究スタイルが、アメリカ医学の黎明期という時代を映し出しながら生み出されてしまったものである。

大変な努力の結果、誰も見つけられなかった梅毒スピロヘータを進行麻痺の患者の脳に見つけることができた。しかし、このとき、野口は新しい技法を使ったのではなく、「断固とした決意と粘りと鋭い視力」を武器としたのみであった。

こういった成功経験が、「検鏡できないような微生物はない」という誤った信念や、「目の迷い現象による真の反応の覆い隠し」という誤った判断を生み出してしまった。そして、論文に「一切の疑問の余地無く（proved beyond doubt）」という記載をするようになってしまう。同時に、フレクスナーには「他の者が追試できないことをやってのけられる細菌学技術の巨匠」という野口像を抱かせ、「科学の魔法使い」としての虚像が作り上げられていく。

プレセットによると、「狂熱的努力によってせっかくの才能と絶好の機会を浪費する――そのことの限りない繰り返しの環」というのが野口の悪循環であり、この破滅に至るパターンは、すでに梅毒スピロヘータ研究の時代に確立されていた、ということになる。

野口が言うように「エールリヒは頭で仕事をした」ので、実験や作図といった手足の仕事すべてを人に任せることができた。それに対して、野口は自分の頭よりも自分の手を信じた。試験管洗いまで、すべてを自分で行わないと気が済まなかったのである。これは、訓練を受けた助手を置かなかったことにもつながっている。

周囲から見ると「試験管のラベルの記号法の体系——というよりも無体系——」がおかしいと思われたり、「一つの複雑な問題の多数の面に関わり、それぞれの面の一つ一つには少量のデータ」しかなかったりした。性格的な問題なのか、研究者としての基礎トレーニングが不十分だったのか、あるいは両方か。ともかく、研究の進め方そのものにいろいろと問題があったようだ。

最大の誤り　黄熱病スピロヘータ説

こういう悪いところが最大限に発揮されてしまったのが、最後の研究となる黄熱病研究であった。血清反応などから、黄熱病の病原体をスピロヘータの一種であるレプトスピラ・イクテロイデスであると断定してしまう。最初から懐疑をもって迎えられたスピロヘータ説であるが、野口が最初に発表した後、約一〇年の間に、その説は誤りであるという報告が蓄積してくる。そしていよいよ後に引けなくなったころ、運命のアフリカ行きとなる。

そのころには、黄熱病研究に対する疑問が、集団ヒステリーのように広がっていた。そして、野口の言動すべてに極端な不信が抱かれるようになっていた。野口自身が、黄熱病に関する自分の研究を誤りだと気付いており、アフリカから生きて帰れば立場が悪くなることを知っていたはずだとする人もたくさんいた。そういったことが、意図的に黄熱病に感染したのではないかという野口自殺説までがでてきた背景にある。

しかし、黄熱病に感染した後、発熱の峠を越した野口は、きっぱりと「自分はどうして感染したのかさっぱりわからない」と、そして、「われわれは黄熱病のことがまだほとんどわかっていないね」と、話している。その後、てんかん様発作から意識混濁となり、死亡する。手術をしたとはいえ、手袋をできない不自由な左手を持っていた野口である。故意ではなく、実験中の事故で黄熱病に感染した、というのがおそらく真相だろう。

監訳者の中井久夫は優れた医師らしく、冷徹に、「本書で明らかにされた医学的所見から直接の自殺は否定できる」、さらに、「けいれんの原因は特定できないが…（中略）…、中枢神経系の器質性障害が直接の死因だったのはまずまちがいない」と、その解説で断定している。

黄熱病の研究の多くが間違いであり、さらに黄熱病が死因でなかったら、千円札の顔でもまぁいいではないかとは言いにくくなってしまう。このように思うのは私だけではないだろう。

西アフリカでの研究は、実験動物の管理など、混沌と言っていいほどめちゃくちゃなものであったようだ。これは、野口の悪癖だけでなく、剖検で明らかとなった「梅毒の陳旧感染[*1]とその意味する精神水準低下」も関係したものだったろう。黄熱病に罹患する直前の野口の写真は、五〇過ぎというのに、まるで老人のようだ。自分が梅毒に罹患していたことを野口は誰にも話していなかったが、病状の進行から見て、かなり若い時代、渡米時にはすでに感染していたことは確実だ。

進行麻痺と梅毒スピロヘータ

便利なもので、いまは簡単に論文検索をすることができる。Noguchi H と、その所属研究所であったRockefeller で調べてみた。きっかり一〇〇の論文がヒット。おどろいたことに、そのすべてが、研究所が発刊していた *The Journal of Experimental Medicine* だ。一九〇四年に着任していて、その雑誌に論文が出始めるのが翌年、そして、最後の論文が亡くなった翌年の一九二九年である。

最初のうちはヘビの毒素などについての研究で、一九〇九年ころから梅毒の原因であるスピロヘータの研究へと移っていく。二〇編近くの論文のうち半分がスピロヘータの培養、すなわち、後に否定された、すなわち間違えた研究である。う〜ん、大丈夫か。そして、金字塔ともいえる、進行麻痺の患者に梅毒スピロヘータを発見したという論文は一九一三年に発表されている。

あらためて、「進行麻痺」を広辞苑でしらべてみた。そこには「精神病の一種。梅毒により脳実質が冒されることが原因で、梅毒第四期（感染後一〇～二〇年）に発する。記憶力・判断力の減退、手指振顫《しんせん》・言語障害・妄想・双極性障害様症状などを起こし、さらに進行すれば身体は衰弱し高度の精神障害を生じる。野口英世が梅毒との関係を実証した。麻痺性痴呆」と、結構詳しい。いまは使われない言葉なのにここまで詳細なのは、野口に敬意を表しているのだろうか。

その論文を読んでみた。なんとなく物語のような論文である。もともと、梅毒が原因でないかということは、野口が発表する一〇年ほど前から言われていた。それを唱えたのは、偉大な精神科医クレペリン——あのクレペリン検査のクレペリンだ——といったことから、論文は始まる。野口は、その説を実際に顕微鏡で確認した、という内容だ。

論文はB6判程度の大きさにわずか八ページという短いものである。患者の病歴が二ページ、そして、当時としては最高レベルと思われる美しい強拡大の顕微鏡写真が一ページ。正味五ページしかない論文の内容は極めてシンプルだ。二人の著者のうち一人、野口が、七〇人の患者サンプルのうち一二例において梅毒スピロヘータを見つけた、ということが記載されているにすぎない。

あのワトソンとクリックの二重らせんの論文など一ページほどの短いものでしかないのだから、発見の重要性と論文の長さに関係はない。ただ、これ以後、野口は関心を失ったのか、梅毒の論文をあまり書いていない。他の研究者によって追試が行われ、進行麻痺との関係が明らかにされていった。

正直なところ、この論文にはやや肩すかしをくらったような感じがする。病原微生物と確定するためには、コッホの三原則——疾患における病原体の存在、その純粋培養、培養菌接種による発症——を満たさなければならない。そのうちの一つだけ、病原体の存在のみとは思わなかった。野口が開発したという梅毒スピロヘータの培養が本当はできていなかったのだから、当時としてはどうしようもないことなのだが。

見えないものが見えたのか……

ほとんど知られていないことであり、私もプレセットの『野口英世』を読むまでは知らなかったことであるが、もう一つ、野口は、生前には全く評価されなかったが、後に正しいと証明された内容を発表している。それは、スピロヘータの運動と微細構造に関する研究で、「スピロヘータの数種の変性現象の研究から筆者はこれらの生物における運動部分は中軸フィラメントであるという結論に達した。これは鞭毛の変化したものである」というものだ。

野口は、光学顕微鏡の観察では見えるはずのない中軸フィラメントを「見た」のだ。単に、まぐれあたりでそのような結論を導いたのかもしれない。しかし、「検鏡できないような微生物はない」という信念を持っていた野口には、四〇年たった後に電子顕微鏡で初めて証明されるようになる構造が「見えていた」のかもしれない。こんなことを知ると、うれしくなってしまう。ラモン・イ・カハールにシナプスが見えたように、凡人には見えないものが天才には見えることがあるのだろうか。

一個の男子か不徳義漢か

野口の英語はなまりが強く、ずいぶんとわかりにくかったそうだ。野口の論文をいくつか読んでみたが、話し言葉だけでなく、論文の英語も不思議と思えるような文体である。研究所での野口の評判は、英語が下手だったことや、性格的な問題、そして、おそらく人種的な偏見もあって、あまり良くなかった。華々しい研究業績を、次々と、フレクスナーが編集者を務めるロックフェラー研究所の雑誌 *The Journal of Experimental Medicine* に発表していくが、野口は決して研究所の中軸ではなく、「研究所という体についた装飾品」のような存在であったという。また、一度だけ帰国した日本でも、表向きは歓迎であったが、学界の本音としては冷たかった。

一方で、少し意外であるが、野口は若い研究者に対してはとても優しく、常によく励ましていたそうだ。自分一人が中心になって研究していたので当たり前かもしれないが、論文著者をどうするかなど、研究業績のクレジットに関するいざこざもほとんどなかった。

「ウイルス学という列車に乗り遅れた野口英世像」というのがある。しかし、こうして見ると、そのような解釈は単純すぎるだろう。いろいろと重層的な要因——人的要因、時代的要因、そして、新しい研究所の設立という環境的要因——が複雑に絡み合いながら異形の天才を包み込み、「野口英世」というものが完成してしまったのだ。

三人の大パトロン、フレクスナー、小林、血脇、の誰が欠けても、民族伝説としての野口英世は創出されなかったに違いない。また、もし、野口が医学の新興国であるアメリカでなく、北里のようにドイツに留学していたら、このような誤謬に満ちた履歴を残さなかっただろう。もちろん、「偉人」になれなかった可能性も高いのではあるが。

渡米する野口に血脇は迫った。「一個の男子であったか、又は不徳義漢であったかの運命を決するための大事な首途《かどで》だぞ」と。研究上の誤りはあったが、あの時代に渡米した日本人の生き方としては、一個の男子にふさわしかったと考えたい。しかし同時に、パトロンに対して、そして何よりも、残念ながら科学に対して、不徳義であった。野口は、一個の男子にして不徳義漢であったのだ。科学者として日本で初めてお札の肖像になったことを知ったら、野口はどう思うだろうか。一個の男子としてふさわしいと思うのだろうか、それとも……。

＊1　陳旧感染
感染してからすでに長い期間が経過していること。

野口英世

HIDEYO NOGUCHI

1876 - 1928

1876	福島県猪苗代に生まれる。
1889	小林栄に見いだされ、猪苗代高等小学校入学。
1893	上京し、血脇守之助の援助を受ける。
1897	医師免許を取得。順天堂医院に勤務。
1898	北里柴三郎の伝染病研究所に勤務。
1899	サイモン・フレクスナー来日時に通訳を務める。
1900	フレクスナーを頼り、フィラデルフィアへ。
1903	デンマーク留学。研究対象を蛇毒から細菌学へ。
1904	ロックフェラー研究所に勤務。
1913	進行麻痺の原因を梅毒スピロヘータと同定。
1915	一時帰国。
1918	エクアドルに出張、“黄熱病原体”を発見。
1928	黄熱病に感染し、死去。

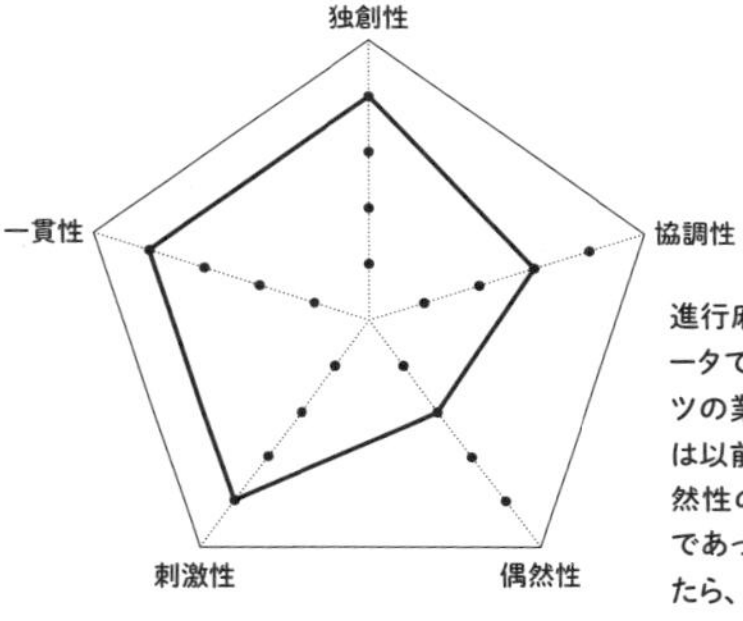

進行麻痺の原因が梅毒スピロヘータであったという研究がダントツの業績なのですが、発想自体は以前からあったものでした。偶然性の低さは、自力度の裏返しであって、「努力」の項目があったら、5点でも足りないくらいです。

クレイグ・ベンター

闘うに足る理由

ヒーローそれともヒール？

ベトナム戦争が
人生を変えた

　映画には、かつての、ブルース・ウィリスの『ダイ・ハード』や、シルベスター・スタローンの『ランボー』のように〝ヒーローがたった一人で巨悪に立ち向かう〟系とでもいうべきジャンルがある。科学の世界には、組織的な巨悪もないし、そのようなエピソードはありそうもない気がする。しかし、少なくとも、ヒトゲノムプロジェクトに果敢に挑んだクレイグ・ベンターの格闘は、まさしく、それになぞらえるにふさわしいものであった。

　ヒトゲノムプロジェクトが米欧日で進められていた二〇世紀末、*Nature*や*Science*という超一流科学雑誌では、ベンターのことを、公的機関が公開するデータをうまい具合に利用して金儲けをたくらむゲノムの極悪商売人である、とでもいうようなコメントが掲載され続けた。そう、映画のジャンルにはありえない、あったとしても誰も見に行きそうにない、ベクトルの方向が逆向きのストーリー、すなわち、〝ヒールがたった一人で正義の邪魔をする〟人物として世に喧伝されていたのである。

はたしてどちらが本当なのであろうか。ベンター自身が「わたしの側から見た物語だけが唯一の真実だと言うつもりはない」が、「自分の物語は語るに値すると信じて」、自分の業績がいろいろな面で議論の的となっている以上「語っておくべき」と考えて執筆したのが『ヒトゲノムを解読した男――クレイグ・ベンター自伝』（化学同人）である。

我々と同時代に生き、ほとんど独力でとてつもない業績を勝ち得た男の波瀾万丈の半生記は、素晴らしく面白い。もちろん「最終的な結論は読者のみなさんと歴史にゆだねるほかない」のであるが、この〝羅生門ヒトゲノム版〟、はたしてどこに真実があるのだろうか。

ベトナム

クレイグ・ベンターは、一九四六年、ユタ州ソルトレイクシティで、復員軍人の子として生まれる。成績は、「幼稚園時代を頂点として下降線」というほどの劣等生で、全く落ち着きのない子どもであった。本人も簡単にふれているように、今で言うＡＤＨＤ（注意欠陥・多動性障害）だったのかもしれない。高校時代の反抗期には不良のような振る舞いをしたこともあったが、水泳でめきめき頭角を現し、特待生として大学から声をかけられるほどになる。しかし、それを受け入れず、南カリフォルニアのカレッジに入学して、サーフィン三昧の生活を送っていた。

悪化してきた東南アジア情勢は、そのような生活を長くは許さず、ベンターは徴兵され、一九六五年、海軍に入る。その時のIQテストで一四二という高い数値を出したベンターは、戦死率や戦傷率が高いとは知らずに衛生兵を志願する。髪の毛を切れという命令に背いて有罪の判決を受けたが、命令書を偽装して軍刑務所入りを免れ、「危険を冒してでも自分の人生の支配権を握ろうとすれば、必ず報われる」という、後のベンターを形作る貴重な教訓を得る。

能力が高く評価されてサンディエゴの海軍病院での内地勤務が続いたが、現地派遣の命令を受ける前に、生還の可能性が最も高いダナン行きを自ら志願し、いよいよ「死の大学」ベトナムへ向かうことになる。このときも、自ら動かずにいれば、他の任地への赴任を命じられ、おそらくベトナムで死ぬことになっていただろうと述懐している。

ベトナムで五ヵ月たったころ、あのフランシス・コッポラの映画「地獄の黙示録」のような「ナンセンスから、狂気から、恐怖から、泳いで逃げ出す」ことにしたベンターは、「力尽きるまで泳ぎ続け、暗い海の底へ」沈もうとして、沖へ沖へと泳ぎ出す。しかし、サメに襲われ、正気を取り戻す。大慌てで岸に戻りつき、生きたい、そして、「人生を意味のあるものにしたい、なにか大きなことをしたい」と強く思うようになる。

自分の生死についてのこの体験とあわせて、治療にあたった戦傷を負った兵士の二つの死、生きられるはずなのに生きることをあきらめたがために亡くなっていった兵士の死、と、生きられるはずがないのに最後まで生きる意志を強く持ちながら亡くなってい った兵士の死、を経験したことから、「目的をもたない若者だったわたしが、生命の本質を理解せずにはいられなくなった」のである。

アドレナリンの研究から「ゲノミクス」へ

基本単語のスペルもあやしいほど学力に不安のあったベンターだったが、復員兵援護法の援助を受けてサンマテオカレッジに入学し、猛勉強を始める。そして、オールAの成績をおさめ、医学の道を志してＵＣＳＤ（カリフォルニア大学サンディエゴ校）に編入する。

ベンターは、生化学者ネイサン・カプランの目にとまり、自分の研究プロジェクトを考えるように勧められ、アドレナリンの心筋細胞刺激作用の研究を提案する。よほど見込みがあったのであろう、カプランは、学部生にすぎなかったベンターに小さな研究室まで用意してくれた。

最初に、ガラスビーズにアドレナリンを結合させてマイクロマニピュレーターで培養心筋細胞に接触させると拍動がどうなるかを調べるという実験を行った。当時としては、相当に斬新な研究だが、期待通りの結果を得た。その内容を一流雑誌の*PNAS*（米国科学アカデミー紀要）に発表しただけでなく、ボランティアで医療行為も行ったりして、メディカルスクールへの進学を期していたベンターであった。しかし、試験官の「研究に興味があるのなら、臨床を学んでも楽しくないだろう」という結論に同意し、あっさりと医師への道は放棄した。そして、カプランの研究室の大学院生となり、*PNAS*や*Science*を含めて一二報もの論文を発表し、一九七五年に博士号を取得する。

十分な業績を上げていたベンターは、博士号取得後すぐに、ポスドク（博士研究員）を経験することなくニューヨーク州立大学バッファロー校で研究室を主宰する。アドレナリン受容体の解析を続け、継続的に業績を上げていたが、より大きなことを成し遂げたいと思うベンターは、バッファローの不十分な環境を後にし、一九八四年、ＮＩＨ（国立衛生研究所）に異動する。

そこでのプロジェクトとして、アドレナリン受容体遺伝子のクローニングを推し進めるが、残念ながら、七面鳥の赤血球を材料に用いた他のグループに先を越されてしまう。ベンターは、ヒト脳のアドレナリン受容体をクローニングするという、二番煎じに甘んじるしかなかったのである。しかし、この研究を通じて、さまざまな受容体のことを知るには、その配列を比較する必要がある、という、後に「ゲノミクス」と呼ばれるようになる考えにとりつかれる。

*Nature*の論文で、ＤＮＡ配列を自動的に読む装置「ＤＮＡシークエンサー」が開発途

上であることを知ったベンターは、装置が完成したら最初の一台を購入することをそのメーカーであるＡＢＩ（Applied Biosystems）社に申し入れる。このあたりの即断力と行動力がベンターの真骨頂だ。初期のシークエンサーは、ほとんどの研究室で使い物にならなかった。しかし、師匠のカプランから「すべてを正確に測定し、試薬の純粋さを確かめること、そして業者の『純粋だ』という言葉を信じてはならないこと」を学んでいたベンターは、ＤＮＡとプライマー（ＤＮＡの塩基配列決定に必要な核酸の断片）の量を最適化し、十分に装置を使いこなした。

ちょうどそのころ、ヒトゲノム計画が胎動を始めていた。シークエンサーが開発されたとはいえ、当時の技術ではヒトゲノムという大量の塩基配列を決定するのはきわめて困難であった。なので、大半の人は不可能とみなすか、してはならないことだと考えていた。しかし、ベンターは、ヒトゲノムに夢中になり、一九八七年、受容体研究を捨て、ゲノミクス研究へと転身する。

赫々たる成果を上げた分野を離れて、全く違う分野に進む勇気、これもベンターの特質である。翌年、ＮＩＨのヒトゲノム研究センターに、ジェームズ・ワトソンが責任者として着任する。以後長年にわたるベンターとワトソンの確執は、研究費を申請しても申請しても取り上げてもらえないというベンターの恨みつらみから始まった。

EST

ゲノム研究として、まずは、遺伝性疾患の遺伝子塩基配列を決めるため、ショットガン法という、長いDNAを断片化して解析する方法でプロジェクトに立ち向かった。しかし、当時のシークエンサーの処理速度とアセンブリのソフトウェアでは不可能であることがわかって断念する。

そのかわりに、ゲノムの直接解読ではなく、cDNAという、ゲノムのうちタンパク質をコードする部分だけを写しとったDNA配列を利用する方法が有効ではないかと考え始めるようになる。そのようなベンターを後押しすることになるのは、当時、大阪大学の教授であった岡山博人先生と松原謙一先生に聞かされた完全長cDNA解読のプロジェクトだ。日本での二人の重鎮とのディスカッションを終えて帰国する機内で、ゲノムではなく大量のcDNAクローンをランダムショットガン法で処理するアイデアがひらめいたのだ。

そのような方法では、ある細胞に発現する遺伝子のうち大量に発現しているものしかとれてこないだろうという理由で、研究室の仲間たちから否定的な意見が出される。しかし、ベンターはあきらめることなく、カプランの教え「実験することなしに論ずるべからず」を実行した。そして結果的に、きわめて効率良く遺伝子を網羅的にクローニングできることを明らかにする。この方法で得られる塩基配列は、ｃＤＮＡの全長ではなく、その一部の配列にすぎなかったので、ＥＳＴ（Expressed Sequence Tag――発現された塩基配列のタグ――）と名付け、一九九一年、*Science*誌に「ｃＤＮＡ解読――ＥＳＴとヒトゲノム計画」と題して報告した。

ＥＳＴ計画を推し進めてヒトゲノム計画に利用しようとするベンターの研究費申請は、またもワトソンに拒絶された。それどころか、特許問題もからみ、ベンターの研究などサルでもできると公聴会で酷評されるはめになる。ここまでくると、ほとんどアカデミックハラスメントだ。

ワトソンはＥＳＴの価値を理解していながら、自らのゲノム計画の資金が減らされることを恐れてそのような立場をとったにちがいない。そう考えて、いつまでも怒りにふるえるベンター。このあたりの怨念はものすごい。いくつかの理由により、追い出されるような形でワトソンはＮＩＨからの退場を余儀なくされるが、それは後の話だ。

そのころ、ベンターは、ある見知らぬ政府高官からお褒めの言葉にあずかった。なぜ褒めるのか尋ねたところ「ワシントンでは、敵のグレードによってその人の能力は判断される」からだと教えられた。サイエンスのような素朴なフィールドと政治という複雑なシステムは、考え方の根本からして違っている。

自由な研究環境を求めてＮＩＨを去ろうとしていたベンターに、「リーチ歯ブラシ」で成功をおさめたベンチャー投資家、ウォレス・スタインバーグが手をさしのべ、一九九二年にＴＩＧＲ（The Institute for Genomic Research）が設立される。ＴＩＧＲは、誤解されがちなのだが、バイオテクノロジー企業ではなく、独立した非営利の研究施設である。ただ、話が少しややこしいのは、ＴＩＧＲの研究に出資し、その成果を市場化させる目的の営利企業ＨＧＳ（Human Genome Sciences）も同時に設立されたことである。

その年の暮れ、科学者としては珍しく神が存在すると心から信じている敬虔なクリスチャン「ゲノムプロジェクトのモーゼ」ことフランシス・コリンズが、ワトソンの後任となった。そして、ＮＩＨの仕事だけでなく、ベンターの敵役も引き継ぐことになった。ちなみに、コリンズはこの時のことを振り返り、「消える運命にある事業を率いる契約にサインした」ような気持ちであったと述懐している。計画されている期間内にヒトゲノムプロジェクトを完成させることは不可能だと考えていたのだ。

ＥＳＴプロジェクトを継続していたベンターは、ＥＳＴの特許申請をめぐって、公的機関や製薬業界とのもめごとに巻き込まれ、ゲノム界の「極悪人」としてメディアから総攻撃を受けるようになる。ベンターによると、この特許申請はＮＩＨの特許政策に従ってしぶしぶ行ったもので、自分たちは、ESTの多くを公開しようとしていた唯一の団体で、特許によって儲けるつもりは全くなかったという。この件だけでなく、特許申請について各方面から攻撃され続けたベンターだが、あくまでも科学を推し進めることが目的で、特許を使って儲けようとしたことは一度もなかったと、繰り返し繰り返し述べている。

TIGRの顧問であった、制限酵素[*1]の発見者の一人、ハミルトン・スミスの助言を受けて、研究所の名であるゲノム研究が表すごとく、ゲノムの解析に乗り出すことになった。最初の対象にしたのは、インフルエンザ菌である。うまくいくはずがない、という外野の評判をものともせず、いくつかの新しい方法を開発しながら、DNAアセンブリのプログラムも駆使し、全ゲノムショットガン法を用いて、わずか四ヵ月程度でゲノム解読を終えてしまう。ここに世界で初めて、自己生活を行いうる非寄生性生物の全ゲノムが明らかになった。

しかし、ベンターは、ゲノムの解読結果を急いで発表することはしなかった。目的は単なる塩基配列の決定でなく、「ゲノムを分析して、史上初めて塩基配列が種について教えてくれることを明らかにし、この分野でのスタンダードになるような重要な論文を書き上げること」にあったためである。こういった研究の進め方に、カプランから、その師匠のフリッツ・リップマン、そして、さらにその師匠のオットー・マイヤーホフへとさかのぼる正統派生化学者の血統とも言うべき、ベンターの科学に対する真摯な態度を見て取れる。

　そして、一九九五年、その成果が米国微生物学会で発表される。そこでは、インフルエンザ菌だけでなく、ゲノムサイズが最小であると考えられるマイコプラズマのゲノム解読結果も同時に示し、「二年前、クレイグ・ベンターにこんなことができると思っていた人はひとりもいなかった」状況をあざ笑うかのように、自分たちの手法がいかに有効であるかを宣言した。ついで、古細菌（アーキア）[*2]のゲノム解読から、古細菌と真正細菌が進化的に非常に異なっていることも明らかにし、「比較ゲノミクス」という新しい分野のあり方を示したのだ。

　このような成果から、次第に研究費が集まるようになったが、ヒトゲノム解読をめざすベンターにとっては十分な額ではなかった。また、良き理解者であったスタインバーグが亡くなり、特許や利益をめぐる考え方の違いから、ＨＧＳとＴＩＧＲの関係が悪化していった。ベトナムでの教訓「人生は精いっぱい生きるべきだ」から「わたしが人生でやりたいことは、支援者であるはずの人々とのはてしない諍いなどではない」と、ベンターは、ＴＩＧＲをＨＧＳから切り離すことを決意する。これは、同時に、資金繰りがつかなくなることを意味していたが、うまい具合に次の救世主が現れる。

　ＡＢＩ社を吸収合併したパーキンエルマー社から、ヒトゲノム解読に三億ドル出すことを検討している、というオファーがあったのだ。そのために使う新しい自動ＤＮＡ解読装置の試作品、というより、装置の「部品」の試作品を見せられたベンターは、試算を行い、ハードルは高いが予算内で不可能ではない、という結論を出した。

どのようなビジネスモデルで儲けるかは未解決であったが、パーキンエルマー社の役員会は「パーキンエルマーの投資によって政府の計画よりずっと早くヒトゲノムを解読できるのであれば、儲けは度外視するだけの価値がある」との結論を下し、新しいゲノムの会社の設立に同意した。後になってわかることだが、これは大英断であった。

ショウジョウバエゲノム

ヒトゲノムを三億ドルかけて二〇〇一年までに解読するというベンターらの計画が、三〇億ドルをかけて二〇〇五年までに解読するという公的機関チームにとって面白いわけがない。さらに、一般メディアがベンターらのヒトゲノム計画を好意的に取り上げたため、火に油を注ぐような状況を招いた。

コリンズは、当面は現状維持の方針を打ち出しつつも、ベンターらが用いるショットガン法ではうまくいくはずがないと攻撃した。一方、ベンターは、ヒトゲノムの前にゲノムサイズの小さなモデル生物の解析を行うべきと考えた。そして、「ルービンが悪魔と手を結ぼうとしている」とまで言う人もいた中、ショウジョウバエ研究の第一人者のジェラルド・ルービンとの間で、ショウジョウバエゲノム解読を行う共同研究の了解を取りつける。

一九九八年、ベンターはセレーラ社を設立し、意思統一の重要性を重視し、フォード社のような流れ作業を採用し、「全行程《ママ》にわたって徐々に改善を加え、臨機応変に戦略を変更していくことで、時間とコストの削減を図る」方針をとった。力量の異なるメンバーから構成される公的チームに対抗して、サイズでは劣るが小回りで立ち向かおうという作戦である。

ゲノム解読には、大きく三つの要素、塩基配列を決定するためのサンプル作製、自動解読装置による配列決定、そして、コンピュータによるアセンブリ、が必要である。最も遅れたのは、最終的には何百台も購入するはずの自動解読装置であった。あらゆるレベルで問題があった装置の開発がようやく終わり、一九九八年の暮れにようやく第一号機が到着した。そのＡＢＩのプリズム３７００は、最悪の時点では稼働率が一割だったというのだから、驚くべき不良品率である。

しかし、その機械を駆使して、一つ目のプロジェクト、ショウジョウバエゲノムの解析が行われた。当時世界で三番目の能力であったといわれるコンピュータを用いて、処理する塩基配列数の膨大さや反復配列の処理など、多数の困難を乗り越え、一九九九年九月、ショウジョウバエゲノムの解読完了を宣言する。

インフルエンザ菌のときのようにゲノムの詳細な分析も行いたいところではあったが、本来の目的であるヒトゲノム解読に取りかかるため、時間の余裕はなかった。そこでベンターは、データを公開して、分析はショウジョウバエ研究者にゆだねることにした。

そして開催されたのが、セレーラ社が金銭を負担する「ゲノム解析ジャンボリー」であった。太っ腹な判断である。そして、ショウジョウバエ研究者が一堂に会した一一日間にわたる集会では、ベンターの予想をもはるかに上回る成果があった。こういうことから判断すると、ベンターは間違いなく科学界にフェアに接していた。

ヒトゲノム

ショウジョウバエゲノムの解読が終わるや否や、セレーラ社はヒトゲノム解読の総力戦に立ち向かうことになった。公的陣営もセレーラ社も使う解読装置は同じプリズム3700。一番の違いは、公的グループがBACクローン[*3]を用いた方法であるのに対して、セレーラ社はショウジョウバエゲノムで磨き上げた得意のショットガン法であるというところ。どちらに勝利の見込みがあるかの宣伝合戦が繰り広げられたが、メディアは、一〇分の一の資金で公的機関ゴリアテに挑むダビデのセレーラ社に好意的であった。

ベンターには、自らのチームがショウジョウバエゲノム解読の際に開発した方法のおかげで、大方の予想の半分程度の塩基配列決定ですませることができることがわかっていた。それに対して、公的グループはBACクローンの供給不足で計画そのものが頓挫するに違いなく、勝機は我にありと判断していた。

公的グループのデータを利用しているのはけしからん、まともにできそうもないデータベースを売ろうとしているのは詐欺である、などなど、いろいろな攻撃を受け続ける中ではあったが、セレーラ社は、公的グループとの協力体制を構築する話し合いを持った。しかし、「セレーラ側は、データ、解読方法、共同研究の帰属のいずれの点でも譲歩を求められたが、その見返りとして公的陣営が譲歩するものはなにもなかった」妥協案は、ベンターにとって、とてものめるものではなかった。その態度に対して公的陣営は「真に同胞として協力する精神をもってセレーラ側と会ったが、……(中略)……とんでもなく理不尽な条件を出してきた」と攻撃し、全くの泥仕合となってしまった。

しかし、ある政府高官の個人的な配慮から、ベンターとコリンズは密かに話し合いを続け、セレーラ社がヒトゲノムの最初のアセンブリを完了したら、ホワイトハウスでクリントン大統領とともに共同声明を発表するという合意に達する。「敵の鼻を明かし、栄冠を独り占めできる機会をみすみす逃す」として、ベンターは内部からも外部からもこの合意についての批判を受ける。ベンターがどのように考えて和解すべきという結論に至ったかはきわめて興味深いところであるが、残念ながら明らかにされてはいない。

二〇〇〇年六月二六日、全ヒトゲノムのおおよその解読が完了したことを祝す歴史的な発表が、ホワイトハウスで行われた。その席上、ベンターは、民間セクターによる研究への投資を感謝するだけでなく、公的ゲノム事業への資金供給やコリンズの働きを称え、そして、自分のこと、すなわち、ベトナムに始まる自らの経緯をスピーチで述べた。スピーチライターに頼らず自ら書いたという内容は、淡々としているが、バランスのとれた素晴らしいものだ。

ヒトゲノム解読の内容を*Science*誌に掲載するにあたり、公的陣営から引き続き嫌がらせを受けたというのは、信じがたいが本当なのだろう。また、セレーラ社の配列は公的グループのデータに依存したものである、とか、全ゲノムショットガン法はうまくいっていない、といった中傷も続けられる。

しかし、ヒトゲノムの後、ショットガン法を用いてマウスゲノムを六ヵ月で解読し、「ヒトゲノムを解読したときには公的取組みの質の悪いデータをとり込んだために苦労させられたが、マウスでは劣悪なデータに汚染されずにすんだので、ヒトゲノムのときよりずっとよい結果が得られた」とまで言われてしまったら、勝負あった、と言わざるをえまい。

海へ、そして合成生命へ

「人生や科学について理解しようとあがくとき、また新しい挑戦を探すときはいつも、まるで天国のように広々とした海を見にいく」というベンターだが、単に見にいくだけではない。ベトナム時代に始めたヨットに乗るのである。それも、享楽的なヨットではなく、大西洋横断レースで優勝するレベルのヨットである。

ワトソンがＮＩＨにやってきて研究費がとれなくなったとき、ベンターは魔の海域と言われるバミューダトライアングルに航海に出て死ぬような目にあう。しかし、その直後に実感できた生存の喜びと達成感はとてつもなく大きなものであったという。そして、一一年後、「バミューダトライアングルで経験した感覚に勝るとも劣らない信じられないほどの高揚感と、心底しびれるような陶酔」を、ヒトゲノム解読が終了したときに感じることができたという。

ヒトゲノム解読が終了し、セレーラ社を去ったベンターは、いっそのこと科学の世界を去ろうかとも考えるが、ベトナムで死んでいった兵士のことを思い出し、新しいことへの挑戦を決意する。その一つは、科学と航海を結び付ける「海そのもののゲノム」解析である。海水中に存在する微生物のゲノム解析を行うことにより、四〇〇〇の微生物ゲノムと六〇〇万の遺伝子クローニングを報告した。

もう一つのプロジェクトは、人工ゲノムを用いた新しい生命の作成で、その研究も着々と進んでいる。ターゲットに選ばれたのは、ゲノムサイズの小さな細菌であるマイコプラズマだ。二〇一〇年には、化学的に人工合成した約一〇八万塩基のゲノムを、マイコプラズマの細胞質に取り込ませることに成功した。

さらに、二〇一六年にはミニマルセルの作成を報告している。生存に必要な遺伝子だけからなるマイコプラズマゲノムを「デザイン」して、それを化学合成し、新しいマイコプラズマの「種《しゅ》」を作成することに成功したのである。そのゲノムサイズは、自然界に存在するマイコプラズマの約半分、五三万塩基しかない。

そこにコードされる遺伝子の数は四七三個。そのうち約三割にあたる一四九個の遺伝子は機能が不明だが、マイコプラズマの生存に必要なのだ。かの天才物理学者リチャード・ファインマンは「私は自分に作れないものは、理解できない」という名言を残している。この考えからいくと、ベンターは明らかに、生命の理解を一歩進めたと言っても過言ではないだろう。

汚染物質や二酸化炭素を除去できるような有用微生物を作成しようというのがベンターの目的である。道は遠そうだが、ベンターならひょっとして、と思わせられてしまうのがすごい。これらの研究は、二〇〇六年に設立されたJ・C・ベンター研究所で行われたものだが、さらに、二〇一三年にはHuman Longevity Inc.（人間長寿会社とでも訳せばいいのだろうか）を設立した。今度はいったい何をやってくれるのだろう。

闘う理由

人類史上初めて個人のゲノムが公開された人間として、ベンターは、自身のゲノムの遺伝子多型から、自分の性格や体質についてあれこれ言及している。いくらヒトゲノムを解読し、かつ、解読された男であっても、ゲノム情報の足し算だけで一人の人間を組み立てることはできるはずもない。それでも、個人ゲノムを安価に知ることができるようになりつつある現在、その内容はなかなかに興味深く、考えさせられるものがある。

自伝には、自分に都合の悪いことは書いていないだろう。それに、かつてのいさかいから蛇蝎のごとくベンターを嫌っている人もたくさんいるだろう。しかし、「有能なリーダーになるには、自分の欲望は抑え、ほかの人の幸福を考えなければならない」と吐露したり、人生で変えられることがあるとしたらという質問には、離婚して手放さざるをえなかった子どもを思い、「考えるまでもない、息子をこの手で育てたかった。心からそう思う」と答えたりするのを読むと、けっこう浪花節で泣けてしまう。そういう泣かせるところがあるようなリーダーでないと、特定のゴールに向かってチームをまとめ上げて率いるカリスマは務まらないのだろう。

この本に書かれているのは、科学への挑戦と自分のゲノムのことだけではない。ヒトゲノムをめぐる公的機関との争いや、研究を進めるための出資者たちとの闘いについても相当な紙面がさかれている。金目当てで研究しているという批判を受け続けたベンターであるが、「わたしが金を求めるのは、ただ好きなように研究したいから」とあるように、特許の件も含め、この本に書かれている限りでは、たしかにそのように見える。何億もするヨットを所持しているが、それは、成し遂げたことの褒賞として決して大きすぎるものではない。もちろん、結果的にそうなっているようではあるが、リアルタイムで本当にそうだったかどうかは誰にもわからないのだが。

私には、自らを元気づけるために、繰り返し見るビデオがある。『奪還』と題されたNHKスペシャルのドキュメンタリー番組だ。一九七四年、圧倒的に有利な対戦といわれ、試合開始から打って打って打ちまくったのに、第八ラウンド、すでにボクサーとしての峠を過ぎていたモハメド・アリの反撃に一撃で倒され、絶望的な失意に陥って伝道師になったジョージ・フォアマンの物語だ。アリに倒された二〇年後、なんと四五歳でヘビー級チャンピオンに返り咲く、という、まるで嘘のようなお話である。

沢木耕太郎がフォアマンに聞く。「アリは何故、あなたの殺人的なパンチを無数にあびながら耐えることができたのだろうか」と。そしてフォアマンは答える。「アリには闘う目的があった…（中略）…彼には、死んでもいいというだけの理由があった」と。そう、私は思う。同じように、ベンターにも闘うに足るだけの理由があったのだと。

＊1　制限酵素
塩基配列特異的にDNAの二本鎖を切断する酵素。遺伝子組換えに用いることができ、バイオテクノロジーにおいて頻用される酵素の一つ。

＊2　古細菌（アーキア）
細胞膜の組成などから、一般の細菌（真正細菌）とは異なった系統に属する細菌。名称は「古」細菌であるが、進化的には、真正細菌と比較して、より真核細胞に近縁である。

＊3　BAC
大腸菌人工染色体。DNA分子のベクター（運び屋）として、最長三〇万塩基のDNAを大腸菌内にクローニングできる。

クレイグ・ベンター

CRAIG VENTER

1946 -

1946	ユタ州ソルトレイクシティに生まれる。
1965	海軍に入隊。68年に復員。69年に大学入学。
1975	UCSDで博士号取得。
1976	ニューヨーク州立大学バッファロー校で研究室を持つ。
1984	NIHに異動。
1991	ESTの論文を発表。
1992	TIGRの設立。
1995	微生物ゲノムの解読。
1998	セレーラ社設立、翌年ショウジョウバエゲノムの解読。
2000	ヒトゲノムの解読（論文発表は2001年）。
2002	応用ゲノミクスセンター（TCAG）の設立。
2006	J. Craig Venter Institute の設立。
2007	自身の全ゲノム配列を公開。
2010	合成生命の作成。
2016	ミニマルセルの作成。

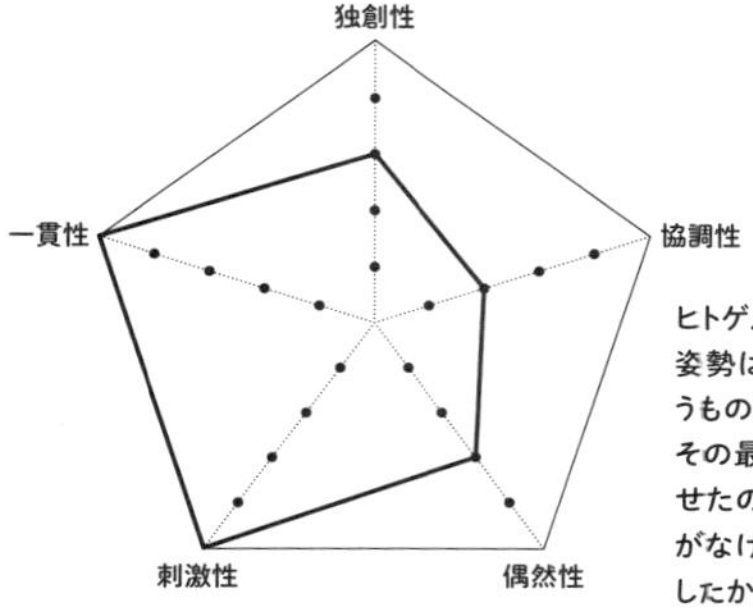

ヒトゲノム解析にかけたぶれない姿勢は、毀誉褒貶があるとはいうものの、すさまじいものでした。その最終段階では歩み寄りを見せたので協調性は2点に。それがなければ1点あるいは0点にしたかもしれません。

アルバート・セント＝ジェルジ

あとは人生をもてあます異星人

大胆にして豪快なる
アイデアの泉

「スキゾ」と「パラノ」

四半世紀も前の話になってしまうが、浅田彰は『逃走論――スキゾ・キッズの冒険』（筑摩書房）の中で、人間を、もうすっかり死語になってしまっているが、スキゾ（＝分裂病系、今では統合失調症系と言わねばならぬか）とパラノ（＝偏執病系）とに分けて論じ、大人気を博した。理論系の研究は知らないが、生物系研究のように労働集約的な実験が必要な分野では、パラノでないとなかなか業績は上がるまい。しかし何事にも例外はある。

アルバート・セント＝ジェルジは、かなりのスキゾ人間でありながら、大成功を収めたハンガリー生まれの科学者だ。ビタミンCの発見、TCAサイクル[*1]の研究、アクチン・ミオシン[*2]の重合という三つの偉大な業績を上げている。

スキゾっぽさは、その人生を研究だけに留め置かず、第二次世界大戦前後は政治にどっぷり浸っていたほどだ。華麗なのはその経歴だけではない。家族とサイドカー付きのモーターバイクで疾走する写真、パイプをくゆらせながら愛車ビュイックの前でたたずむ写真、そして、くわえタバコで試験管を凝視する実験中の写真までもが、まるで映画スターのスチル写真（これも死語か……）のようにかっこいい。

人間を単純にスキゾとパラノに分けることは難しいかもしれない。時によって、また対象によって、スキゾな気分のときもあればパラノな気分のこともある。セント゠ジェルジは女性に対してはパラノだったようで、その私生活は波瀾万丈というよりトラブル続き。離婚、強奪婚、そして晩年には五〇歳も年下の女性との再婚が二回、それも最後には家族と軋轢を引き起こしてしまうというのだから、聞いただけでめまいがしそうになってくる。

生い立ち

セント゠ジェルジは、一八九三年、ブダペストに生まれた。母方のレノセック家は、ハンガリー屈指の学者一家であり、伯父でブダペスト大学の解剖学・生理学教授であったミハイ・レノセックが、セント゠ジェルジの父親がわりであった。

子どものころは全く勉強ができなくて伯父に疎んじられていたが、ギムナジウム（中等教育機関）のころから成績がめきめき良くなった。一九一一年、ブダペスト大学に入学し、セント＝ジェルジを肛門医にしようと考えた痔持ちの伯父に、とりあえず肛門上皮の組織学的研究をさせられた。梅檀《せんだん》は双葉より芳し、学生時代に眼の組織学的研究などで四編の論文をドイツの解剖学雑誌に発表している。

解剖学に飽き足らなくなったセント＝ジェルジは、生理学へと研究分野を移したが、一九一四年には第一次世界大戦に召集される。負傷兵士への奉仕によってメダルを授けられたセント＝ジェルジであったが、「戦争自体がペテン師まがいの軍人によって支配され、全国民の犠牲を強いていた」ことに嫌気がさし、戦規違反をものともせず、なんと自らの左腕に向けて発砲し、負傷者として戦線を離脱する。復学して医師となったセント＝ジェルジは、結婚、そして今度は軍医として戦争に参加し、終戦を迎えた。

謎の還元物質

一九一九年に本格的な研究生活を始めたセント＝ジェルジであるが、研究場所をポゾニ（現在のブラチスラバ）からプラハ、ハンブルク、ライデン、フローニンゲンへと転々と変えながら、研究テーマも解剖学から生理学、物理化学、生化学へと変遷させていった。スキゾの面目躍如である。フローニンゲンでは三年間と、セント＝ジェルジにしては少し落ち着いて研究を行い、その間に三三編もの論文を発表している。昔は今より論文を書きやすかったとはいえ、驚くほど多作な研究者である。特筆すべきは、細胞酸化の研究と、TCAサイクルに結びつく細胞呼吸の研究という重要な研究を行ったことだ。

「Discovery consists of seeing what everybody has seen and thinking what nobody else has thought.（発見というのは、誰もが見てきたことを観察することと、他の誰もが思いつかなかったことを考えることによって成立する）」というセント＝ジェルジのモットーがいかんなく発揮されたのが、副腎の還元物質の発見だ。

純化した過酸化酵素に、ベンチジンと過酸化水素を反応させると、瞬間的に濃い青色になる。ところが、レモンの絞り汁で実験すると、過酸化酵素を含んでいるにもかかわらず、その反応が一秒ほど遅れる。セント＝ジェルジの実験は、目分量というかどんぶり勘定みたいなものが多かったそうであるが、観察眼は鋭かった。このたった一秒の遅れから酸化反応を阻害する還元物質がレモンの絞り汁に含まれているにちがいないと確信したのだから。

副腎機能障害であるアジソン病の患者は顔色が黒くなる。そのことと、皮をむいたバナナやリンゴが褐色になることが共通の分子基盤を持つとは普通思わないだろう。たとえ思いついたとしても、こういう〝誰も思いつかなかったこと〟は無数にあるし、うっちゃっておくだけだろう。いちいち気にしていたらキリがない。

しかし、セント＝ジェルジは、黒っぽくなるという共通点だけから、レモンの還元物質が副腎にも存在するはずだとあたりをつけて、副腎から還元物質の粗抽出物を得る。なんだか訳がわからないが、天才というのはこういうものなのかもしれない。

その抽出物を副腎を摘出したネコに注射すると、テーブルからジャンプした。このことから、セント＝ジェルジは、その還元物質はアドレナリンに匹敵するホルモンであると結論した。ただし、そのときには、「その還元物質がレモンに含まれていることでこの研究を始めたことはすっかり忘れていた」という。これも天才らしいというべきところだろうか。

イグノース？　ゴッドノース？

還元物質が何であるかを突き止めるために、アセチルコリン（神経伝達物質の一種）を同定したロンドンのヘンリー・デールの研究室へ赴くが、その試みは失敗に終わってしまった。さらに悪いことに、フローニンゲンでの職を失ってしまう。失意のセント＝ジェルジは「私は科学のために生きてきたのだ。その科学ができないというなら、生きていく意味はなくなったも同然だ」と自殺を考えるようになる。いくらなんでも、これはちょっと極端すぎる。

この世へのお別れにと、ある国際会議に出席した。その会長講演で、ビタミンの大家フレデリック・ホプキンスが、否定的な意味ではあるが、セント＝ジェルジの研究を紹介してくれたのに遭遇する。この邂逅が運命の舵を大きくきった。その場で自己紹介し、ケンブリッジにあるホプキンスの研究室に職を得ることができた。こういう信じられない偶然こそがノンフィクションの醍醐味、偉人伝読みがやめられなくなってしまう所以なのである。

副腎からの還元物質抽出は困難を極めたが、オレンジジュースからの抽出・結晶化に成功し、最終的に、その還元物質は $C_6H_8O_6$ の組成を持った弱酸性の炭水化物であることをつきとめる。この還元物質を報告するにあたり、まずラテン語の「わからない」を意味するイグノスコと、糖を示す接尾辞オースを合成して、「イグノース」と名付けて生化学の専門誌 *Biochemical Journal* に投稿する。しかし、編集主幹から却下されてしまう。懲りないセント゠ジェルジは、次には、神のみぞ知る「ゴッドノース」として投稿するが、もちろん却下。まるで、べたな大阪人のようなセンスとしつこさである。結局「ヘキスウロン酸」という名前で一九二八年に発表する。そして一九三一年、故郷に錦を飾り、母国のセゲド大学医化学教授に着任した。

セント゠ジェルジのアイデアは湧き出し続け、「次から次へと目移りして、腰を据えて取り組むことをしなかった」らしく、同時進行している研究テーマが二五にも及んだという。いったいどんな頭脳を持っていたのか。

このころ、英米からポストの提供があっても、どれも受け付けなかった。いくつかの理由があったようだが、「ハンガリーのような小国では、有力な科学者は外国に亡命してはなりません。でないと国は速やかに滅びてしまいます」と語ったように、一番大きなものは愛国心だった。もちろんこのとき、自らの人生が第二次世界大戦やハンガリー動乱に翻弄され、後年、渡米を余儀なくされることなど知るよしもなかった。

ビタミンCの「発見」

一九三一年の秋、ジョセフ・スワーベリという若手研究者がセント＝ジェルジの研究室に参加した。「アメリカでキング博士と研究をしました。私は、何かにビタミンCが含まれているかどうか検定することができます」というスワーベリに、セント＝ジェルジは「では、これを試してごらん。これはビタミンCだと私は思うよ」と、純粋なヘキスウロン酸を手渡した。ヘキスウロン酸がビタミンCである可能性を考えたことはあったが、ビタミン嫌いであったセント＝ジェルジは、その筋での研究は全く行っていなかったというのに。

しかし結果は大当たり。ヘキスウロン酸がビタミンCそのものだった。セント＝ジェルジは、それまで全く関係を持とうとしなかったビタミンの分野で、一夜にして大発見を成し遂げたのだ。

パスツールの名言「幸運は準備された心に宿る」をもじって、「A discovery is said to be an accident meeting a prepared mind.（発見というのは、準備された心に出くわす偶発事みたいなものだ)」と言いたくなるのもわかる気がする。

旧師キングのことを想い、この結果に戸惑いを隠さないスワーベリに、セント゠ジェルジは寛容にも「君はキングに手紙を書いて、君の発見したことを知らせたらよい」と伝え、その手紙は大西洋を渡っていった。しかし、その手紙がビタミンC発見の先取権争いを引き起こすことになる。

スワーベリの手紙を受け取ったキングが、確たるデータもなく、大慌てで「THE CHEMICAL NATURE OF VITAMIN C(ビタミンCの化学的性質)」という論文、というより先取権を主張するためだけの三分の一ページほどのメモのような短報を *Science* 誌に掲載したのだ。

その論文を見て激怒したセント゠ジェルジであったが、時すでに遅く、後を追う形で *Nature* 誌に研究成果を発表するしかなかった。残された手紙などから、先取権争いはセント゠ジェルジに軍配が上がった。そしてノーベル生理学・医学賞の委員会は、一九三七年、セント゠ジェルジの単独受賞を発表する。しかし、あまりのストレスのためか、委員長が発表会場で心臓発作で急死してしまったほどに、この委員会は激論であった。

セゲドでは、たいまつ行列が行われるほどの大騒ぎになり、ビタミンCを抽出するための実験材料であるパプリカの歌までできたという。一方、もちろんキング側のアメリカ人は、マスコミをあげて、ノーベル賞が一つさらわれたとあからさまな嫌悪感をあらわにした。

今とはちがって、「科学者は紳士（まれには淑女）であり、名声や財産には無関心とされて」いた時代である。こういった争いがほとんどなかっただけに、今では考えられない程の大騒ぎになったのだろう。

周囲の喧噪をよそに、当事者の反応はクールであった。当たり前とはいえ、キングは何も批判がましいことは言わなかったし、セント＝ジェルジは「先取権の問題は、後代の人たちによって公平に扱われるべきである」と述べただけである。実際はともあれ、見かけ上は美しい。が、セント＝ジェルジは、キングの弟子が編集者をしている雑誌には、半世紀後の晩年になっても論文を投稿しなかったというから、ここらあたりの行動は超パラノである。

生涯最大の興奮

セント＝ジェルジがノーベル賞を受賞した一九三七年、ハンス・クレブスがＴＣＡサイクルを発表する。クレブスが「この回路を組み立てる個々の知見は、数名の研究者の努力によって明らかにされていた。なかでもセント＝ジェルジの発見は大きかった」と述べたように、一つの重要な段階を見落としていなければ、ＴＣＡサイクルは、クレブスサイクルではなくセント＝ジェルジサイクルと呼ばれるようになっていたかもしれない。そのころ、ノーベル賞を受賞した直後のセント＝ジェルジは、何をしていいかわからなくなって、憂鬱な状態にあった。

しかし、そのような状態は長く続かず、「これこそ、私たちの生命を理解する道だ」という研究テーマ、筋収縮に出会い、鬱から躁へと転換する。なかでも、ミオシン糸(フィラメント)にATP(アデノシン三リン酸)を加えて収縮するのを観察したときが「生涯の中で最大の興奮であった」という。

後の研究で、アクチンの発見や、筋肉の物理的状態と機能がATPに依存していることを発見していく。セント゠ジェルジといえば筋収縮、以後二〇年にわたって研究を続け、生命科学におけるセント゠ジェルジの最大の貢献とされている。

筋収縮の研究は、一九三九年に始まった第二次世界大戦の下、不安定な政治情勢の中で開始された。そして、ハンガリーはヒトラーにより日独伊三国同盟に加盟させられる。「本が焼かれ、ユダヤ人の友人たちが処刑された時」、セント゠ジェルジは政治運動に突入していく。一九四二年、他の知識人とともに独立ハンガリー戦線に参加し、ドイツに反旗を翻す。そして、一九四三年には市民民主党を発足させ、研究は中断、地下の秘密活動を開始する。

反共産主義者? 共産主義者?

時のハンガリー首相ミクロシュ・カーライは表面上、親独であった。しかし、英米の連合国側と友好を深めたいと願っており、その密使としてセント＝ジェルジに白羽の矢を立てる。命を受けたセント＝ジェルジは、ゲシュタポに見つかって殺される危険を冒してイスタンブールへ赴き、イギリス諜報機関の長官と会い、カーライの親書を渡し、無事に返書を受け取る。その諜報活動での能力が評価され、結局は失敗に終わるのであるが、ハンガリーに帰国して秘密の無線局を設置するようにも依頼される。まるで、ル・カレのスパイ小説である。

この活動を知ったヒトラーは、セント＝ジェルジのことを罵倒し、ドイツに連行するように命じた。セント＝ジェルジは後にそれを知り、「政治活動のピークは、ヒットラーが私の名を大声で怒鳴った時」と回顧した。セント＝ジェルジは、以後身を隠すことになるが、一九四五年、ハンガリーがソ連によって解放された後、国民的英雄として民主ハンガリー国家の初代大統領にとまで期待される政治家として、再び世間に登場する。

この時代、研究よりも政治がセント＝ジェルジを惹きつけた。ソ連を熱烈に支持し、二ヵ月間ソ連政府に招かれたときは、朝からキャビアが供されるという最高レベルの賓客であった。このエピソードから、セント＝ジェルジの伝記は『朝からキャビアを——科学者セント＝ジェルジの冒険』（岩波書店）と題されている。何ともゴージャスでセント＝ジェルジにふさわしい。

しかし、帰国したハンガリーで占領ソ連軍の蛮行を目撃し、政治に嫌気がさして学問の世界へと舞い戻る。ブダペスト大学教授として教鞭をとりながら、ハンガリー学士院の設立に寄与したりするが、友人がソ連に捕らえられ国外追放になったのを機に西側に移住することを決心する。共産主義に反旗を翻しての西側移住であったにもかかわらず、新天地アメリカでは共産主義者のレッテルを貼られるという、ややこしい立場に置かれてしまうことになる。

レオ・シラードの教え

アメリカでは、ウッズホール海洋生物学研究所やNIHに研究室を構えて研究を進めたが、その予算や陣容は必ずしも十分ではなかった。それでも、筋収縮を中心に着実に研究を進め、並の研究者には遠く及ばない多くの研究業績を発表している。

しかし、なかには一〇年もの歳月をかけた後、断念した研究もある。胸腺は生体調節ホルモンを分泌し、それには、がんを促進する物質と阻害する物質が存在しているという説だ。「魚釣りをするとき、私は大きな釣り針を使う。小さな魚を釣るくらいなら大魚を逸した方がいいからだ」が口癖だったセント゠ジェルジらしい研究ではある。「セント゠ジェルジの後半生は、偉大な発見をするよりは、大胆な試行錯誤を通じて次の世代に刺激を与えた点に意義があろう」という量子生物学者のマイケル・カシャのコメントは的を射ている。

一九六〇年代の終わりには、研究費がもらえなくなってしまう。一つの理由は、セント＝ジェルジの研究費申請書の書き方にあった。そんなこと言っても仕方がなかろうと思うが、なにより「審査員たちは、申請者自身が結果を明確に予期できるような計画でなければ承認しない」から「申請書に反対」という考えを持っていた。

その結果として、研究費を得るために何をするかというと、同じくハンガリーの産んだ大物理学者レオ・シラード（後に分子生物学に転身している）の箴言「Don't lie, if you don't have to.（嘘はつくな。必要のない限りは）」にのっとり、「嘘をつくのである。架空の物語をさもそれらしく作り上げる」ことになる。しかし、審査員の目をごまかせるほど世の中は甘くなかった。

その後、いろいろな問題を引き起こしはしたが、寄付を集めるという手段により、十二分な研究費を得て研究を続けることができた。分子レベルの解析では不十分であり、分子「下」生物学が必要であるという観点から「がんの生物電気学」に取り組んだ。非活性なタンパク質を活性化するのはフリーラジカルであるというのが基本的な考えで、その電子生物学の第一法則は「生きている状態とは、電子が不飽和状態にある分子によってもたらされる。発生と分化は電子の不飽和度の関数である」というから、今となっては、何が何だかわからない。

九〇歳を超えても、「研究できなきゃ生きてはおれんのだ。だから今は、何を研究するかを考えているんだ」と言っていたが、一九八六年、九三歳で腎不全により亡くなった。

そのセント＝ジェルジのモットーは、「Think boldly, don't be afraid of making mistakes, don't miss small details, keep your eyes open, and be modest in everything except your aims.（大胆に考え、間違いを恐れず、小さなことを見逃さず、常に目を見開き、目的以外には謙虚であれ）」であった。最後の部分はセント＝ジェルジに当てはまらないのではないかと思ってしまうが、なかなかいい言葉である。

異星人伝説

一九世紀末から二〇世紀初めにかけて、ハンガリーは多くの独創性あふれる科学者を輩出している。SF作家としても有名な生化学者であるアイザック・アシモフは「我々の仲間で囁かれている言い伝えがある。地球上の知識人には二つの種属が存在する。一つがHuman（人間）で、もう一つがHungarians（ハンガリー人）だ[*3]」と記したほどだ。そして「すでに異星人が地球を訪れていて実は、ブダペストに住んでいる」という「ハンガリー人異星人伝説[*4]」までもが生まれることになる。

一般には、当時のギムナジウムでの教育システムが良かったので大科学者を輩出したのだろうということに落ち着いているが、「異星人伝説」の方が間違いなく魅力的だ。異星人に名を連ねるのは、アインシュタインとともにマンハッタン計画をルーズベルトに進言したレオ・シラード、水爆の父エドワード・テラー、〝渦〟にその名を残すテオドール・カルマン、放浪の数学者ポール・エルデシュ、原子炉の設計を行ったユージン・ウィグナー、そしてセント゠ジェルジなどなど、錚々たるメンバーである。

なかでも、異星人中の異星人と言われたのは、ゲーム理論やコンピューターシステムで有名なジョン・フォン・ノイマンだ。異星人軍団の一人であるウィグナーは、この時代のハンガリーにどうして天才が集まっているのかと質問されて、その意味が理解できず、「この時代にハンガリーが生みだした天才は、ジョニィ・フォン・ノイマンただ一人だ」[*5]と答えたというから、どれだけ賢かったのだろう。

セント゠ジェルジの伝記も相当なものであるが、フォン・ノイマンやエルデシュの伝記は、フィクションかと思えてしまうほどの信じられない圧倒的面白さである。

多数派を占める数学・物理系異星人に混じって、セント゠ジェルジは数少ない医学・生物学系異星人であった。ハンガリーにとっての悲劇は、第二次世界大戦とハンガリー動乱で、異星人のほとんどが外国、特にアメリカに流出してしまったことである。

亡命に否定的であったセント゠ジェルジも、結局はそのうちの一人になってしまった。紆余曲折があったとはいうものの、九〇歳を超えるまで研究を続けることができたセント゠ジェルジは幸せであったのだろう。しかし、四〇歳そこそこでノーベル賞をもらってしまってからは、なんとなく人生をもてあまし気味だったような気がしてならないのである。

＊1　TCAサイクル
酸素呼吸で主要な役割を果たす代謝経路。別名クエン酸回路、あるいは発見者の名前からクレブスサイクルとも呼ばれる。
＊2　アクチン・ミオシン
筋繊維に多量に存在するタンパク質で、それぞれアクチンフィラメントとミオシンフィラメントを形成する。これらのフィラメントの相互作用（重合）により筋収縮が起こる。
＊3　『異星人伝説――二〇世紀を創ったハンガリー人』ジョルジュ・マルクス著、盛田常夫訳、日本評論社、二〇〇一年。
＊4　同右。
＊5　同右。

アルバート・セント=ジェルジ

SZENT-GYÖRGYI ALBERT
1893 - 1986

1893　ブダペストに生まれる。
1911　ブダペスト大学に入学。
1914　第一次世界大戦に召集される。
1917　医学部を卒業。
1927　「還元物質」の単離によりケンブリッジ大学から博士号授与。
1931　ビタミンＣの発見。
1937　ビタミンＣの発見でノーベル生理学・医学賞受賞。
1939　筋収縮の研究を開始。
1942　独立ハンガリー戦線に参加。
1947　米国に移住
1955　米国市民権を獲得。
1986　死去。

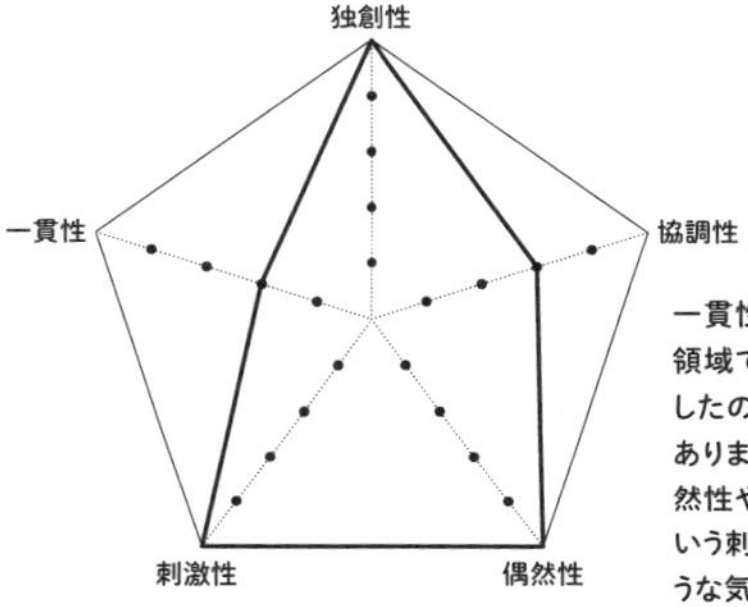

一貫性がないとはいえ、複数の領域で独創性あふれる成果を出したのはすごいとしか言いようがありません。ビタミンＣ発見の偶然性や、ヒトラーを激怒させたという刺激性は５点でも足りないような気がしてしまいます。

ルドルフ・ウィルヒョウ

超人・巨人・全人

シュリーマンとは考古学、
ビスマルクとは決闘?

すべての細胞は細胞から

医学や生物学を学んだ人は、近代的な意味での病理学、細胞病理学を唱えた偉大な医学者ルドルフ・ウィルヒョウの名前をどこかで聞いたことがあるはずだ。たとえ、ウィルヒョウの名を知らなくとも、細胞生物学の金科玉条「omnis cellula e cellula（すべての細胞は細胞から）」というウィルヒョウが広めた言葉を一度は耳にしたことがあるだろう。

一九世紀の後半、プロシア・ドイツで活躍したウィルヒョウの守備範囲、というより攻撃範囲、はきわめて広い。病理学から始まって人類学、そして考古学。これらすべての領域で大きな影響を残している。

それだけではない。ウィルヒョウはドイツ統一の時代、国会議員として、あのビスマルクの政敵としても活躍した時期があるのだ。医学史家・アッカークネヒトが著した伝記『ウィルヒョウの生涯――19世紀の巨人＝医師・政治家・人類学者』（サイエンス社）の内容は重厚である。ドラマチックな展開があるわけでもないし、時代背景がわかりにくいこともあって、読むのに骨が折れる本である。しかし、ウィルヒョウ大先生の伝記となると、これくらいの読みにくさでないと、きっと物足りないのである。

長い略歴

ウィルヒョウは一八二一年、ドイツ東端のポメラニア地方に農家の子どもとして生まれた。名字などからおそらくはスラブ系の血が入っており、そういったことが、後年の人類学的な興味につながったのではないかと考えられている。

ギムナジウムでの学業成績は素晴らしかったが、素行は変わっており、級友からは王様と呼ばれていた。一八三九年、まだドイツ医学が勃興する前の時代、不毛な経験主義がはびこっていたベルリンの軍医学校に入学する。一八四三年には医師となり、小柄だったウィルヒョウは、「小さなお医者さん」として、患者たちから人気があった。

一八四五年、後に代表的な業績となる、血栓の研究と白血病の研究を開始している。また、そのころには早くもフリードリッヒ・ヴィルヘルム研究所の講演会において、経験主義を排して、臨床観察、動物実験、病理解剖の三本柱を基礎として研究を進めるべきであると講演するなど、当時としては急進的な医学論、そして、生涯貫くことになる方針を説いてまわっていた。

一八四七年には友人と二人で雑誌（現在でも *Virchows Archiv* として出版されている雑誌）を創刊している。その巻頭の論文は「Ueber die Standpunkte in der wissenschaftlichen Medicin（科学的医学の立場について）」というウィルヒョウ自身のものである。梅檀は双葉より芳しというが、単に優秀なだけでなく、若くして異常なまでの行動力である。

学生時代から政治批判を行っていたウィルヒョウは、革命の改革派として活動し、停職処分を受けたりもするが、一八四九年にヴュルツブルク大学に職を得て、しばらく政治活動から離れることになる。そのヴュルツブルク時代が、医学者・科学者としては最も生産的な時代であり、ドイツにおける最初の病理解剖学の講義を行い、最大の業績の一つである「細胞病理学」の概念を作り上げた。

ウィルヒョウは、一八五六年、ベルリンに移って病理学研究を継続し、一人目の助手であるヘモグロビン研究の生化学者フェリクス・ホッペ＝ザイラー、二人目の助手でありレックリングハウゼン病という病気にその名を残すフォン・レックリングハウゼンをはじめ数多くの弟子を育てた。

一八五九年には政治生活に返り咲き、一八六一年にはドイツ進歩党創設者の一人として、プロシアの下院議員になる。共和国をめざして民主主義を唱えるウィルヒョウは、鉄血宰相ビスマルクと相対するが、結果的にはビスマルク側の勝利に終わる。

一八九三年まで国会議員を務めたとはいえ、一八七〇年代以降は政治からやや離れていく。それと時を同じくして、一八七〇年ころからは、病理学を継続しながらも、興味の中心は人類学へと移っていった。晩年は医学において「〝象徴〟あるいはほとんど偶像に近い役割」をはたし、一九〇二年、心臓病で亡くなった。

病理学者ウィルヒョウ

ウィルヒョウにとって、医学と自然科学を統合することは不断の目標であり、また、科学活動と社会活動も表裏一体のものであった。このように「物事を統一して考える力」こそがウィルヒョウの真髄であり、そのための方法論は、「自然科学の方法」、すなわち、権威あるいは既存の説に対するアンチテーゼからの出発であった。その姿勢が遺憾なく発揮されたのが、最初期の病理学研究における業績である。

ウィルヒョウが最初に反旗を翻したのは、第2章に登場する恐怖のマッドサイエンティスト、ジョン・ハンターに源を発する、「静脈炎はあらゆる病理の基本にある」という当時主流を占めていた考えに対してであった。

静脈炎に認められる血栓を形態学的に観察した結果、静脈炎・血栓が死体に認められるのは病気の原因だからではなく、人工産物か死後の変化にすぎないという結論に達した。肺動脈にできる血栓も静脈炎とは関係がなく、下肢にできた血栓が血流にのって肺に達して詰まった塞栓である、ということを、病理解剖だけでなく実験でも確認した。

これらの研究から、血栓症（Thrombose）という、現在でも使われる言葉を考え出し、血流速度の緩慢化が、血栓症の最も重要な原因であるという、今でも広く認められている病因論に達している。ただ血栓の原因として、病理学の教科書に載っているVirchow's triad（ウィルヒョウの三徴：血流の変化、血管内皮の損傷、凝固系の異常）というのはウィルヒョウが唱えたものではないらしい。ままあることだが、大先生の名前というのは、権威づけのために後世勝手に使われたりもするのである。

もう一つ、現在も使われている概念・名称としてウィルヒョウが提唱したのが白血病（Leukemia）である。一八四五年、ウィルヒョウが解剖した一人の女性患者の血液は、白く見えるほどに白血球が増加していた。それまで、このような症例は血中に膿がたまっていると考えられて、「膿血症」とひとくくりに診断されていた。しかし、この症例の臨床症状が、炎症に起因する膿血症と異なっていたことから、あらたに、白血病、と命名したのである。

二四歳、軍医学校を出たとはいえ、正式な職に就く前に、現在にまで通用する二つの疾患概念を発見したというのは、「並々ならぬ観察力、昔観察したことや剖検結果の詳細を覚えているすばらしい記憶力、それらを適切な時に思い出す能力、鋭い論理、古今東西の医学文献に恐ろしいほどよく精通していたこと、また誰が言ったことであろうととことんまで攻撃したり批判したりするあくなき積極性」があってのことだろうが、まさに天才としか言いようがない。

細胞病理学

ウィルヒョウといえばなんといっても細胞病理学である。古代ギリシャ、ヒポクラテスの時代から、体液説――病気は体液（血液、粘液、黄胆汁、黒胆汁）のバランス異常により生ずるという考え――が唱えられていた。ガレノスによって確立されたこの説は、病気の本体は臓器の異常である、というモルガーニによって提唱された固体病理学により、一八世紀になってようやく退けられることになる。

ウィルヒョウは、自らの観察から、細胞分裂や、無定形と考えられていた結合質の中に細胞が存在することを確認し、細胞は細胞からのみ生じるものであって「直接受けつぐ以外生命はない」という結論に達した。

ウィルヒョウお決まりの訓戒「顕微鏡的に見ることを習いなさい」を十分に活かしたこの結論は、「控え目に未来の病理学と呼んだものの宣言」として一八五五年、「細胞病理学」と題した論文中に発表された。ここに、omnis cellula……という有名な句も記されている。しかし、一般的に「細胞病理学」といえば、一八五八年にベルリンの開業医に向けて行った講義の速記録で『Die Cellularpathologie in ihrer Begründung auf physiologische und pathologische Gewebelehre（生理学的ならびに病理学的組織学に基づいた細胞病理学）』というタイトルで出版された本をさす。成功をおさめたこの本であったが、同時に「多数の友人と強烈な敵」を産み出すことになった。

吉田富三（第3章）が長い年月をかけ、その本を翻訳している。この本、数年前に神保町の古本屋さんで大枚をはたいて買ったが、いまだに読めず積ん読になっている。というのも、内容が古いのはいたしかたないとして、やたらと長いし難しいのだ。開業医に新しい時代の医学を知らしめるために書かれた本だが、当時のドイツの開業医たち、どれだけレベルが高かったのだろう。

感染症との闘い

細胞病理学の考えを確立した後、細菌学の黄金時代が疾風怒濤のごとくやってきた。ウィルヒョウは細菌学の考えに反対した、とされており、偉大な医学者の後半生を汚すエピソードとして語られている。

細胞病理学かわいさに細菌学をすんなりと受け入れることができなかったのは事実であるが、終生ウィルヒョウが貫いた科学的な態度、何ごとにも懐疑的に批判的に考える、という態度が顕著に表れてしまっただけで、細菌学をすべて否定的に考えていたというわけではない。「頑固に反対した」というより「積極的で、考え深く、かつ有益な批判」

を行ったという方が正しい。

細菌学だけで何でも解釈できる、という当時の風潮に対する反論は理にかなったものであるし、結果的には細菌学を正当に評価するものであった。細胞病理学はもはや死んだという攻撃に対しても、「研究すべきは寄生微生物に対する細胞の戦いである」という、きわめて今日的な考えで反論しているのは、けだし慧眼であった。

しかし、細菌学をめぐって、いくつか大きな過ちを犯してしまったのも事実である。その一つは、ロベルト・コッホによる結核菌の発見を否定したこと。その基礎となったのが、自らの形態学的観察による、というから、いささか筋の悪い話だ。

それ以上に最大の過ちは、一八四七年のイグナッツ・ゼンメルワイスによる伝染性についての大発見、産褥熱は産婦と遺体を同時に扱う医師に付着した何物かによって伝染するという発見、を認めなかったことである。ゼンメルワイスの説がなかなか受け入れられなかったのは、ウィルヒョウだけのせいではない、というのは確かにそうである。しかし、もし、逆にウィルヒョウが積極的に認めていれば、ゼンメルワイスが精神病院で失意のうちに亡くなるようなことはなく、多くの産婦の死を防げたはずだ。

ウィルヒョウは単に頑固ではなく、証拠がそろいさえすれば、誤りをあらたむるにはばかることない人でもあった。コレラに対しても、最初は、伝染病ではないという立場をとったが、後には、自分の考えが誤りであったことを認め、「あらゆる証拠はコレラの原因が〝菌〟であることを示している」と宣言。さらに後には、森林太郎（鷗外）

（第2章参照）の師匠としても知られる衛生学の大家マックス・フォン・ペッテンコーフェルらのコレラ菌批判に対して、コレラ菌を同定したコッホのことを擁護までしている。まさに、是々非々の人であった。

ちなみに、ペッテンコーフェルは、下水に含まれるコレラ菌ではない何物かがコレラの発症の直接原因であるという説をとり、コッホから譲り受けたコレラ菌を自ら飲み、さらに、こともあろうに弟子にも飲ませるという恐ろしい証明を試みている。その弟子は九死に一生を得たらしいが、なんと従順な弟子なんだろうか……。また、ウィルヒョウのもう一つの大きな業績は、医学者と同時に政治家として、ベルリンの下水道計画をはじめ、多くの公衆衛生学的な解析や改革を行ったことである。

人類学者ウィルヒョウ

ヴュルツブルクで、地方病の一つであったクレチン病（先天性甲状腺機能低下症）における頭蓋骨の変形と出くわし、頭蓋骨の成長についての研究を始めたのが、ウィルヒョウにとっての人類学ことはじめであった。

もともと、種は不変であるという考えに懐疑的であったウィルヒョウは、五九年の『種の起源』の発表後も、「仮説としてのダーウィニズムには絶えず敬意と共感を示し続けていた」が、「種の変異の直接証拠、とりわけ類人猿が人間に進化したとする直接の証拠はない」という警告を繰り返した。「ダーウィニズムの〝友人〟になっても、〝一味〟にはならなかった」、すなわち、仮説としては受け入れるが、真実として受け入れることは留保するという、お得意の批判的姿勢をとったのである。

「単なる一仮説が全く突然に、生物学のあらゆる分野にきわめて強大かつほとんど独占的な影響を及ぼしている」ことを不快に思っていた、というのは、細菌学に対する態度と非常に似通っており、懐疑主義者の面目躍如だ。

この「失なわれた環（missing link）」が見つかっていないから留保、というウィルヒョウの姿勢はきわめて科学的であり、正しいと言わざるをえない。しかし、その候補が見つかった時の判断は明らかな誤りであった。

一八五六年に発見されたネアンデルタール人について、その病理的な所見から、先史的な変異種ではなく、むしろ、カリエスやくる病、変形性関節炎に罹患したホモ・サピエンスの病理学的な標本であると判断してしまったのだ。「一つの標品だけを根拠にして新たな先史時代の種を立てたりしない」というのは、正しいし、いかにもウィルヒョウらしいものである。しかし、さらにネアンデルタール人が発見され続けた後も同じ誤謬を繰り返し、最後までその見方を変えなかった。一八八一年に発見されたピテカントロプスについては、「形態連鎖中の新しい環」であることをあっさり認めているのではあるが。

政治から少し距離をおき始めた一八七〇年代からは、いっそう人類学の研究に傾倒するようになる。「世界のありとあらゆる地域から出土したきわめて微細な頭骨のサンプルを飽くことなく測定」したように、頭蓋骨測定の数は半端なものではなかった。

その結果わかった重要なことのひとつは、ゲルマン民族やスラブ民族のように比較的古いと考えられている民族でさえ、頭骨の特徴が均一ではない、ということである。引き続き、学童六七六万人を対象に行った髪、目、肌の色の調査からも、「ドイツ人はどの地方においても人種的に見て単一ではない」という結論を導いた。

当然、同時代の悪名高い犯罪人類学者ロンブローゾの研究には批判的であったし、「人類学を政治目的のために売り渡そうとするいかなる試みにも常に、強硬に反対」していた。この結論がドイツの政治思想に及んでいれば、後世の悲惨な歴史は大きく変わっていたかもしれない。

ウィルヒョウは人類学の論文を一〇〇〇編以上も発表しているが、その約半分は、自然人類学ではなく、考古学ないし先史学的な内容である。このような研究の初期には、後に結核菌をめぐって対立することになる、当時は地方で医師をしていたコッホといっしょに発掘作業を行ったことがあったというのは、なんとほのぼのとした偶然だろう。

ウィルヒョウの考古学での親友が、『古代への情熱』(新潮文庫)のハインリッヒ・シュリーマンであった。「〝氷のような客観性〟の人ウィルヒョウ」と、「情熱家シュリーマン」であったが、本当に親しく、素人考古学者であった大富豪シュリーマンを学術面で支援し、ともにコーカサスやエジプトに調査旅行に出かけたりしている。

今となってはシュリーマンの方がウィルヒョウよりもはるかに有名であるが、当時の立場はまったく逆であった。また、シュリーマンはウィルヒョウに恩を感じて、その収集品をウィルヒョウが建設に尽力したベルリン民族学博物館に寄贈している。

ウィルヒョウの人類学研究は、質より量といったものであり、また、ベルリン人類学会を設立して三〇年以上もその指導的立場にあったというような、組織者としてのものであった。残念ながら病理学における独創的な貢献に比べると、ずいぶんと小さいと言わざるをえない。

政治家ウィルヒョウ

そして、政治である。一八六一年にドイツ進歩党の設立に関わり、プロシアからドイツ帝国議会と三〇年以上にわたって国会議員を務めたウィルヒョウは「すべての市民の権利の平等と、最大限の自治に基づく」共和国として、ドイツを統一することを目指す政治家であった。

しかし、その活動は、自由抜きでも鉄（大砲）と血（兵隊）という武力によってこの問題を解決できるという、対極的な考えを持っていたビスマルクによって粉砕されてしまう。政治活動の時期がビスマルクとほぼ一致してしまったのが、政治家ウィルヒョウにとっての悲劇であった。

それでも、進歩党にも勢いがあったビスマルク統治の初期には、ウィルヒョウは堂々たる政敵として対峙していた。一八六五年、ビスマルクは自分の誠実さを誹謗したウィルヒョウに、「恥知らずな下院議員に、〝正しい振舞い〟を厳しくたたき込んでやる」ため、決闘を申し込む。もちろん、賢明なウィルヒョウは、若いころから決闘を得意にしていたビスマルクからの申し入れを受けるような愚かなことはしなかった。

ウィルヒョウが決闘を断ったのではなく、最終的にはビスマルクが断った、という〝伝説〟がある。当時、プロシアでの決闘は合法的で、決闘を申し込まれた場合、受諾した方に、その方法を決める権利があった。ビスマルクから決闘を申し込まれたウィルヒョウは、〝武器〟としてソーセージを選んだ。そして、二本のソーセージを用意し、その一本にはコレラ菌を仕込んでおき、ビスマルクが先に選ぶという方法を提案した。ペッテンコーフェルならば、この方法は安全であると考えたであろうが、ビスマルクはあまりに危険度が高いと判断し、決闘の申し入れを取り下げた。というのが、その伝説の内容である。インターネットで検索すると、このエピソードはたくさん出てくるのであるが、そのいくつかには、コレラ菌ではなくて、ブタ旋毛虫を仕込んだソーセージを、とか書かれている。本当だとすると面白すぎるエピソードなのであるが、どうも作り話のようだ。

「政治活動を、しばしば一種のリクリエーションのように感じていた」というウィルヒョウであるが、政治活動における仕事量は科学に割いた仕事量に匹敵するものであった。

しかし、残念ながら、その貢献度は、科学におけるものに比べるとまったくとるに足らない。

確かに、「ウィルヒョウの政治生活は、基本的に勇気と洞察と献心《ママ》的な勤勉の物語り」であり、「市民の責任というものを飽くことなくしかも行動的に追求した点でウィルヒョウは他の偉大な科学者達に抜きん出ており、この意味で、たとえ理想の実現は拒まれたとしても彼の政治活動は有意義なものだった」のかもしれない。

統一して物事を考えるウィルヒョウにとっては、社会を根底から改革するには「実地医学と政策立法の関連づけが不可欠」という信念がすべてに優先したのだろう。しかし、できることなら、若いころの怒濤の勢いを持ってもう少し病理学者として活躍してほしかったと思ってしまうのである。

超人・巨人・全人

第一級の病理学者、人類学者、政治家、として活躍した生涯。二〇〇〇〇編以上の論文・著書の執筆だけではなく、大学教育、発掘旅行、雑誌編集、政治活動や組織作りも並行しながら、二〇〇〇〇点以上のプレパラートと四〇〇〇点の頭蓋骨を自分で整理・分類したウィルヒョウ。

このような多彩な仕事をこなしながら、忙しそうに見えたことは決してなかった、というのは、どんな秘訣があったのだろうか。いやはや、まがいもなき超人、ただしウィルヒョウと同時代に生きたニーチェのいうような超人ではなくて、凡人をはるかに超越しているという意味での超人、であった。

病理学の歴史を振り返ると、研究だけでなく、教育や系統解剖学の確立においても、ウィルヒョウは、まさしく巨人である。しかし、科学者としてのウィルヒョウという意味では、初期からヴュルツブルクにいた時代、三〇代半ばまでに早くもピークを迎えてしまった、という印象である。

ウィルヒョウが力を持った原因は「彼が言ったりしたりしたことでというより、彼の存在そのものであった」と語られるように、初期の偉大な業績と反ビスマルク政治家としての人気があいまって作り上げられた権威が、ウィルヒョウをウィルヒョウたらしめたのだ。その力から、晩年は〝法王〟と呼ばれるようになったウィルヒョウであるが、暮らしは終生質素であり、貴族の称号を拒否するなど、一九〇二年に亡くなるまで高潔な生き方を貫いた人でもあった。

しかし、その高潔さは、理不尽な強情にもなり、紹介したように、細菌学や進化論に対する否定的な態度をとったなど、褒められないような事実もあったことを忘れてはならない。今も昔も権威というのは下手に使われると、周囲にとんでもない迷惑を及ぼすものなのである。

「個体発生は系統発生を繰り返す」の言葉で知られるエルンスト・ヘッケルもウィルヒ

ヨウの弟子であり、師匠の性格を「冷静で、強固で、大変強烈」と述べている。しかし、ウィルヒョウは、貧しい家の出であったこともあるのだろうが、地位の低い人たちや病人には特別温かかったし、大衆に人気があり、「協力しようという感情」を強く持っていた人でもあった。

また、たとえ互いに学説が対立しているときであっても、エミール・フォン・ベーリングやコッホの優れた研究をおおらかに褒めたたえる度量を持つ人でもあった。知・情・意のそろった全人的な人物であったことがわかる。

「科学的な討論をするときのウィルヒョウのとどまるところのない喧嘩好き」は誰の目にも顕著であったにもかかわらず、本人はまったく自覚しておらず、「興味を同じくする人達の間ではおとなしい男だった」と自己評価していたのはご愛敬というところだろう。いくら偉い人であっても、自分のことはわからんものなのだ。

ルドルフ・ウィルヒョウ

RUDOLF VIRCHOW

1821 - 1902

1821　ドイツ、ポメラニアに生まれる。
1839　ベルリンの軍医学校入学。
1843　医師になる。
1845　白血病と血栓の研究を行う。
1847　医学雑誌を創刊。
1849　ヴュルツブルク大学、56年にベルリン大学へ。
1858　『細胞病理学』出版。
1861　ドイツ進歩党の創立に参加。93年まで下院議員。
1865　ビスマルクに決闘を申し込まれる。
1869　ベルリン人類学会設立。
1886　ベルリン民族学博物館建設。
1893　ベルリン大学学長。
1902　心臓病にて死去。

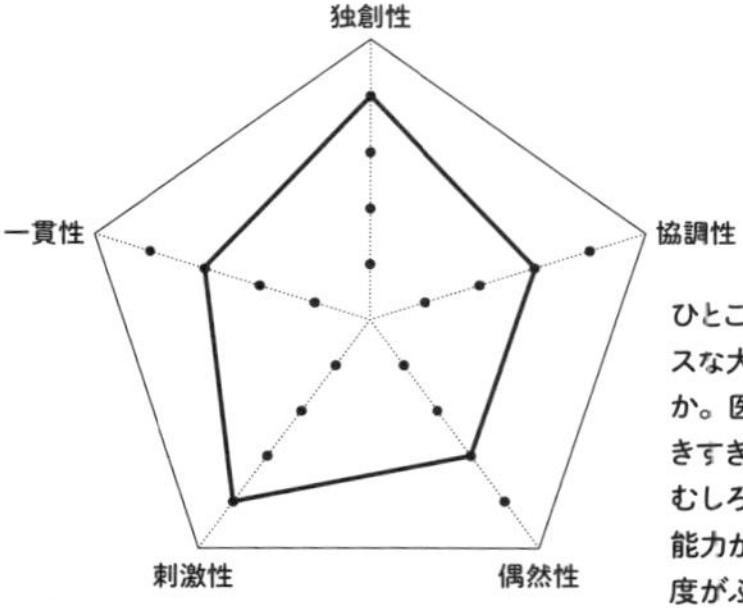

ひとことでいうと、超オーソドックスな大先生、というところでしょうか。医学に与えたインパクトは大きすぎて、独創性の評価となると、むしろ難しいところがあります。能力がありすぎて、こういった尺度がふさわしくないレベルです。

第2章
タタオに生きる

ジョン・ハンター

マッドサイエンティスト×外科医

「ジキルとハイド」と言われても

平均値と標準偏差

〝世の中が進んでくると、物事が平均化されていってしまう〟という説がある。優れたエッセイを数多く残した進化生物学者スティーヴン・ジェイ・グールドは、その著書『フルハウス』（ハヤカワ文庫ＮＦ）の中で、野球を例に挙げ、わかりやすくも鋭く解説している。

アメリカ大リーグにおける平均打率を調べてみると、年々ほぼ右肩上がりに上昇している。それにつれて四割打者が増えているかというと、あにはからんや、一九四一年以前は生息していたが今や絶滅危惧、いやすでに絶滅状態なのである。「おそらく技術が向上して全体の平均値が上がると、標準偏差が急速に狭まっていってしまうためであろう」というのがグールドの考えで、「この現象は生命進化にもあてはめることができ……」と話が進んでいく。

ジョン・ハンターというまぎれもない鬼才の話を読むと、科学者の「進化」にも同じようなことが言えるのではないかと思えてくる。科学者の数が増えて、方法論が進歩するにつれて、良い意味でも悪い意味でも「とんでもない科学者」というのは急速に絶滅の方向に向かっていったのではないだろうか。

ジョン・ハンターは、科学者という人種がほとんどいなかった一八世紀に、外科医としての名声をほしいままにしながら、周りの迷惑を顧みず、犯罪的な行為を犯してまで、天衣無縫に自分らしい「生物学」を楽しみまくった大畸人である。その伝記『解剖医ジョン・ハンターの数奇な生涯』（河出書房新社）は、その魅力をあますところなく伝えている。

名声――天才外科医

ジョン・ハンターは、ヨーロッパ一の腕を持つとまで言われる外科医であった。そして、旧来の方法にとらわれることなく、自らの経験と考えに立脚した治療法を行った外科医であった。「すべてをまずは疑ってかかり、よりよい方法の仮説を立て、…（中略）…詳細な観察と調査、実験をとおして確認」するという考えは、初めて外科を科学のレベルにまで高めたと言われるほど、あくまでも実証的であった。

その姿勢は、戦場においても遺憾なく発揮された。簡単な対照実験のような観察から、銃創を受けた兵士には、やみくもに手術を行うのではなく、何もしないで待った方がいいという結論を得た。その仮説を実践し、旧弊な治療法をはるかに上回る「治療効果」を上げたのだ。他にも、御者（馬車の運転手）の職業病であった膝窩動脈瘤の手術法「ハンター法」を開発するなど、独創的な手術法を開発した正真正銘の名医、まぎれもない国手であった。

とはいえ、当時の技術と衛生状態であるから、失敗も、といっても他になすべき術がなかった症例ではあろうが、数多くあった。豊富な経験と、「どうしても必要だという場合以外はぜったいにメスを入れない」という、師匠の一人であった膀胱結石除去術の大家チェゼルデンの教えから、天才的な技量を持ちながらも、ほとんどの症例に対しては「手術をしない」という選択を行った。さらには、「どうしても手術が必要だという状況でも、手術はしないほうがいい」となるとまるで禅問答のようで、まるで中島敦の「名人伝」（『李陵・山月記』新潮文庫所収）の世界である。

著名人も診察を受けており、哲学者デビッド・ヒュームの肝臓がんを診断したり、その弟子である国富論のアダム・スミスの痔を手術したりしている。これだけでも、なんだかすごい。しかし、名誉や地位には全く興味がなく、金持ちにも貧乏人にも等しく親切な診療を施したため、患者にはすこぶる人気の外科医であった。

一方で、その考えが革新的すぎただけでなく、「反対勢力に歩み寄ることなく、あからさまに応酬」し続けたため、同業者からの評判は芳しくなかった。それでも、最後には、戦争での銃創治療の業績のこともあり、外科医としての最高の地位である外科軍医総監にまでのぼりつめている。

世間は、そんなハンターに対し「名士あつかいして讃え、感謝しながらも、心の奥底では…（中略）…疑念と恐れ」を抱いていた。それは、外科医としてのハンターではなく、解剖学者・博物学者としてのハンターを見れば当然のことだった。

快技――解剖助手

一七二八年にスコットランドのグラスゴー近くの村で生まれたハンターは、好きなことしかしない勉強嫌いの子どもであった。一〇代半ばまで読み書きができなかったことから、識字障害ではなかったかと推定されている。そんな子どもであったが、「どの時点で発生がはじまるのか」とか「生きた動物と死んだ動物を分けている要素は何なのか」といった疑問を抱いていたというから、えらくアンバランスで早熟な子どもである。

ジョンの兄、ウィリアムは、本当にそんなものがあったのかと思えてしまうが、イギリスでは初めての、若い医学生に人体解剖を教える私塾をロンドンで主宰していた。ハンターは通常のコースで外科医になったのではなく、二〇歳のときに、まず兄の解剖学教室の助手としてそのキャリアを始めている。生物学的好奇心が強かった上、生来器用であったため、死体をさばきにさばき、解剖の腕をめきめき上げていった。

当時は、処刑された死体以外を解剖のために用いるのが禁じられていた。なので、教室が隆盛を極めるにつれ、死体を入手しにくくなり、「新鮮な」死体を集めることが大きな問題となっていった。

『死体はみんな生きている』（ＮＨＫ出版）という本によると、授業料を死体で払わないとだめという無体な要求をする解剖教室があったり、死体を入手するために自分の経営する宿の客を殺すという恐ろしい事件もあったりしたというから、すさまじい。そんな状況だったから、死体価格は高騰し、一体の価格が東インド会社で働く船員の年俸を上回っていたという。

だから、違法に墓を掘り起こしたり、病院から死体を盗んだりといったことが、ある種の産業になりえた。死体泥棒産業は、もちろん「賄賂」「不正な手段」「腕力」がものをいう暗黒産業であったが、仕入れ担当者としてのハンターは、この「産業」の納入業者である死体泥棒どもからとても人気があった。

後に大喧嘩をして、たもとを分かつことになるのであるが、死体集めなど後ろめたいところもあった解剖教室稼業であっただけに、兄ウィリアムにとって、血のつながりのあるジョンはベストパートナーであった。冷蔵庫はもちろんのこと、適切な死体の保存法すら開発されていなかった。死体が腐りやすい夏期には解剖教室はお休み、そして、解剖を行うのも腐りやすい場所から始めるというのだから大変な時代である。

そんな時代であったが、兄とともに過ごした一二年間に、少なくとも二〇〇〇体の解剖はこなしたというからすさまじい。好きこそものの上手なれ、ではないが、好きでないと、とてもできることではない。解剖学には知覚が大事であるからと、ハンターは実習に味覚まで使わせていた。いくらなんでも勘弁して欲しいが、それでも学生には人気があったというのだからなかなか大したものである。

ハンターは、解剖手技だけでなく、死体の血管に蠟や樹脂を注入して標本を作る技術にもたけており、注入液に鮮やかな色をつけて芸術的な作品に仕上げるのを得意にしていた。解剖助手をしていたころ、めったに手に入らない妊娠後期の死体が、もちろん闇のルートからではあるが、何体か手に入った。そして、血管への色素液注入によって、母体と胎児の血流が完全に分かれていることを明らかにした。

この大発見を召し上げられたこともあって、兄ウィリアムとの仲は決裂する。ウィリアムは、四半世紀も後になって、ようやく弟の業績だと認めるが、彼らよりも一〇年以上前に、オランダの解剖学者によってこの発見が記載されていたことを知らなかったというのは、なんともお気の毒なことであった。

自在——医学研究者

ハンターは、解剖教室を手伝いながら病院の下級外科医として働くようになった。検死も大好きだったようで、勝手に検死を楽しんだり、時には病院から無断で死体を持ち出して解剖教室で使っていた。趣味と実益を兼ねていたのだろうが、相当にあぶないお医者さんである。

しかし、その豊富な解剖経験から、「医学は解剖に立脚すべきである」という信念を持つに至り、当時にしては珍しく病理解剖にも通じていた。死因を知りたくて、個人的にハンターに検死を依頼する遺族もけっこういたらしい。「手術はできるだけしない」というハンターであったが、多くの検死経験から、がんだけは手術で切除しないとだめだということを知っていたというのは、実証主義者の面目躍如だ。

再生現象に興味を持ち、雄鶏の蹴爪を雌鶏のとさかに植えたり、鶏の睾丸を腹に植え込んだり、ロバの額に牛の角を移植しようとしたり、いろいろな移植実験に励んだ時期もある。こういった縦横無尽の実験から手応えを得たハンターは、「生体歯牙移植」、貧乏で健康な人から金持ちへの歯の移植を行うようになる。

この治療法はそれ以前からあったらしいが、ハンターが科学的お墨付きを与えたことにより、一九世紀になるまで広く行われるようになった。だが、移植された歯は長くもたなかったし、ドナーによっては梅毒のような感染症を引き起こすこともあったので、治療法としてはあまりよろしくなかった。独創的かもしれないが、この一連の研究から、「方法論としてはその後の人体臓器移植に引き継がれている」と解釈するのはいくらなんでも過大評価だろう。

再生力を信じたハンターは、他にも、絞首刑になった死体を生き返らせようとしたり、冬眠による不死化実験を行ったりして、当然のことながら失敗している。しかし、心停止を起こした子どもに、おそらくは発明されたばかりのライデン瓶を用いて、電気ショックを与えて蘇生させた記録も残っているというから、驚くべき先見性だ。ある意味では、ＡＥＤ（自動体外式除細動器）の先駆者でもあるのだ。他にも、帝王切開をしたり人工授精を成功させたりしているのだから、まさに八面六臂のオールラウンドドクターである。

当時、二大性病であった淋病と梅毒は同じ原因で引き起こされると考えられていた。これが本当かどうかを確かめるために、淋病の患者の膿を接種し、淋病から梅毒へと移行するかどうかを調べる実験を行った。

被験者についての記載はないが、どうやらハンターは自分自身に接種したらしい。治療法もない病気に自ら罹患しようというのであるから、素晴らしい探求心というか、勇気があるというか、なんというか……。めでたく（？）ハンターは淋病、引き続き梅毒を発症した。そして、淋病と梅毒は同じ「毒」によって発症すると結論づけ、ベストセラーになった『性病全書』に発表した。

ハンターのような大家が発表したために、この誤った考えは六〇年にもわたって信じられることになった。もちろん間違えている。接種した膿の患者が、淋病と梅毒、両方にかかっていたためにこのような結果になってしまったにすぎない。カール・ポッパー流の科学哲学「反証可能性」などが唱えられるはるか前のことではあるが、いろんな意味で実験プランに無理がありすぎる。

解剖学の研究では、卓越した死体仕入れ能力を活かして集めた数多くの妊娠死体サンプルからヒトの発生過程を詳細に記載したり、リンパ管の研究を進めて脂肪の吸収が腸の静脈でなく乳び管から行われることを明らかにしたりしている。再生医学や移植医学に通ずるような気がしないでもない研究を行ったことも含めて、その科学性は高く評価されている。

しかし、全体を見渡すと、いろいろなことを心の赴くままにやりまくったという感じで、どれもがうまくデザインされているわけではない。それに、ツボにはまったら強いが、外したらとことん外してしまっている。科学が未分化であった時代は、集団として科学者の標準偏差が大きかっただけでなく、個人の行ったことの振幅も大きかったということだろうか。淋病の膿の自らへの接種実験を科学的と呼ぶかどうかは別として、いかにもマッドなサイエンティストだ。

執着――コレクター

外科医、解剖学者、そして、もう一つの顔が博物学者であった。「人間の死体を手に入れるのと変わらない執着心と交渉力」をもって、動物の死体を集めていたというから、かなりなものである。にわかに信じられないが、家でシマウマ、アジア水牛、ライオン、ヒョウ、ジャッカルなどを飼っていたという。こういったことから、ハンターがドリトル先生のモデルであったとする説もあるらしい。ハンターみたいに恐ろしいドリトル先生だと、動物はおろか子どもも近寄りそうになくてイメージが違いすぎるのであるが。

ハンターは、キャプテン・クックがエンデバー号による航海を終えて、いろいろな動植物の標本を持ち帰ってくるのを待ち望んでいた。その目録作成を助けるためにハンターが差し出したのが、住みこみ弟子第一号であり、とても気の合う愛弟子、エドワード・ジェンナーであった。

ジェンナーの天然痘ワクチン開発は、ハンターの教えである「仮説・観察・実験・確認」を忠実に守ったものだ。もしジェンナーがハンターに弟子入りしていなかったら、天然痘の歴史は大きく変わっていたかもしれない。

コレクターとしてのハンターも、異常な執着心を見せつけてくれる。それが遺憾なく発揮されたのが、「アイルランドの巨人」と呼ばれた身長二三〇センチの巨人チャールズ・バーンの一件である。見せ物として衆目を集めた巨人の体を、発生学的な興味から手に入れたいと渇望するハンター。酒浸りになって健康を害したバーンの死期が近いと診断し、死後の体をもらうためにかなりのお金を支払うと、なんと本人に申し出る。

しかし、バーンは、解剖されて展示されることに恐怖を抱き、その申し出を断り、「遺体は鉛の棺に密封して船でイギリス海峡の真ん中まで運び…（中略）…沈めてくれ」

と友人たちに依頼する。それでもハンターはあきらめない。なんと、借金してまで集めた金を葬儀屋に払い、棺を運ぶ友人たちを泥酔させたすきに、バーンの遺体を敷石とすり替えさせたのだ。ここまでくると、どこから見ても完全に犯罪である。

さすがのハンターも後ろめたかったのだろう、このことはしばらくの間隠していたが、六年後、自らの家に博物館を作ったとき、この巨人の骨格標本を公開展示する。コレクター魂全開というところだろうか。

ハンターの標本やコレクションの一部は、ハンターの名前を冠したロンドンのハンテリアン博物館に収められている。バーンの骨格標本も、そこで、二〇〇年以上にわたって公開されてきた。二〇一九年現在、博物館は改装中なのであるが、ガーディアン紙によると、バーンの標本をどうするかが議論されているらしい。改装後は展示しないという決定がなされると、おそらく、アイルランドの故郷近くの海岸に埋葬されることになるとのことだ。ことの経緯を知ると、なんとしてもそうしてあげてほしい。

ハンターは、「あらゆる生き物には特定の基本原則があるはずで、それなくして動物はないだろう。基本原則の組み合わせ方によって、動物の種類が生まれるのに違いない」という、時代に先駆けた、生物に対する洞察を持っていた。

自分の家の博物館に並べられたハンターのコレクションは、自分の考えに沿って、生き物を体系的に分類したものであった。しかし、識字障害のためか言葉であまりうまく説明できず、多くの訪問客にとって意味不明の並べ方になっていた。その体系化はダーウィンの進化論を先取りしたという考えもあるようだが、残念ながら進化の理論構築には至っておらず、これも買いかぶりすぎというものだろう。

矛盾――ジキルとハイド

学生への教育内容は解剖学というより生理学、いろいろな臓器の機能について自説を述べるもので、毎年説明が入れ替わるほど、ずいぶんと革新的であった。定説に疑問を持つことを常に説きながらも、学生に対しては「資格試験の時には合格のために定説を述べるように」という助言をするような、十分な柔軟性とプラグマティズムも備えていたというから、とっても素適な先生だ。

赤ひげのように貧者に優しく、ブラックジャックのように腕が立ち、間違いもあったとはいうものの研究者として多くの業績を残したハンター。しかし、その反面、死体泥棒から死体を仕入れたり、嫌がる巨人の骨を盗んだりする。そして、反対勢力にはあからさまに応酬するが、弟子や生徒には優しいハンター。いくつもの矛盾を抱え込んだこの人物は、魅力的といえば魅力的、訳がわからないといえばわからない。

終の棲家になった家というのも、ハンターと同じような二面性を持っていた。表通りに面した方は瀟洒なタウンハウスで、裏側は地味な家。その二軒を結ぶように、階段式講義室、大広間、そして博物館を擁する煉瓦とガラス造りの建物があった。表通り側からは名士や患者が出入りして社交や診察が行われ、反対側では夜中に死体が引き上げられて解剖が行われる。この屋敷が、ジキル博士の屋敷のモデルになったというのもうなずける。

自分を使った実験での梅毒感染も関係してか、ハンターは狭心症を長年患っていた。大きな発作を起こしたときには、効果がないと軽蔑していた一般的な治療法、下剤、吐剤、瀉血、マスタードを混ぜた水での足浴等々を試みたというのだから、けっこうかわいいところがある。もちろん全く効果はなく、自説を証明することに終わってしまうのであるが……。

自分自身の狭心症を患った心臓と怪我をして回復したアキレス腱をコレクションの掉尾を飾るために加えてほしいと望んでいたハンターであったが、義弟の裏切りによりその望みは叶えられなかった。そして、ハンターが最後に残したものは、借金と一万三〇〇〇点以上にも及ぶ膨大なコレクションであった。

The Knife Man

ハンターのことを詳しく描いた『解剖医ジョン・ハンターの数奇な生涯』の原題は、『The Knife Man : The Extraordinary Life and Times of John Hunter, Father of Modern Surgery』（ペーパーバック版では、副題が「Blood, Body Snatching, and the Birth of

Modern Surgery」)、である。即物的すぎる感じがするが「ナイフ男」というところであろうか。ちょっと怖い。

ハンターのイメージとして、ナイフよりも、千変万化の万華鏡、多種の動物や、病気、臓器といったいろいろな「具材」が怪しく煌めく万華鏡というのはどうだろうか。それぞれの具材が近づいては離れ、その織りなす複雑な鏡像がどこまでも反射しながら、変幻自在にくるくる回り続ける。そして、その鏡をゆわえている倫理の箍《たが》は、言うまでもなく、あくまでゆるゆるなのだ。

このところ、同世代の研究者同士でぼやきあうことの一つに、論文を一編仕上げるのに必要なデータの量が膨大になってきてしまっている、ということがある。生命科学における方法論の進歩はめざましく、一昔前なら不可能であったことが、簡単にできるようになってきている。喜ばしいことなのではあるが、それは、あることを確実に言うために、多くの技術と方法とを使わなければならなくなったことを意味している。

昔は良かったと言うと年寄りの繰り言になるが、昔ならそこそこやればわかったと納得してもらえたことでも、最近では、とことんやらないと、さらに運の悪いときには、とことんやっても、わかったと言ってはもらえない。

そのような現代では、いくら能力があっても、ジョン・ハンターのように、幅広い領域でいくつもの足跡を残すことは不可能だろう。ハンターは「Don't think, try the experiment.（考えるな、実験を試みよ)」と言っていたらしいが、それでは、情報があふれている今の世の中、間違いなく立ち後れてしまう。

研究において、多くのことがすでにやられてしまっている。ということもあるが、論文作成と同じように、一つのことを成し遂げるのに手間がかかりすぎるようになったことも、さまざまな領域で活躍するのがむずかしくなった大きな理由だ。ハンターみたいな人がほんとに隣に住んでたら、ちょっと難儀してしまうだろうけれど、こんな鬼才が生きて活躍しているのを見られない時代というのは少し残念な気がしてしまう。

ジョン・ハンター

JOHN HUNTER

1728 - 1793

1728　スコットランドのグラスゴーの南の村に生まれる。
1748　ロンドンで兄ウィリアムが経営する解剖教室の助手に。
1749　チェゼルデンの下で修業。
1754　胎盤の血液循環を発見。
1761　軍医としてフランスへ。
1763　ロンドンに戻る。
1767　王立協会の会員に。
1770　エドワード・ジェンナーが住み込みの生徒に。
1783　アイルランドの巨人の遺体を盗む。
1788　私設博物館にてコレクションを公開。
1790　外科軍医総監に任命される。
1793　死去。

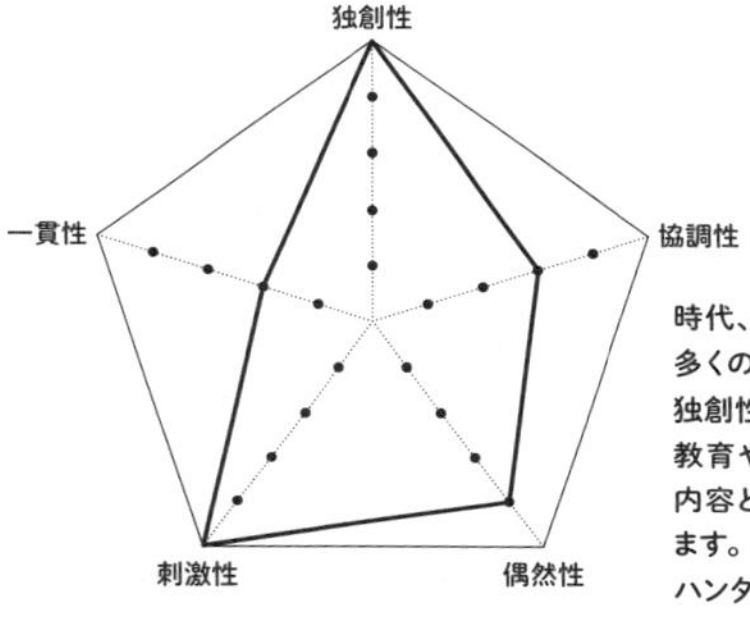

時代、ということもありますが、多くの斬新な研究に手を出した独創性、遺体集めも含めた医学教育やセンセーショナルな研究内容といった刺激性はすごすぎます。一貫性のなさというのは、ハンターにとっては褒め言葉です。

トーマス・ヤング

"Polymath" 多才の人

「アホさ」と「賢さ」に関する一考察

人間六〇年も生きていると、日常生活からある種の法則のようなものを導くようになってくる。私にとっての一つの法則は「アホはうつる」というものだ。「アホ」と「かしこ」は紙一重とも言うが、厳然たる違いがあって、賢さは伝染しないが、アホさはかなりの伝染性を有している、ということを悟ったのだ。立川志の輔師匠の落語を聴きに行ったらマクラで同じことを言っておられたから、この法則に到ったのは私だけではない。

逆ならよかったと思わないわけでもないが、賢さが中途半端に伝染して小賢しい人間ばかりになったら、世の中が住みにくくなるような気もするので、賢さはあまり伝染性のないほうがよいのかもしれない。

しかし、アホの伝染性には困ったものがある。人がニュートンの法則に従って（？）易きに流れるように、アホは確実にうつるのだ。賢かった学生でも、パーな学生二人に挟まれていると、かなりの確率でパーになっていく。この現象を私は密かに〝パー・チェーン・リアクション（PCR）〟[*1]と名付けている。

もう一つの法則、というほどでもなくて、仮説として抱いているのは、「アホさは無限であるが、賢さは有限ではないか」ということである。信じられない、想像もできないようなアホなことをしでかす人が身の回りにも少なからずいるし、マスコミでも連日連夜報じられる。

また、そのアホなことの内容は、かなりのオリジナリティーがあるというかイノベーティブというか、次々と新技が繰り出されていく。一方、賢さというのは、おおよそが想像力の範疇内におさまるものであって、なんとなく限界があるのではないか、という気がしているのだ。

しかし、この仮説を破り、賢さも無限ではないかと思わせてくれるのが、医学、物理学、そして、言語学、といった大きく異なる三つの分野で超弩級の発見を成し遂げたトーマス・ヤングである。ヤング－ヘルムホルツの三色説と光の波動説のヤングが同一人物であることを知っている人は多いだろうが、そのヤングが、エジプト神聖文字（ヒエログリフ）の解読で、あのシャンポリオンと競い合ったヤングであることを知っている人はどれくらいいるだろうか。

このことを知ったとき、心底驚いてヤングの伝記を探した。しかし、日本語はもちろん、英語でもほとんどない。その数少ない一冊が『The Last Man Who Knew Everything』(Basic Books)である。「すべてのことを知った最後の男」、あるいは、「全知最後の人」、とでも訳すべきであろうか。この本の著者であるロビンソンによると、ヤングの伝記がほとんどない一つの理由は、ヤングが研究対象とした内容のあまりの多様さにある。

ロビンソン自身は、文理両方の学位を持つ人で、アインシュタインやタゴールの伝記、そして、線形B文字解読についての本などを書いている。おそらく、トーマス・ヤングの多能にあこがれる多才な人なのだろう。著者自らが認めているように、ヤングの業績と人生を、すべての分野に精通した一人の著者が書くことはほとんど不可能であるのやもしれず、この本も淡々とヤングについての事実が書かれている。

神童

ヤングは一七七三年、イングランド南西部サマセットの小さな町に、クェーカー教徒の家の長男として生まれた。親類縁者にこれという際立った才能を持つ人は見当たらないが、ヤングは文字通りの神童であった。

四歳になるまでに聖書を二回通読し、英語とラテン語で、それもラテン語は理解できなかったにもかかわらず、詩歌を暗唱したという。一〇歳のころにはギリシャ語とラテン語の古典を読み、イタリア語、フランス語を学び、さらに、一三歳にしてヘブライ語にも通じた。他にも、アラビア語、ペルシャ語、シリア語、ソマリ語なども学び、一〇〇以上の言語で書かれた「主の祈り」を読むのが無上の楽しみであったというから、素晴らしすぎる子どもである。

単に語学だけではなく、旋盤でレンズを磨いて望遠鏡や顕微鏡を作るなど、科学・技術にも興味を抱いていた。しかし、新しい実験に取り組んだり実験を繰り返すことより も文献を好む少年だった。そして、この、実験よりも考えるのが好き、という態度は終生変わることがなかった。

一七八七年からの五年間は、ロンドン近くの町ヤングズベリーで過ごすことになった。知的な環境に恵まれたなか、ギリシャ語とラテン語に磨きをかけ、町の知的サークルでギリシャ語の韻律学について詳細な議論を交わせるまでになっていった。

動植物学も学んだが、自然科学として最も力を注いだのは数学であった。小さなころから教室で学ぶよりも一人で学ぶことを得意としていたヤングは、ニュートンの『プリンキピア』や『光学』を独力で読みこなした。一七九二年、大叔父の勧めにしたがい、ロンドンに移り、医学を学ぶことになる。

ものの見え方

そのころ、眼の調節メカニズムについては超豪華な二人による仮説、レンズの位置が動くことによるというケプラー説と、レンズの形が変わることによるというデカルト説、があった。ヤングは文献を渉猟し、また、ウシの眼の解剖を行い、レンズそのものに筋肉のような構造があり、形を変えることにより調節が行われる、という結論を導いた。

そして、最初の科学論文「Observations on Vision（視覚についての報告）」を執筆する。しかし、この発見は、ジョン・ハンター（本章参照）の説を剽窃したものであるという嫌疑をかけられるわ、他の研究成果と合わないという批判をあびせられるわという始末で、論文をあっさり取り下げることになってしまった。ヤングはえらく潔いというか、あまりにあきらめがよすぎるのだ。

ロンドンには医学を教える大学がなかったので、医学博士の称号を得るために、一七九四年、エディンバラ大学に入学した。医学を学ぶという点では期待はずれであったが、北のアテネといわれる町でギリシャ文学を十分に楽しんだ。翌年はゲッチンゲン大学へと移り、医学修業を続けた。

一七九六年には、少しばかり風変わりであるがヤングらしい博士論文をラテン語で書き上げている。ヒトの発声器官の解剖学的解析に基づいて、ヒトが発声しうるすべての音を表現できる四七文字から成る「アルファベット」を提案するというものであった。あまりに斬新すぎたのか、残念ながら、ほとんど関心はひかなかったのであるが、後のヒエログリフ解読につながる興味はこのころからあったのだろう。

制度が変わり、医業を営むには同じ大学で二年間学ぶことが義務づけられるようになっていたので、一七九七年イギリスに戻ったヤングは、仕方なくケンブリッジ大学に入学する。医学はすでにひととおり勉強していたから暇であり、一人で読んだり書いたり物理の実験をしたりして過ごしていた。そして、一七九九年、ようやくロンドンで医師として働くようになる。

そのころ行い、一八〇〇年に「On the Mechanism of the Eye（眼のメカニズム）」として発表された視覚の調節についての研究が、ヤングにとって医学上最大の業績である。まずは、コンパスで直接眼球のサイズを測定し、眼球が全くの球ではないことを確認し、角膜の曲率を計算した。いくら研究のためとはいえ、自分の目での直接測定はさぞ痛かったろう。そして、遠くを見ても、近くを見ても角膜の曲率が変化しないこと、また、眼球を変形させても視覚には影響がないこと、などから、かつてあっさり取り下げた処女論文のとおり、デカルト説が正しいことを証明したのである。

もう一つ、より有名なのは、翌年に発表された「On the Theory of Light and Colours（光と色の理論）」で展開された三色説だ。ただし、この内容は、調節の論文が実験と計測に基づくものであるのに対して、思考実験による洞察とでも言うべきものである。

ニュートンが唱えた光の粒子説では、おびただしい数の色を見分けるために、それぞれの色の粒子に応じた種類の反応が眼において生じなければならない。一方で、同じくニュートンの「虹の解体」による七原色は、より単純化されて、赤黄青の三原色として一般的に受け入れられるようになっていた。

ヤングは、光が波動ならば、眼球に三つの原色に対して反応する要素さえあれば、数多くの色の認識が可能であることに気づいたのだ。この説は一八五〇年代にドイツのヘルマン・フォン・ヘルムホルツによって再発見される。そして、ヤング－ヘルムホルツの三色説として受け入れられるまでの半世紀の間、すっかり忘れ去られていた。そのヘルムホルツはヤングのことを、最も鋭い人物であるにもかかわらず同時代人よりも先んじすぎているがゆえ受け入れられなかったのが不幸であった、と評している。

一八〇一年、ヤングは王立協会の自然哲学の教授に任命され、翌年の前半には、数学、物理学から工学にいたるまで非常に広汎な五〇もの異なったテーマでの講演を行った。熱心に準備したのだが、『ロウソクの科学』のマイケル・ファラデーなどとは比ぶべくもなく、自他共に認めるように講演はあまりうまくなかった。[*2]「ナルコレプシーをひきおこすほど退屈な演者」とまで評されているからお気の毒だ。医業を続けていたヤングは、物理学の講演などを行っていると、他の仕事にかまけている冷たい医師である、という評判がたつのを恐れて、二年後にはこの職を辞している。

光は波である

一七世紀の後半、直進性や反射をよく説明することから、光は粒子であるという説がニュートンによって唱えられた。その少し後に、光は波動であるという考えがオランダ人クリスティアーン・ホイヘンスによって発表された。ヤングの時代には、ニュートンの偉大な名声と権威により、粒子説が圧倒的に優勢であった。

ヤングは、一八〇一年、水の波動における干渉現象を観察する道具、離れた二点で同調して波を作らせて干渉させる道具、を発表した。そして、この道具を用いて波を可視化した実験を行った。その結果、二つの同じ波長の波は、同位相の波が干渉して波が高くなるところと、逆位相の波が干渉して波がなくなってしまうところが生じることを見出した。さらに、それらの位置は波長によって異なることも証明した。光が波動であるという仮説にたつと、ニュートンリング[*3]は異なった波長の光の干渉によって生じると説明できる。そして、実際にニュートンリングから光の波長を計算した。

そして二年後、「Experiments and Calculations Relative to Physical Optics（物理光学に関する実験と計算）」と題した講演で、水の波動と同じように光にも干渉現象があること、それも、予想通り、光の色、すなわち波長、によって異なった干渉波が生じることを報告した。さらに、干渉波からそれぞれの色の波長を計算し、ニュートンリングから計算した結果とよく一致することを明らかにし、光は波であると結論づけた。残念ながら、ニュートンの存在があまりにも偉大であったため、この結果は全く受け入れられず、いくつかのあからさまな攻撃にもさらされてしまった。

ヤングという人は、ある意味でとても不幸である。光の波動説のみならず、他の分野でも、生前ほとんど評価されなかったし、むしろ、攻撃の的になり続けた。これには、すぐあきらめて、表立って論争しないというヤングの控えめな性格も影響したのだろう。

一八〇三年には、王立協会を辞して医師としての生活に戻ったが、四年後にはヤング物理学の集大成とも言える一五〇〇ページを超える大著『A Course of Lectures on Natural Philosophy and the Mechanical Arts（自然哲学と機械技術についての講義）』を出版している。これには、王立協会での講演だけでなく、その後の研究結果についても書かれており、あの有名な光の干渉を示す二重スリットの干渉実験もここに記されている。この実験は、波長はずいぶんと違うが、水の波動の実験と全く同じ原理のものであり、非常に理解しやすい。だからこそ、今でも教科書に載っている。もちろん結果としては正しい実験なのであるが、実験の詳細や結果が全く記載されていない。

そのために、ヤングは思考実験として二重スリットを考えただけで、本当は実験を行っていないのではないかという疑義が呈されている。実験は時間の無駄と考えていた思索家ヤングらしいエピソードである。この本には、他にも、後にヤング率と呼ばれるようになる弾性物質の応力と歪みの比の定義や、エネルギーという言葉を現在と同じ意味で使う、など、多くの斬新な内容が含まれている。

ロゼッタ・ストーン解読

本業である医師に戻ったヤングは、一八一一年、かつてジョン・ハンターが活躍した聖ジョージ病院の医師になる。しかし、どうも、医師としてまた指導医としての評判はあまり芳しくなかったようだ。

一八一五年までに何冊かの医学書を出版したヤングであるが、先に述べたような物理関係の本とは違って平板な内容であり、科学好きな冷たい医師という印象をぬぐうことはできなかった。また、物理学などにうつつをぬかしていると、医師としての評判に傷がつくと思いこんでおり、『Encyclopædia Britannica（ブリタニカ百科事典）』に執筆を始めた当時は匿名で発表していたほどだ。

知識や真実を愛するヤングにとって、当時の医学というのはわかっていることがあまりに不十分であったから力を発揮できなかった。という好意的な評もあるが、本人が医師としての自分について何も書き残していないので、そこのところはどうもよくわからない。そんなヤングが次に興味を持ったのが、ロゼッタ・ストーンの解読であった。

大英博物館で一番人気のロゼッタ・ストーンは、フランス軍によって発見されイギリス軍に渡る、という、英仏いわく付きの宝物である。誰もが知るように、上から順に、ヒエログリフ、デモティック（草書体）、ギリシャ文字、で同じ内容の文が書かれており、全く意味がわからなかったエジプト文字を解く鍵になるはずだとして注目されていた。一七九九年に発見されたロゼッタ・ストーンがロンドンで公開されたのは一八〇二年であったが、ヤングがその解読に興味を持ち始めたのは、医師としての自分がどうも評判がよろしくなさそうだとわかり始めたころ、一八一四年からであった。

ギリシャ語のカリグラフィーにも通じていたヤングは、ヒエログリフとデモティックを写しながら、両者の文字の形がきわめて類似していることを見いだした。これは、ヒエログリフは音声成分には無関係な象形文字であり、デモティックは表音文字である、というそれまでの考えと矛盾する。そこで、ヤングは、デモティックは、アルファベットとシンボル的なもの、今で言えば$とか%とか÷とか、の入り交じったものであろうと考察するようになる。後になってわかることだが、実際これは正しかった。

また、ヒエログリフにはカルトゥーシュと呼ばれる楕円の記号があり、このカルトゥーシュに囲まれているのはファラオ（王）の名前であること、そして、外国人の名前はおそらく表音文字で書かれているであろうこと、が他の研究者らによって指摘されていた。この考えを手掛かりに、ヤングは、カルトゥーシュに囲まれた異国人「プトレマイオス」の名前を解読し、ヒエログリフのいくつかにアルファベットをあてはめた。その結果のいくつかは正しく、いくつかは誤っていた。

これらの成果は、一八一九年、『Encyclopædia Britannica』のエジプトの項目に発表される。ただし、匿名で。かなりいい線までいったのであるが、残念ながら、ヤングは、ヒエログリフは基本的には象形文字である、という誤った金科玉条を捨て去ることができず、このことが解読における限界となってしまった。そして、ヒエログリフ解読におけるヤングの貢献はここで終わる。

一七九〇年、フランスのロット県に生まれたシャンポリオンは、一一歳のとき、県知事であったフーリエ（フーリエ変換のフーリエである）にロゼッタ・ストーンの写しを見せてもらい、エジプトへの興味を抱くようになった。シャンポリオンもヤングに劣らぬ語学の天才であり、ギリシャ語、アラビア語、サンスクリット語、ヘブライ語、ペルシャ語などに通じていた。コプト語（一七世紀までエジプトのキリスト教徒によって使われていたエジプト語）が古代エジプト語を引き継いでいるに違いないと考え、ヒエログリフ解読にむけて、コプト語も使いこなせるようになっていた。そして、最終的には、このコプト語の能力がヒエログリフ解読に大きくものを言うことになった。

ヤングと同じころにヒエログリフ解読を始めたシャンポリオンは、初期にはヤングといくつかのやりとりがあったが、情報交換というレベルにまでは至らなかった。一八二一年、シャンポリオンは、ヒエログリフもデモティックも表意文字であり、音声的な要素は全くない、という決定的な間違いを発表した。

ところが、その翌年、ヒエログリフは表音文字である、と完全に意見を翻し、その解読に成功したことを発表する。問題は、その間に、二年前に発表されていたヤングのヒエログリフにおける研究成果を読んで説を変えたかどうかである。シャンポリオンは、ヤングの著作を読んだことを否定し、ヤングに会ったときも全く謝意を表さなかった。もちろんヤングは、自分の説を読んで剽窃したに違いない、不誠実だと相当に怒った。

はたして、シャンポリオンがヤングの説を知っていたのかどうか、は闇の中である。もし読んでいたのであれば、半々とは言わなくとも多少はヤングにもヒエログリフ解読のクレジットが行くべきである。読んでいないのならば、もちろん、シャンポリオンが独力で、ということになる。

シャンポリオンの転向から考えると、どうも読んでいたのではないかと疑いたくなるし、英国側はそういうスタンスである。が、フランス側はもちろんシャンポリオンの肩を持ち、ヤングはフランスの天才による偉大な業績に言いがかりをつけるとんでもない奴だ、ということになる。ロゼッタ・ストーンは、その来歴からヒエログリフ解読まで、ずっと英仏いわく付きなのである。

匿名の生き字引

博識をもってなるヤングは、一八一六年から『Encyclopaedia Britannica』の多数の項目について執筆している。専門のエジプト、色彩論、といったものから、橋、大工仕事、言語、潮汐など一七項目と、人物歴を四六編というから、相当な数だ。最初は医師の名声に傷がつくのではないかと逡巡しながら引き受けたのではあるが、いやはや大したものである。

ヤング自身にとってのベスト3は、橋とエジプトと潮汐であり、最も読まれたのはエジプトだった。しかし、「言語」の項目こそ、語学の天才でありコスモポリタンでもあったヤングが執筆するにふさわしいものであった。基本的な単語や文法が共通しているかどうかなど、なんと四〇〇もの言語について関連性を調べ、インド・ヨーロッパ語族と命名したのである（ただし、インドとヨーロッパの言語に共通性があることを最初に見つけたのはヤングではない）。

面白いことに、生前、『Encyclopædia Britannica』用に自分自身の客観的な記述を残している。ただ、その中には医師としての記載が全くないというのが少し哀しい。

生命保険料の計算を考えて生命保険会社の監査役のようなことをしたり、軍艦の新しい設計についての相談を受けたり、ロンドンのガス灯が安全かどうかの検討を依頼されたり、船舶の位置（経度）を正確に割り出す方法のために設置された委員会の書記官に任命されたり、と、医業を営みながらも多方面に活躍したヤングであったが、一八二九年、五五歳、高度の動脈硬化のためこの世を去った。タバコも吸わず食事も質素であったヤングが、比較的若く動脈硬化で亡くなった理由はわからない。血圧が高かったかどうかもわからない。血圧計すらなかった時代の話なのだから。

王立協会での活躍があったにもかかわらず、爵位は授けられず、SirではなくDr.

Thomas Youngとして亡くなった。これだけの業績をあげたヤングであったが、その死は多くの人の注意をひくことなく、医学雑誌ランセットに短く素っ気ない追悼文が載ったのと、王立協会で追悼文が述べられただけであった。それでも、ウェストミンスター寺院には、ヤングを記念する横顔の額が飾られ、そこには、「長年の謎であったエジプトのヒエログリフを覆い隠していた謎を最初に見破った」と記されている。できれば、他のことも讃えてあげてほしいような気になるのは、私だけではないだろう。

polymathの悲劇？

Polymathという言葉を聞かれたことがあるだろうか？　英和辞典には、大家、とか、博識家、という訳が載っているが、少しニュアンスが違うようである。ギリシャ語が語源で、もちろんpolyは多い、mathはlearn、すなわち、いくつもの領域に通じた人、というような人を指す。

日本ではあまりそのような人材がいなかったせいか、どうも適切な言葉がないようだ。別名をRenaissance man（ルネサンス的教養人）とも言われるように、昔、科学や文化が未成熟だった時代には、けっこういたのだ。それこそルネサンス期にはダ・ヴィンチがいたし、一七世紀になってもパスカルやデカルトなど錚々たるpolymathが生きていた。しかし、いろいろな分野の専門化が進むにつれて、polymathは減少の一途をたどり、現在ではpolymathはおろかpolymathを正しく評価できる人さえいなくなった。

物理学者にして医師、そして、エジプト学者。生業が医師で、得意技が物理学と生理学、語学にも驚異的な能力を示し、趣味がヒエログリフ。他にもいろいろ。そして、請われると、その知識を惜しまずに出す。ただし、時に匿名。

確かに、伝記本のカバーにあるように「トーマス・ヤング、天才たちの偉業の中で、ニュートンが間違えていたことを証明し、ものがどうして見えるかを説明し、病気を治し、ロゼッタ・ストーンの暗号を解いた匿名の大学者」である。

しかし、ものすごく高いレベルでの話ではあるのだが、何となく、中途半端感がぬぐえない。光の波動説ではニュートンの陰に隠れて名声を得るところまではいかなかったし、本業の医師としてはそこそこどまりであったし、ヒエログリフではちょっとずるをされたようなところはあるがシャンポリオンに負けたし。

だからであろうか、ヤングの評価は、毀誉褒貶相半ばする。誉と褒は、もちろん業績を絶賛する。眼の生理学と光の波動説は、今ならノーベル賞に値する仕事であるし、ヒエログリフ解読の試みもエジプト学を科学的に進める嚆矢になった、という評価である。毀と貶では、ヤングは科学ディレッタントにすぎず、どの方面でも完全に突き詰めるほどには進めることができなかったことや、成果に誤りも多かったことが指摘される。

時代の流れだけでなく、ヤングが無口で奥ゆかしく自己主張しなかったのも、このように評価が分かれる原因になっているのかもしれない。しかし、ディレッタントであろうが誤りが多かろうが、十分な名声がなかろうが、業績は業績できちんと評価するのが筋というものだろう。

情報があふれ学問が細分化する一方で、融合の必要性が声高に叫ばれる時代だ。分化は必然であったが、融合は流れにあらがう強制であり、多くの領域で融合はうまく進んでいるようには見えない。ヤングのようなpolymathであっても、いろいろなことをてんでばらばらに行っただけで、自分の中で何かを融合するような方向には進まなかった。技術的な面での融合は可能であっても、学問を融合・統合して何かを生みだすというのは、個人であろうが集団であろうが、なまなかなことでは進まないということだ。閉塞感の強い現在の大学の中に、知的ディレッタントと揶揄されるような人を囲い込むことができれば、せめて融合の促進剤になるのではないかと思うが、いかがなものであろうか。はて、現代にもヤングのような人がいるのだろうか。というのが最大の問題なのではあるが。

＊1　ＰＣＲ　分子生物学で最もよく使われる、遺伝子を増幅する実験法がＰＣＲ（polymerase chain reaction：ポリメラーゼ連鎖反応）と呼ばれる方法である。

＊2　ナルコレプシー　日中、発作的に強い眠気を生じる睡眠障害の一種。

＊3　ニュートンリング　平らなガラスの上に、曲率半径の大きな凸レンズを置いたときに見える同心円状のリング。ガラスとレンズの隙間での光の干渉現象によって生じる。

トーマス・ヤング

THOMAS YOUNG
1773 - 1829

1773　イングランドに生まれる。
1792　医学を学び始める。
1797　ケンブリッジ大学へ。
1799　ロンドンで医師となる。
1800　「眼のメカニズム」発表。
1801　王立協会の教授。「光と色の理論」発表。
1803　「物理光学に関する実験と計算」発表。
1807　『自然哲学と機械技術についての講義』出版。
1819　ヒエログリフについて『Encyclopædia Britannica』に発表。
1829　動脈硬化にて死去。

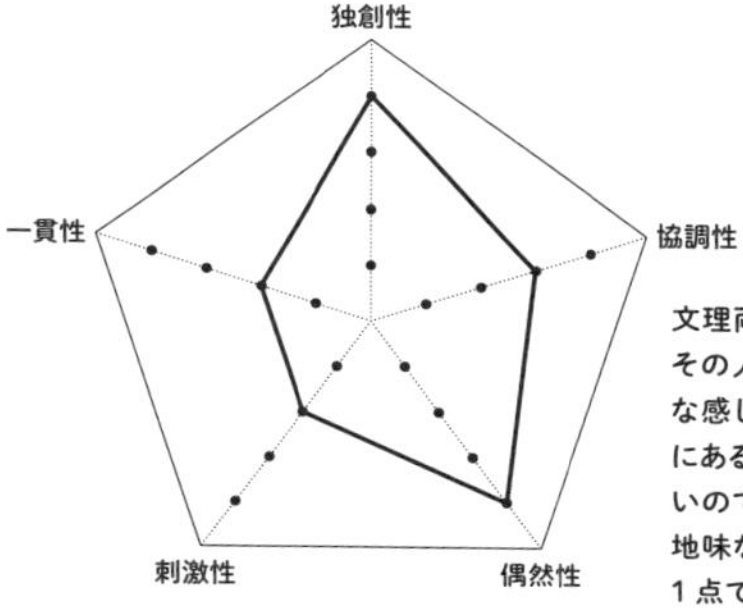

文理両道、華麗なる業績の割に、その人生は気の毒なくらい地味な感じがします。独創性は相当にあるのですが、どれもツメが甘いので４点にしました。あまりに地味なので、刺激性については１点でもいいかもしれません。

森鷗外（林太郎）

石見ノ人、脚気論争

日本の"Polymath"

科学が未分化・未成熟であった時代には、いかんせんいろんな根拠が足らなかったわけであるから、学説の対立や論争が茶飯事であったのは当然だ。しかし、そのような時代の論争というのは、不十分ではあるが対立する事実をつきあわせて真摯に、というよりは、単に自分の信奉する説を相手に納得させるために闘うという側面の方が強かったようだ。

トーマス・クーンのパラダイム説を持ち出すまでもなく、研究者に限らず、人というのは、その時代の雰囲気の中で、いろいろなしがらみにとらわれながら、自分の立ち位置というものを決めざるをえないし、それにすがらざるをえない。時代が進み、いいか悪いかは別として科学万能主義という大きな潮流ができ、根拠のない論争というのは絶滅したかのように見える。しかし、たかだか一〇〇年前までは、何万人という人命に関わるような大問題であっても、後知恵で見ると全く不毛に思える論争、というよりも意地の張り合いとでも言うべきか、が行われていたのである。

森林太郎（鷗外）、ご存じのとおり、多くの小説をものした文豪であり、陸軍軍医としての職位を上りつめ、軍医局長・軍医総監にまでなった人である。しかし、不思議の人でもある。『舞姫』をはじめとして、自分の身に起きたことを、おそらくは都合良くデフォルメした小説をいくつも発表している。また、友人のいまひとつ好ましくない行動を、公表を前提とした日記に平気で書いたりしている。ところが、母に勧められて（！）妾を囲ったことや、脚気論争について、など、自分についてまずそうなことについてはほとんど書き残していない。

鷗外は、自己を伝えようとして自己を語ることが少ない、矛盾に満ちた作家なのである。はたして脚気問題についてどう考えていたのか、どこかに少しでも正直な心情が吐露されていたら、後の時代にまで、鷗外と脚気についての論争を残すこともなかったろうに。

森林太郎の生涯

森林太郎は、津和野藩の御典医の家に、一八六二年に生まれた。母、峰子はお世継ぎに対して異常なまでに教育熱心であった。林太郎は、五歳から論語を学び、今も建物の残る藩校・養老館に七歳から通い、親戚であった「哲学」の名付け親としても知られる西周の勧めを受けて一〇歳で上京し、私塾進文学舎にてドイツ語を学び始める。

年齢を二歳偽り、一二歳にして、第一大学区医学校（後の東京大学医学部）予科に入学、一九歳という空前絶後の記録的若さで東大医学部を卒業する。卒業時の席次は三〇名中八番。年齢を考えるとかなりの好成績だが、残念ながら、欧州留学は三番以内でないとダメという文部省の規則のためかなわなかった。しばらく家業の手伝いをするが、すでに陸軍軍医となっていた同級生、賀古鶴所らの勧めにより、陸軍軍医の道を歩むことになる。

念願かなって一八八四年にドイツ留学を命ぜられ、衛生学の泰斗ミュンヘン大学のマックス・フォン・ペッテンコーフェルやベルリン大学のロベルト・コッホに師事する。一八八八年に帰国、医学博士の学位、一八九三年には、陸軍軍医学校長。翌年から日清戦争に従軍した後、台湾総督府陸軍局軍医部長になる。帰国後、小倉の第一二師団軍医部長に「左遷」されるが、日露戦争に従軍の後、一九〇七年、陸軍軍医総監・陸軍省医務局長に任命される。

このころから、文芸活動としては「豊熟の時代」を迎え、多くの文学作品を世に問うた。一九一六年、予備役に入り、翌年、帝室博物館（国立博物館）総長に就任。一九二二年、萎縮腎により、「余ハ石見人森林太郎トシテ死セント欲ス」という遺書を賀古に託し、死去。この間、ドイツ留学以降、脚気問題がずっとまとわりついていたのである。

脚気の病因論

病理学の教科書を見ると、脚気とは、末梢神経障害や心不全をきたすビタミンB1欠乏症、と記載されている。脚気の英語名称として「Beriberi」があげられているが、これは、東南アジアにあった地方流行病の名称であり、病因論的には脚気と同じであることが最終的に判明するが、正しく脚気を指すものではない。実際、後述の脚気病研究会で脚気の病因が検討された折には、脚気とBeriberiがはたして同じものであるかどうかが議論されている。

日本が医学を輸入した時代、輸出側の欧州から見ると、脚気は、東南アジアのBeriberiと同様、遠きアジアで多発する風土病の一つにすぎなかった。そのこともあって、東京医学校（後の東京大学医学部）に招かれたお雇い外国人医師エルヴィン・フォン・ベルツは、脚気の発症における地域差、衛生状態の影響、季節性、といった理由から、脚気伝染病説を唱えることになる。そして、この説は、原因菌の同定なしに、東京大学医学部を中心として、当時の医学界に受け入れられていった。

一方、漢方医・遠田澄庵は、Beriberiも米食中心の地方の疾患であることなどを考慮に入れ、米食原因説を唱える。古来から経験的に麦飯が脚気に効くことが知られていたこともあり、遠田は、麦飯食などを取り入れた食事療法でかなりの治療成績をあげたようだ。しかし、その治療法はあくまでも奥義であり、広く知れ渡ることはなかった。栄養障害説に着目し、重要な成果をあげたのが、後に慈恵会医科大学を創立する海軍軍医・高木兼寛である。

海軍軍医・高木兼寛と脚気

高木兼寛の人生は幕末から明治という時代の大いなるダイナミズムを感じさせてくれる。一八四九年、薩摩藩の田舎村の貧しい家に生まれた高木は、その聡明さから幼くして医師になることを志し、鹿児島の蘭医・石神良策の塾に入る。

薩摩藩から戊辰戦争に従軍した高木は、外国人医師が行う素晴らしい治療法を目の当たりにし、自らの技術のなさを嘆きながらも、大きな感銘を受ける。そのとき、師匠である石神が足下にも及ばなかった名医が、クロロホルム麻酔を使って四肢の切断術を行っていたイギリス人医師ウィリアム・ウィリスであった。

ウィリスは後に東京医学校で医学を教授し、日本の医学教育の指導者になる……はずであったが、最後の段階でどんでん返しがあり、日本国政府は、イギリス医学導入の方針を転換し、ドイツ医学の採用を決定する。気の毒にも宙に浮いた形のウィリスであったが、石神の進言により薩摩医学校の校長に招かれ、薩摩に戻っていた高木が門下に入ることになった。

海軍軍医寮（後の海軍軍医学校）の幹部となっていた石神の推挙により、高木は一八七二年、海軍軍医になる。日本全体の医学教育はドイツ流が導入されたが、海軍は独自の方法によって軍医を養成することになり、海軍病院学舎にイギリス人医師ウィリアム・アンダーソンを招いた。ウィリスに学んだ経験から十分な英語力を身につけていた高木はアンダーソンの一番弟子となり、一八七五年、海軍軍医の留学生第一号として、ロンドンの聖トーマス病院附属医学校に入学する。寸暇を惜しんで勉学に励み、最も優れた学生として表彰されるほどの成績をあげた高木は、一八八〇年に帰国し、脚気対策に取り組むことになった。

朝鮮出兵の際に多数の脚気患者を出した海軍では、その対策が大問題となっていた。欧米では脚気がないことなどから、高木は、兵食を洋食にすべきであると具申するが、経費などの面から、なかなか受け入れられなかった。しかし、ニュージーランドからチリ、ハワイを航海した練習艦「龍驤」において、乗組員三七八名のうち半数が脚気を発病、最終的には二三名もが死亡するという悲惨な出来事が事態を変える。翌年の「筑波」による練習航海において、改革した糧食、白米に頼らず非常にバランスのとれた食料を採用することを計画した。

高木がきわめて優れていたのは、「筑波」の航路を「龍驤」と全く同じにして、きちんとした歴史的対照実験にしたことにある。その航海には、当時の海軍の全予算三〇〇万円のうち五万円以上を要することから、強い反発にあうが、明治天皇への謁見や伊藤博文への陳情をうまく活かして、実現へとこぎ着ける。そして、その「筑波」の航海は、脚気患者をほとんど出さないという大成功をもたらした。

高木は、この結果を受けて、麦と米をまぜた食事を海軍に取り入れ、脚気は海軍からほぼ撲滅される。これを受けて、一八八五年、高木は「脚気病は食物の窒素（タンパク質）と炭素（炭水化物）の定規比例が失われることに原因している」という栄養障害説を発表する。

ビタミンの概念などがなかったこの時代、いたしかたなかったのではあるが、この誤った解釈が、後に、森林太郎から痛烈に批判されるもとになる。また、高木の発表の翌月、東京大学御用掛であった緒方正規が「脚気病菌発見の儀」という論文を発表したことも、伝染病説と栄養障害説の間でのさらなる対立をもたらした。

陸軍VS海軍＝独逸医学VS英国医学＝学理VS実地

陸軍でも脚気が蔓延しており、規模が海軍より数倍もあるだけに、より大きな問題であった。陸軍において脚気対策に取り組んでいたのが、松本良順（順）の江戸医学所（後の大学東校、東京大学医学部）に学んだ石黒忠悳であった。

江戸幕府最後の奥医師にして明治政府の軍医頭であった松本良順が、陸軍に軍医制度を創設するにあたり、大学東校から人材を得たことから、石黒をはじめとする陸軍軍医部の上層部は東大医学部卒業生によって占められていた。ちなみに、司馬遼太郎が『胡蝶の夢』（新潮文庫）に、吉村昭が『暁の旅人』（講談社文庫）に、と、歴史小説界の双璧により描かれた国手・松本良順の人生は、文字通り波瀾万丈のものである。

石黒は、漢方医遠田とも親交があり、麦飯が脚気にある程度の効果をあげることを知っていた。しかし、栄養障害説には、客観的な証明と学問的な根拠がない、すなわち、学理がないという理由で、全く受け入れなかった。

その代わりに、こちらも学理のなさでは大して変わらないのであるが、東大医学部教授ベルツに端を発するもう一つの説、伝染病説をとった。そして、それに基づいて陸軍の脚気対策を立てた。しかし、海軍が洋食を予防策に考えていたことをにらみ、脚気と食物の関係も探るべきであると考えた石黒は、俊英森林太郎に白羽の矢をたて、ドイツに留学させたのである。

陸軍においても、何ら手が打たれなかったわけではない。監獄における食餌が麦飯に代えられてから脚気が激減したことを知った大阪鎮台病院長・堀内利国は、麦飯などを兵隊に食わせるのはけしからんという反対を押し切って麦飯食を実施し、大きな成果をあげる。

このような事情から、地方師団のレベルでは麦飯を支給するところもあったが、戦争における兵站は中央指示にならざるをえない。日清戦争では、白米が陸軍兵食の基本となり、脚気患者総数四万名余り、そして、戦死者が一〇〇〇人足らずであるのに対し、脚気による死者は四〇〇〇余名をも数えることになる。一方の海軍では、白米を制限して副食を増やしていたため、脚気はほとんど発生しなかった。

日露戦争における事態は、より深刻であった。正確な統計資料はないようだが、陸軍総兵力一〇八万余名のうち、脚気患者二五万人、脚気による死者二万七〇〇〇余名であったという。外国の観戦武官が、脚気でふらつきながら突撃する日本兵を見て、日本の兵隊は恐怖心をまぎらわせるために酒を飲んでいるのかと尋ねたというほどだ。戦争の終盤になり、自らも脚気を患い、遠田の指導により麦飯で治った経験のある陸軍大臣・寺内正毅の指示により麦飯食が実施され、ようやく脚気患者が急速に減少していく。

森林太郎と脚気

高木が「筑波」での航海実験を行っていたところ、ドイツ留学中の林太郎は、独文による『日本兵食論』と和文による『日本兵食論大意』を執筆する。いずれも、栄養学的にみて、白米中心の陸軍兵食は洋食に劣るものではない、という内容であるが、自らの研究成果ではなく、いろいろなデータをつぎはぎにして解釈を加えたものにすぎない。

科学論文の体裁がとられているが、その実際はやや恣意的な総説、といったところであろうか。「米食ト脚気ノ関係有無ハ余敢テ説カズ」とはあるが、高木の研究のことや、白米至上主義の上司石黒のことを意識して書いたであろうことは間違いない。そして帰国後には、「非日本食論ハ将ニ其根拠ヲ失ハントス」と題して、脚気には言及することなく、米食に栄養面での問題はないという論拠で講演を行い、陸軍の地方部隊や海軍の麦飯採用を批判する。

帰国の翌年、林太郎は「兵食試験」に取りかかる。年齢・体格が同じような六名ずつに、白米食、麦混飯、西洋食を摂取させ、同等の勤務・訓練を課し、カロリーや窒素摂取などを測定する、というものだ。いささか心もとない研究であるが、結果、タンパク摂取、カロリーともに、米食が他よりも優れている、という結論を得る。林太郎としては、先の総説的論文に加えて、自らの手で白米の優位性を実験的に証明したことになる。そして、この結果をもって、白米中心の陸軍兵食は栄養学的には問題がない、と科学的に裏付けられたことになってしまった。

日清戦争の際、運輸・通信長官であった寺内正毅は脚気対策に麦飯食を主張するが、林太郎の報告に信をおく石黒により阻止される。そして、先に述べたような惨状を呈してしまうのである。さらに脚気禍は、戦後の台湾平定に持ち越され、なんと、兵員の九〇％が脚気に罹患、そのうち一〇％が死亡するという大惨事を引き起こす。悪いことに、その台湾での陸軍局軍医部長が林太郎だったのである。そして、おそらくは、その責を問われて小倉へと左遷される。

そして、次の戦役、日露戦争である。三師団から構成される第二軍の軍医部長を務める林太郎に、二つの師団の軍医部長が、麦飯給与の意見具申を行うが、林太郎は「返事なし」という、実に微妙な行動をとる。この「返事なし」には、完全な拒否であるとする説と、暗黙の容認を含んでいるとする説がある。

いずれにせよ、結果的に麦飯は取り入れられず、多くの脚気患者を生みだしてしまった。白米食は、大本営で決定された勅令であり変更が不可能、当時はごちそうであった白米を兵士に食べさせてやりたいという世情、麦飯は調達や保存が困難、といった理由もあるので、林太郎にとって難しい判断ではあったろう。しかし、「返事なし」というのはどういう意図だったのだろうか。

終戦後も陸軍での脚気多発問題が尾を引くなか、民間からも議会からも、脚気病調査会設置の声が高まり、陸軍省医務局長となっていた林太郎を発案者として、陸軍省の費用で臨時脚気病調査会が設置された。かたちとしては林太郎の発案で設置されたことになっているが、果たして林太郎が脚気の原因究明を心から望んでいたのかどうかは知るよしもない。

その第一回会議で、寺内陸軍大臣は、日清戦争の折、石黒・森によって麦飯食を阻止されたがために脚気が多発した経験を訓辞の中で述べる。林太郎の日記には「脚気会を大臣官第に開かる。大臣の訓示あり」とだけ記されているが、どのような気持ちで聞いていたのだろう。

第一回会議の直前に来日していたコッホが、脚気について、「少しの経験しかない」

という前提で、いくつかの意見を述べる。簡略にいうと、脚気には、伝染性で死亡率の高いものと栄養不良からくる緩徐なもの、少なくとも二種類があるのではないか、ということ。そして、伝染性のものを明らかにしようとすればBeriberiの研究をすべきではないか、ということであった。これを受けて、バタビヤ（現ジャカルタ）でBeriberiの調査が行われたが、鶏のBeriberiは白米食によるものであるというクリスティアーン・エイクマンによる一八九六年の実験結果を受けて、食事内容が改良されており、すでにBeriberiはほぼ撲滅されていた。

国内でも、脚気の動物実験や、鈴木梅太郎のオリザニンをはじめ、後にビタミンと呼ばれるようになる微量必須物質の研究が進められた。紆余曲折はあったものの、最終的に伝染病説は敗北し、高木とは違った形での栄養障害説、ビタミンの欠乏であるということが確定する。林太郎は、医務局長時代は調査会の会長として、予備役になってからは委員として、脚気がビタミン欠乏であるという「学理」を見届けることになったのだ。

森林太郎は、脚気伝染病説の信奉者であると思われているが、積極的にそのような発言や文章を公にしたことはないようだ。しかし、栄養障害説・ビタミン欠損説が主流になりつつあった一九一三年、『衛生新篇　第五版』において、初めて脚気を取り上げた際に、「疫種」すなわち、感染症として記載していることから、そう考えていたのだろうと推し計られている。

脚気菌など存在しないのであるから、当然のこと、その内容は要領を得ないものになっている。栄養障害説を毛嫌いしていることは間違いなさそうだが、本気で脚気伝染病説を信じていたのかどうかもよくわからない。林太郎の「脚気観」というのは、余人にとって、最後まで計り知れないものであった。

論客 森林太郎

林太郎は、きわめて論争好きであった。ドイツ滞在中は、化石ゾウにその名を残すナウマンが行った日本社会に対する講演内容にかみつき、新聞紙上で激論を交わしている。また、小説家・石橋忍月が、主人公の豊太郎は恋愛をとるべきであったなどと『舞姫』を批判したのに対し、相手が降参するまで論争を繰り返した。これだけでなく、帰国後しばらくの間は、「強いといわれる相手を次々求めて闘っては名をあげていく武術家」のように、山田美妙や坪内逍遥など、「柵にかかったものを次々容赦なく批判」していった。（坂内正『鷗外最大の悲劇』新潮選書より）

その論法には一つの傾向がある。まずは論敵を定め、挑発しながら撃破にかかる。しかしその際、相手が論じようとする本質的なことではなく、巧みに論点をずらし、片言隻語をとらえて、自分の土俵に引き込んで論破していく、という方法である。たちの悪い、やりにくい相手だ。そして、林太郎は、内容の正邪は別として、論争において勝利をおさめ続けたのである。

脚気論争においても、論法は類似している。先に書いた、「非日本食論ハ将ニ其根拠ヲ失ハントス」という講演でも、脚気のことは論ずることなく、「『ロウストビーフ』ニ飽クコトヲ知ラザル英吉利流ノ偏屈学者」を批判したのである。高木に対する批判の主眼は、日本食は栄養学的に何ら劣らないという自らの説を根拠に、西洋食で脚気を予防できたというが、日本食は全く栄養学的に問題がないのであるから、炭素・窒素の比率が原因で脚気になるというのはおかしいではないか。すなわち、学理に合わない、ということであった。

成果として動かしがたい高木兼寛の「筑波」の成果に対しても、それは歴史的対照実験にすぎず、厳密な意味での対照実験ではないから信頼をおけるものではない、と攻撃する。自分には大したデータがないのに、相手のデータの信頼性をあげ足とりのように攻撃するというのは、いささかルールにもとる行為である。

余談になるが、高木の母校、聖トーマス病院医学校では、「現代の基準から見て、厳密にはランダム化比較試験とは言えないかもしれませんが、しかしそれに充分に近い、言わばランダム化比較試験の原型とも言える臨床実験を行った[*1]」医師として、高木が紹介されている。高木の「病気を診ずして病人を診よ」というイギリス医学の考えと、森の学理を重んじるドイツ医学、少なくとも脚気をめぐっては、前者の圧勝としていいだろう。

石見ノ人　森林太郎

山崎正和の『鷗外――闘う家長』（新潮文庫）は、脚気問題などは顧みず、鷗外の文芸から鷗外その人をあぶり出した評論である。鷗外は、「西洋の小説を読み、哲学書を読んで、この世界に『自我』というものがあるらしいという知識を発見」し、自我というものがきわめて重要であることを理解したが、「それが彼の内部でどこまでも観念にとどまり、実感としてその存在に触れられない」でいたと論じる。

そして、「生涯にわたってそうであったように、事態が自分の一身の問題にかかわってくると、彼はにわかに不器用になり、決断を導く確固たる原理を見失ってしまう」と断ずる。かわいそうなことだが、五歳から勉強ばかりさせられて、年齢を偽って入学した大学では年長の同級生と過ごさざるをえなかったのであるから、自我を確立する機会を失ってしまったのかもしれない。

言うまでもないが、いろいろな面で、森林太郎の能力は異様に高い。整理能力にも秀でたものがあり、雑用を遊びのようにこなすことができた。手先も器用であり、実験にも「卓越した妙技」を持っていたらしい。しかし、面白いことに、ドイツ語、フランス語と語学習得における記憶力は抜群であったのに、電話番号や命日など数字の記憶は、全くできなかったという。まさか、脚気患者の数字もろくに覚えていなかったということとはないだろうが。

単純化して考えると、林太郎の三つの特質、連戦連勝の論争好き、決断を導く原理の喪失、高い仕事能力、で、脚気に対する態度もおおよそ理解できてしまいそうに思えてくる。自説に反する考えは論破する、海軍の実績は無視して原理的な判断を行わない、そして、麦飯導入に対しては、この二点に加えて、石黒との関係なども勘案して立ち位置を決め、きわめて官僚的に判断する。あまりに単純すぎるとは思うが、「なんでもないことが楽しいように」そして「日の要求を義務として果たしていく」生き方を徹底した鷗外である、存外、この程度のことだったのかもしれない。

脚気の問題では、さぞ心を痛めていたに違いないとされているが、「自分のしてゐる事は、役者が舞台へ出て或る役を勤めてゐるに過ぎないやうに感ぜられる」鷗外に十分な現実感があったのだろうか。本当のところ、どう考えていたのであろうか。

科学と議論

いろいろな対立する立場からの議論が科学を大きく進展させてきたことは間違いない。そのためには、ルールに則って議論を行うのが大前提であり、脚気の病因をめぐって行われた、イデオロギーにとらわれたような論争は問題外である。幸いなことに、研究方法が普遍化され、精度の高い研究がなされる今日、そのような不毛な論争が生じる余地はほとんどない。とはいうものの、生物学では、形はちがうが、似たような状況が全くなくはない。

自然科学の研究には、進んでいくと、万人が納得するような結論に着地するだろうという漠然たる期待感が漂っている。数学、物理は当然そうであろうし、化学もそういった側面が強い。しかし、生物学となると少し事情が違ってくる。

ある研究室で行われた研究が、他の研究室ではうまくいかない、といった事態は頻繁に起こることであるし、そういったことも、ある程度はいたしかたないこととされている。また、ほぼ同じ条件で実験が行われたにもかかわらず、違った結果と結論が導かれることも、しばしば見聞きするところだ。超一流雑誌に掲載された論文の九〇%もが再現できなかったという話まである。これについては『生命科学クライシス——新薬開発の危ない現場』（白揚社）に詳しく論じられているので、興味がおありの方はぜひ読んでいただきたい。

片方の研究が全く誤っているのなら話は早いが、なまじ方法論が先鋭化されてしまっている現代だけに、時として、両者とも正しそうな場合もあるのがややこしい。当事者にとっては大問題かもしれないが、それ以外の人たちにとっては、正しそうな結論がいくつも導かれる研究など、どうでもいいことなのであり、そのような研究についての興味が失われてしまう可能性がある。

日本人同士での議論というのは、学会でも、今ひとつ盛り上がりに欠くような気がするのは私だけだろうか。これは不徳のなせる業なのだろうが、少し厳しい質問をした後に「先生、何か気に入らないことがありましたか?」と言われたりすると、げんなりしてしまう。

ディスカッションというものは、あくまでも、お互いの考えをぶつけあって少しでも前に進めるためのものであり、優劣をつけるため、ましてや、勝敗をつけるためにやるわけではない。勝敗をつける戦争のような場であっても、脚気が猖獗《しょうけつ》を極めた旅順攻防戦後の乃木希典とステッセルは、戦の後では「我はたたへつ、彼の防備。彼はたたへつ、我が武勇」であったというではないか。科学における議論は、どんなに激しく厳しくとも美しいノーサイド精神があらまほしい。

＊1　『見習いドクター、患者に学ぶ――ロンドン医学校の日々』林大地著、集英社新書、二〇〇八年。

森鷗外（林太郎）

OGAI(RINTARO) MORI
1862 - 1922

1862　津和野に生まれる。
1874　第一大学区医学校予科入学。
1881　東京大学医学部卒業。陸軍軍医に。
1884　ドイツ留学。
1888　帰国。
1893　陸軍軍医学校長。
1894　日清戦争に従軍。
1895　台湾総督府陸軍局軍医部長。
1899　小倉へ「左遷」。
1904　日露戦争に従軍。
1907　陸軍軍医総監・陸軍省医務局長。
1916　予備役に。
1917　帝室博物館（国立博物館）総長。
1922　萎縮腎にて死去。

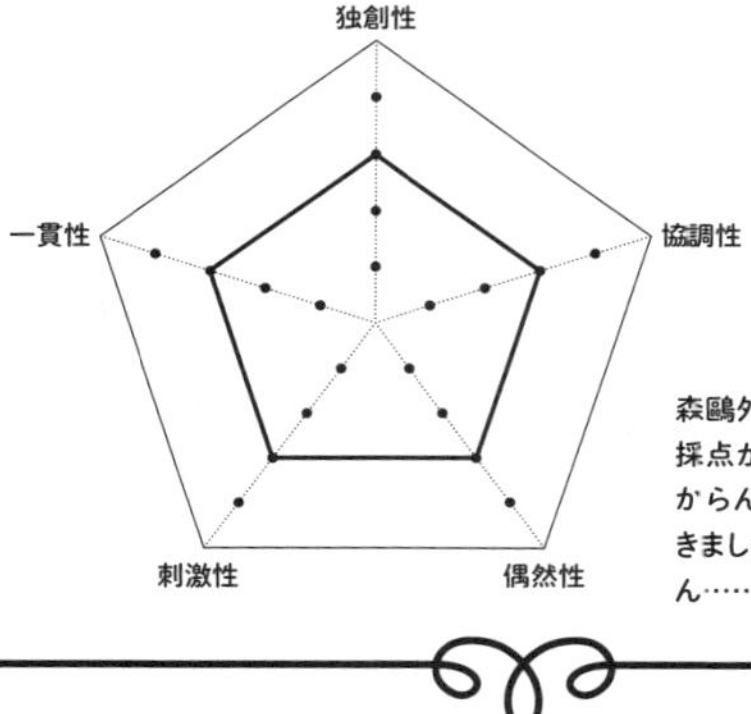

森鷗外は研究者ではないので、採点がとても難しいです。ようわからんので、全部３点にしておきました。横着なことですみません……

シーモア・ベンザー

「オッカムの城」の建設者

研究のテーマ

優れた書き手とそれを受け止める読者層、というのがあれば、相乗効果でそのジャンルの本はどんどん良くなっていくはずだ。残念なことだが、いまの日本の科学ノンフィクションには、その両方が欠けている。

ピュリッツァー賞をとるような科学ノンフィクションは本当に面白い。その賞を受賞した科学ライターであるジョナサン・ワイナーが、分子生物学者シーモア・ベンザーについて書いた本のタイトルは、『TIME, LOVE, MEMORY（時間、愛、記憶）』。これだとロマン小説かと思われてしまうからだろうか、副題として「A Great Biologist and His Quest for the Origins of Behavior（偉大なる生物学者と行動の起源の探求）」がつけられている。この本も、全米書評家協会賞を受賞した快作だ（邦訳は、『時間　愛　記憶の遺伝子を求めて』となっている)。

ベンザーの生い立ちや個人的なことが詳しく書かれているわけではない。ベンザーの研究の流れを縦糸に、それに関するいろいろな逸話を横糸に織りなされた絢爛たるタペストリーのような本、と言えばいいだろうか。それとも、ベンザーを主演男優に据え、きら星のような脇役がストーリーを盛り上げ、次から次へと研究の舞台を変えていく超豪華映画のような、と言えばいいだろうか。ともあれ、見事な大作である。

分子生物学の基礎研究から行動の分子生物学へと歩んだ研究者だが、その軌跡から感じさせられるのは、時の流れは思いのほか早いということである。時代の空気を感じながら、本当の意味で生命科学の最先端を切り開いていった研究者の面白さを味わってみたい。

物理学から生物学へ

ベンザーは、一九二一年、ポーランドからの移民ユダヤ人の子としてニューヨークに生まれた。学問とは無縁の家庭であったが、一三歳の誕生日プレゼントにもらった顕微鏡が生物学との出会いになる。同じ年、ショウジョウバエ研究の開祖であるトーマス・ハント・モーガンがノーベル賞受賞講演において、「私たちがそれ(遺伝子)を染色体上に位置づけたということで、それを物質的な単位、化学的な実体であるとみなすことが正当化されるのでしょうか？」と問いかけている。後年、ベンザーがこの問題に一つの解答を与えることになる。

物理学を専攻したベンザーは、パデュー大学の大学院生として改良型レーダーの開発、特に半導体の研究に携わっていた。そんな時代、一九四六年に友人から、一冊の本、ドイツの量子物理学者シュレディンガーの『生命とは何か』（岩波文庫）を渡される。

原子物理学と遺伝学を結びつけようとするこの不朽の名著は、同じくドイツ人であり物理学者であったマックス・デルブリュック（第4章参照）の「突然変異は量子飛躍のようなものである」という仮説を中心に据えた本である。この本を今の知識で読み解いても、面白さは少しわかりにくい。なにしろ、いちばん肝心の仮説が正しくなかったのだから……。しかし、一つの思考実験として読むと、ミステリーなど足下にもおよばぬ知的興奮を感じることができる。

一〇代のころ、ベンザーは『ドクター アロースミス』（小学館）という本を愛読していた。アメリカ初のノーベル文学賞受賞者であるシンクレア・ルイスによる、医師である主人公アロースミスの人生を描いた小説である。

その中にアロースミスが師事するマックス・ゴットリーブというドイツ系ユダヤ人細菌学者が登場する。「マックス＋細菌つながり」とでもいうのだろうか、ベンザーは、このゴットリーブと、当時カリフォルニア工科大学でファージと細菌を使って分子生物学を創造しつつあったデルブリュックとを重ねてイメージしていた。

ある日、アメリカ物理学会で、デルブリュックの共同研究者であったサルバドール・E・ルリア（第3章参照）に偶然出会う。そしてベンザーは、その日に、一大ブームであった半導体研究から生物学への転身を決意する。当時のベンザーは、半導体研究でいくつもの特許を提出し、その分野での将来を有望視されていたのであるから、無謀とも言える大きな決断を下したのだ。そして、物理学教室に所属したままで、デルブリュックの研究室やパリのパスツール研究所を渡り歩きながらバクテリオファージ[*1]の研究にたずさわることになる。

遺伝子とは何か

「遺伝子」という訳語は本当によくできている。gene の翻訳であるから、「〇〇子」と名付ける必要はなかったはずだ。しかし、遺伝子という言葉には、分子、原子、と同じような要素還元的な思想がこびりついている。キリスト教徒は gene から Genesis（創世記）を思い浮かべるのかもしれないが、遺伝子という言葉のおかげで、我々は意識せずに、遺伝子というのはある種のエレメント、それも遺伝に関与するエレメントだと、すんなり理解することができる。

ベンザーが生物学に転向したころ、遺伝子が原子のように分割不可能なものであるか、それとも分割可能なものであるかすらわかっていなかった。DNAの二重らせんモデルが提出された一九五三年、ベンザーは、バクテリオファージのrⅡと呼ばれる領域を対象に、古典的な遺伝子地図[*2]と二重らせんモデルを結びつけるための実験を考案する。二種類の突然変異ファージを同時に一つの細菌に感染させ、その交叉現象[*3]から変異部位の地図を作り、最終的に、rⅡ遺伝子の「構造」を決めようというのである。デルブリュックはこの実験プランを聞いたが全く気に入らず、「誇大妄想」と不快がった。しかし、一方で、理論物理学者ポール・ディラックは「Biology is catching up.（生物学は追いつきつつある）」とつぶやいた。

自分自身で「刻苦勉励のrⅡ時代」と名付けたほぼ一〇年で、rⅡ領域の地図である「暗号の法典」を完成させた。塩基配列決定法が開発される前の時代であるからACGTの配列を決めたわけではない。しかし、ある意味で、一つの遺伝子の構造を世界で初めて決定したのである。この仕事を終えた六〇年代の初め、早くも「遺伝子業界はますます混み合ってきており、まもなく電子工学と同じように事態が悪化する」と考えたベンザーは、ハードコア分子生物学から次のテーマ、行動の分子生物学へと移っていく。そのテーマ決定の先見性は見事というしかない。

時代の流れ

時代には大きな流れというものがあり、それは、目に見えようが見えまいが、誰にも抗えないものだ。新しい時代が来たとき、古い時代は多かれ少なかれ否定されていく。古典的な遺伝学から分子生物学へという流れの中で、ベンザーは、遺伝学の時代は終わったと考えた。そして、ショウジョウバエの遺伝学者であったエドワード・ルイス、すなわち古典的遺伝学者の代表、が大学で研究室を構えていることに対して「現時点では、それはある種、ギリシア神話学者を抱えているのに似ている。大学全体として一人くらいいるのはいいことだ」と評したりしている。なんとも恐ろしいコメントである。

しかし、時代は気まぐれで、渦巻き、時に逆巻くこともある。四半世紀以上たった一九九五年、ルイスは、その遺伝学者としての業績によりノーベル賞を受賞したのだから。二重らせんの発見以後、分子生物学とそれ以外の生物学の断絶がますます広がっていった。そのころに、おそらくは二〇世紀で最も有名な生態学者・動物行動学者であるE・O・ウィルソンに対して、二重らせんの発見者の一人でハーバード大学の同僚であったジェームズ・ワトソンは「生態学者を雇おうなんていう人間は頭がおかしいんだ」と言ったらしい。これはいくらなんでも恐ろしすぎる。

そのウィルソンは、後年、『社会生物学』（新思索社）をあらわし、動物行動の研究を人間社会に適用できると書いたことから、けしからぬ遺伝子決定論者であるとの大論争に放り込まれることになる。ワトソンが暴言を吐いていたころ、行動や生態を分子生物学的に解析できると考えた人が、はたしてどれだけいたであろうか。ベンザーこそがその数少ないうちの一人であった。

行動の原子論——時間、愛、記憶

ベンザーが新たなテーマとして選んだのは、他の誰もが成し遂げていなかった「行動の原子論」とでも呼ぶべき研究だった。もう一段上の階層に挑むと言えばいいのだろうか、遺伝子そのものを調べ尽くしたと考えたベンザーは、次に、その遺伝子を道具に、行動を解析しようとしたのである。今度は、物理学から生物学への転向のときとは違い、偶然の出会いなどではなく、十分な考慮の末にショウジョウバエの行動を選択した。

ベンザーの初期のポスドク研究者であった堀田凱樹先生の「私がシーモアの研究室に行くことに決めたとき、誰一人として『おや、それは良い考えだ』と言わなかった」というコメントが、ハエの行動の遺伝子研究に対する当時の評価をよく物語っている。

しかし、ベンザーは、この実験を始めるとき、「自分たちの研究がどこに向かうのかを誰も予測できないということ」を知っていながら、「それがはるか遠いところまでは行く」と思っていた。そして、時代はその思いが正しかったことを証明した。

ショウジョウバエの行動変異体を、単純ではあるが効率的な方法で単離する方法を開発し研究を進めていく中で、大学院生であったロナルド・コノプカがある変異体を発見した。正常なショウジョウバエは夜明けにさなぎから羽化するのであるが、その変異体は夜中の間に羽化してしまうのである。そして、この変異体には、驚いたことに、羽化の時間帯だけでなく、生活の概日リズムそのものに異常があった。

他にも時間に関する行動の変異体が同定され、いずれもがperiodと名付けた遺伝子座の異常であることがわかった。すなわち、体内時計をコントロールする遺伝子の存在することが明らかにされたのである。この報告を聞いたデルブリュックは「そんな話を私は一言だって信じない」と語った。壮絶に賢かったデルブリュックでさえ理解を拒絶せざるをえなかったのだ。「行動の遺伝子」研究が大きく進展した現在からは、想像することすら難しい。

この後、ベンザーらによって、求愛行動の変異体、記憶の変異体が次々と同定され、時間、愛、そして記憶の分子生物学的な本体が明らかにされていく。しかし、ベンザーの興味はそこにとどまらず、行動の原子論に移行してから約一〇年後の七〇年代半ばには、次へと移っていった。

その選択は、前の二回よりもきわめて論理的なものであり、行動に関しての理解を深めるには、遺伝子が神経を作る道筋を明らかにする必要があるというものであった。そして、モデルとして選んだショウジョウバエの複眼形成の分子機構において多くの業績を上げた。さらに、晩年、なんと七〇歳代の後半から、また新しいテーマ、ショウジョウバエを用いた老化の研究へと進んでいった。

ノーベル賞のゆくえ

動物だけでなく、植物、菌類、藻類など、ほとんどの生物種には、約二四時間周期で変動するリズム、概日リズムが存在する。今では、そのリズムは、時計遺伝子という一連の遺伝子の働きによって刻まれることがわかっている。

そのような研究の嚆矢になったのがperiod変異体の発見で、一九七一年にベンザーとコノプカによって報告された。そして、その遺伝子クローニングは一九八四年のことであった。いまでは、periodだけでなく、数多くの時計遺伝子が知られているし、その分子メカニズムも詳細に解析され、時間生物学は大きな研究分野になっている。

このような重要な生命現象を明らかにするような研究は、もちろんノーベル賞に値する。実際、二〇一七年には「体内時計を制御する分子メカニズムの発見」で、三人の科学者に生理学・医学賞が与えられた。しかし、その中にはコノプカもベンザーもはいっていなかった。ベンザーは二〇〇七年に脳梗塞のため八六歳で、コノプカも二〇一五年に亡くなっていたのだから、いたしかたない。

受賞は、period遺伝子のクローニングとその分子レベルでの解析が評価されたものであり、十分な受賞理由である。しかし、もしベンザーとコノプカが生きていたら、ノーベル賞の委員会はどう判断したであろう。あるいは、それまでにベンザーは候補にあがって見送られていたのだろうか。そのオリジナリティーから、ベンザーにノーベル賞を与えて欲しかったと思うのは私だけではないだろう。

科学ノンフィクション

『時間　愛　記憶の遺伝子を求めて』（早川書房）の作者ジョナサン・ワイナーは、『フィンチの嘴』（ハヤカワ文庫ＮＦ）で、ガラパゴス島において観察されつゝある進化を見事に紹介し、ピュリッツアー賞を受賞した科学ライターである。「進化の目撃者」を巡るこの本は、進化論を面白く学ばせてくれる格好の一冊になっている。

ワイナーは、科学を正確に描き出す能力に長けているだけでなく、その歴史や、科学以外の文学的な知識にも目を見張るものがある。ベンザーの本でも、デモクリトスから、ガレノス、モンテーニュ、ブレイクなど、古今の賢人たちの名言があちこちにちりばめてある。四〇〇ページにもおよぶ大作であるが、ベンザーとその周辺の人たちのことだけでなく、遺伝学の歴史や、いろいろなアンソロジーに気をとられているうちに、一気に読めてしまう。

アメリカの書店では科学書籍の棚が大きくて、結構ベストセラーになる本があるというのは彼我の違いを感じさせる。野口英世と同時代にロックフェラー研究所にいたポール・ド・クライフの『微生物の狩人』（岩波文庫）などは、出版当時ベストセラーであっただけでなく、いま読んでも抜群に面白いロングセラーだ。

悲しいことに、我が国には、良質の科学ノンフィクションの絶対量が不足している。また、伝記に限らず、優れた科学系ノンフィクションでも、あまり売れないためだろう、すぐに絶版になってしまう。日本人の科学離れが云々される昨今であるが、子どもへの教育だけ、それも学校教育だけでは全く不十分だ。一般の大人たちが読んで面白いと思えるような科学読み物がなければ、子どもたちに科学が面白いことなど伝えようがあるまい。

余談が長くなってしまったが、この生命科学者の人生を紹介する本書を通じて、少しでも多くの人が、科学者や科学についての一般向け「縦書き」の本に興味を持って読んでもらえるようになればと願っている。

オッカムの城

研究を進めるうえで必ず知っておかなければならない数少ないルールの一つに「オッカムの剃刀」がある。これは、あることを説明するために、いくつかの仮説が可能な場合、最も単純なものを採用すべきである、というルールだ。もちろん、いつも最も単純な仮説が正しいとは限らないのだが。

アインシュタインはもうすこしゆるやかなバージョンとして、「Everything should be

made as simple as possible, but not simpler.（すべてのことはできるだけ単純でなければならないが、単純にしすぎてはいけない）」と述べている。いずれにせよ、日常の研究では、いや、日常生活でも、オッカムの剃刀を用いておけば、大きく間違うことはないはずだ。

ワイナーが書くように、オッカムの剃刀からの推論として、「新しい科学を打ち立てるべき複数の競合する場所があるときは、最も単純な場所を選ぶべし」という「オッカムの城」というテーゼも成り立ちそうだ。ベンザーは、次々と新しいオッカムの城、それも、超弩級の城を建設し続けた人である。科学における真の挑戦者とは、こういう人を言うのだろう。最後に、*The New York Times* 紙の追悼記事にあったベンザーの言葉を紹介して終わりたい。

「It's always very refreshing to be able to just make a clean break, start over again with something you're completely ignorant about. That's very exhilarating; nothing's expected of you because you're novice; and, with luck, you come up with something that other people were saying was impossible because they know too much.（あることをきっぱりとやめて、全く知らないことを始めることができる、というのは、いつもすごく爽快なことだ。素人なのだから何一つ期待されないし、もし幸運に恵まれたら、他の皆が知りすぎているがゆえに不可能だと判断していたことを成し遂げることができる。これって、ほんとに愉快なことじゃないか）」

なるほど、「オッカムの城」を作り続けたベンザーならではの言葉である。いい意味での素人らしい好奇心と行動力をもつ研究者。誰もがそうありたいところだ。しかし、言うは易く、なかなか難しいんですよねぇ、それが。

＊1　バクテリオファージ
細菌に感染するウイルスのこと、単にファージともいう。分子遺伝学の黎明期に実験材料として中心的に使われ、その発展に大きく寄与した。また、大腸菌を使った遺伝子組換えの「運び屋」としても用いることができる。

＊2　遺伝子地図
遺伝子地図とは、染色体のどの位置にどの遺伝子が存在するかを示す「地図」のこと。＊3にある「交叉」の率の測定から、遺伝子地図を作製することが可能である。

＊3　交叉
交叉とは、一般的に、二本の相同染色体の間で生じる部分的な交換を言うが、ここでは、二種類のバクテリオファージのDNA間において生じる遺伝子の乗り換えをさす。同じファージDNA上の二つの遺伝子では、その物理的距離が離れているほど、交叉現象が生じる率が高くなる。

シーモア・ベンザー

SEYMOUR BENZER
1921 - 2007

1921　ニューヨーク市に生まれる。
1934　誕生日プレゼントは顕微鏡。
1938　ブルックリン大学入学（物理学を専攻）。
1947　パデュー大学より半導体研究で博士号（物理学）取得。
　　　ファージの研究に携わる。
1955　r II 遺伝子のマッピングを開始。
1965　行動遺伝学へ転向。
1971　period 変異体の報告。
2000　国際生物学賞受賞。
2007　死去。

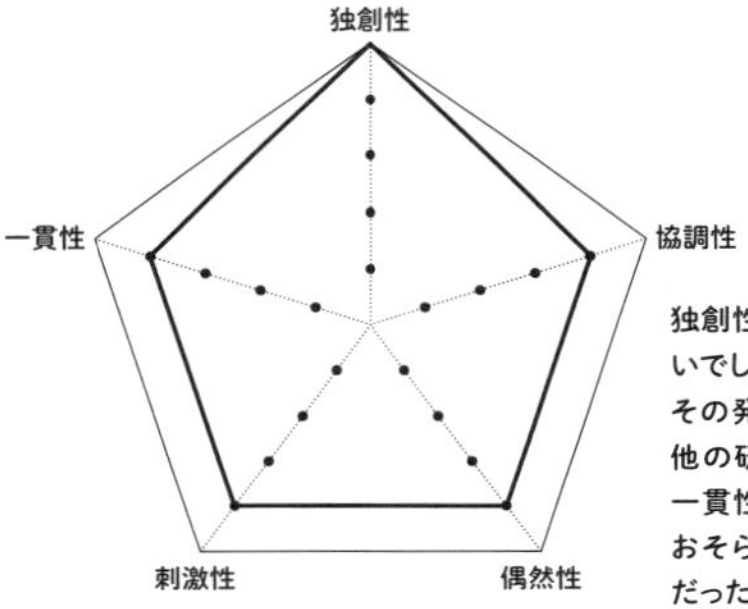

独創性はぶっちぎりといってもいいでしょう。時計遺伝子の発見は、その発想力が際立っています。他の研究も考えると客観的には一貫性がなさそうに見えますが、おそらく主観的には完全に５点だったかと。

第3章
ストイックに生きる

アレキシス・カレル

「奇跡」の天才医学者

世界初の輸血

一九〇八年三月のある日曜日、ロックフェラー研究所のフランス人研究者は夜明け前にドアをたたく音で起こされた。医師であると告げた見知らぬ来訪者は、生後間もない我が子を助けるための手術を依頼する。その研究者はニューヨーク州の医師免許を持っていないからできないといったん断るが、全責任を持つからと説得され、患者のもとに駆けつける。

そして、自らが開発した術式で手術を行い、赤ん坊の命を救う。その手術は、血管縫合。父親である医師の左手首の動脈と、その子の膝窩静脈を縫合することにより、輸血を行ったのである。人類史上初めて近代的な意味での輸血を敢行し、一人の命を救ったそのフランス人研究者こそ、この章の主人公、アレキシス・カレルである。

科学的業績

一八七三年、リヨンに生まれたカレルは、幼くして父を亡くし、イエズス会が経営する学校に通ったのち、リヨン大学医学部に進学する。二一歳のとき、リヨンを訪れた大統領カルノーが暴漢に襲われ、腹部大動脈損傷を受けて落命する。そのとき、カレルは、血管を縫合することができれば、治療は可能であったのではないかと考えた。並外れた器用さをもったカレルは、刺しゅう産業が盛んであったリヨンの職人に習い「お針子の技術」を会得する。そして、抗生剤もなかったそのころ、感染に細心の注意をはらい、道具や術式に工夫をこらし、血管縫合の技術を確立する。

その後、リヨンを離れ、カナダからアメリカに渡り、野口英世の師匠であったサイモン・フレクスナーに見いだされ、ロックフェラー研究所に勤務することになる。ロックフェラー研究所では、血管縫合の技術を駆使して、臓器移植の研究を推進する。そして、一九一二年、三九歳の若さで、「血管縫合および血管と器官の移植に関する研究」で、ノーベル生理学・医学賞を初めてアメリカにもたらした。カレルの受賞講演は、方法論から移植の結果に至るまできわめて詳細なものであり、いま読んでもまったく古臭さを感じさせない。

第一次世界大戦ではフランスへ帰国し、リヨンの戦場近くの病院で、創傷の消毒法、カレル－デーキン法を開発し、多くの兵士の命を救う。戦争が終わって、アメリカに戻った後、組織培養法を完成させ、ニワトリ胚に由来する心筋細胞を長期間、なんと、二十数年間にもわたって継代できたと発表する。そして、「I found that permanent life outside the organism was possible.（生物個体の外で永遠の生命が可能であることを発見した）」と、少し大げさではあるが、「不死」の培養が可能であると宣言する。

また、「翼よ、あれがパリの灯だ」のリンドバーグと共同で、人工心臓、といっても今日的なものではなく組織培養をするための環流器のようなものではあるが、を開発し、一九三五年*Science*誌に「The Culture of Whole Organs（全臓器培養）」として大々的に発表し、大きなセンセーションを巻き起こす。第二次世界大戦では、またもや祖国に戻り、人間問題研究協会を設立し、一九四四年、フランスがナチスから解放された後、七一歳で死亡する。

「奇跡」にとりつかれた天才医学者

ここで終わると、血管縫合と臓器移植、そして組織培養と、三つの偉大な業績をあげた奇跡的な天才医学者というだけの話になってしまう。しかし、カレルの伝記を脚色するのは、あるいは、おそらくカレルにノーベル賞などよりもはるかに大きな影響を与えたのは、ルルドにおける「奇跡」との出会いである。「信仰あるいは祈り」と「科学」

とをどう折り合いをつけるか、という大テーマが、一生涯カレルにまとわりついた。

ルルドというのは、フランス南西部、ピレネー山脈のふもとにある町で、一八五八年に聖母マリアが降臨し、その地に湧き出た泉の水を飲むと病気が治癒する、というキリスト教の聖地である。

経緯はよくわからないようだが、一九〇二年、リヨンからルルドへの巡礼団にカレルは医師として同行することになった。科学的な考え方を身につけていたカレルは「奇跡は理屈に合わない」と考え、「目の前で傷口が塞がるのを一度見れば、それだけで、ぼくは熱狂的な信者になることだろう。さもなければ、気が狂ってしまうだろう」と言っていた。

ところが、「もし、あの娘が治ったら、ぼくは奇跡を信ずる」としていた結核性腹膜炎で瀕死の状態にあった少女が、瞬く間によくなるのを目撃してしまう。カレルは奇跡を否定することができなくなってしまった。かといって、全面的に受け入れて宗教的になることもできなかった。「奇跡」を目撃したことを、他の医師のように沈黙していられればよかったのであるが、折り悪く「血管吻合の外科手術の手法と内臓移殖《ママ》」の論文が発表・報道されたことから、コメントせざるをえなくなる。

奇跡を否定しないということで医学界から、奇跡を受け入れないということで宗教界から、両翼からの攻撃を受けるカレル。そして、このことが影響して、病院勤務医師資格を取ることに失敗してしまう。夢を抱いてではなく、石もて追われるがごとく、なんと、カナダに行って牧畜でもしようと、新大陸に渡らざるをえなくなってしまったのだ。当時のカレルの写真からは、悲愴と絶望だけが伝わってくる。

カレルは、きわめて低いとはいえ、この症例では誤診の可能性があると考えていた。しかし、二度目の奇跡がカレルを直撃する。一九〇九年、やはりルルドの泉で、今度は、なんと、目の前で、とある患者の股関節にあった三つの瘻孔《ろうこう》が閉じてしまったというのである。「傷口が青白くなり、まるで周辺の健康な部分が中心に向かって滑り込んで行くように各々の傷口が塞がるのを」目撃したカレル。気が狂いはしなかったが、「それで、何もありません。研究を続けるだけです」と語るしかなかった。

どう考えても、そのようなことは起ころうはずがない。創傷治癒の病理学を持ち出さずとも、細胞分裂のスピードだけからでも、どう考えてもおかしい。しかし、カレルの目前で起こったというのである。

奇跡というものはそういうものだと納得せざるをえないと言えば、そのとおりではある。しかし、いったい何が起こったのだろう。今となってはわからない。胚の組織とはいえ、二〇年以上も培養を続けるというのは尋常なことではない。これも、当時としてはルルドの泉と同じレベルの「奇跡」的なことだったのかもしれない。

科学的方法の限界？

昔、星新一がどんなときに生きがいを感じるかと小松左京に聞かれて、「そこのドアを開けて、バカボンのおやじがやあやあと入ってきて」とかしたら、「これまで生きたかいがあるという気になるかな」と答えている（『小説新潮』二〇〇七年一一月号に再録）。みるみるうちに傷口が塞がるのを目撃するのは、バカボンのパパがやあやあと入ってくるのと同じくらいか、それ以上のインパクトがある。

星新一のように、いいものを見た、ここまで生きてきてよかったと感じることができればいいが、カレルにそのような余裕があるわけもなく、真剣に考えこんでしまった。ここらが、SF作家と天才科学者のイマジネーションの違いであろうか。ただ、星新一でも、本当にバカボンのパパを見たら、どれだけの衝撃を受けたかわからないが。

「観察する実験者」であったカレル。不可能と言われた方法論を編み出したように、固定観念にとらわれない、自由な心を持った真の科学者であった。だからこそ、奇跡を現実として取り入れるほか、道はなかったのである。生きたかいがあったと思うどころではなく、自我が引き裂かれるような思いであったろう。

しかし、奇跡を真摯にとらえたカレルは、後年、「奇跡による快癒は、われわれの知らぬ器官および精神の活動過程の存在を証明するものである」そして「科学的な方法は、私たちの活動全体にわたる研究にまで適用できるとは思われない」と書き残している。たしかに、信仰心が奇跡を呼び起こす、それも、ルルドのような特定の場所で、あるいは、ルルドの泉の水のように特定の物質が存在する場合のみに、ということを現実として受け入れざるをえなければ、そういう結論しかありえない。

ただし、それは前提が正しかったと仮定した場合である。私も含めて、奇跡を目撃したことがなく、受け入れることができない人たちにとっては、神秘主義的な、あるいは、〝とんでも〟系の考えとしか思えない。

永遠の生命はあったのか？

レオナルド・ヘイフリックという少し変わった研究者がいる。変わってはいるが、科学者としての能力はきわめて高い。そのヘイフリックは、ヒトの細胞を培養しても、五〇～六〇回しか植え継げないことを発見した。一九六一年に論文発表したのであるが、その考えはなかなか受け入れられなかった。それというのも、カレルがおよそ五〇年前に発表した、培養細胞は不死であるという考えが、根拠もなく「常識」として広く受け入れられていたためだ。

いまでは、ヘイフリックが正しくて、正常な細胞は分裂回数に限界のあることが常識になっている。その原因は、細胞が分裂するごとに、染色体の端っこにあるテロメアという領域が少しずつ短くなっていくせいであることがわかっている。がん細胞やＥＳ細胞、ｉＰＳ細胞といった細胞は永遠に培養することが可能である。それは、これらの細胞はテロメアが短くならないようなメカニズムを持っているからだ。

カレルがどうして間違えたのか、今となってはわからない。カレルの用いた培養液は非常に特殊なものであり、培養液を入れ替える時に、新しい細胞が混入していた可能性はある。もしかすると捏造であったかもしれない。ただ、何十年もの間、カレル自身が培養を続けていたわけではなく、研究助手が行っていたのであるから、捏造としても、カレルではなくて助手による意図的なものかもしれない。

いずれにせよ、誤った結果が五〇年もの間、無批判に「常識」として受け入れられていたというのは驚きである。それも大昔ではなくて、二〇世紀の中頃のことだ。あまりに常識化していて、そんな実験、誰もしようと思わなかったからかもしれない。ましてや、二〇年もかかる可能性がある実験なのだし。

世の中を変えるのは、若者、よそ者、変わり者、だと言われることがある。ヘイフリックのような変わり者がいなければ、カレルの誤った考えは、もっと長く受け入れられたままだったかもしれない。と考えるとなかなか愉快でもある。

人間　この未知なるもの

結婚はしたが、家庭も顧みずに研究と哲学的思索に没頭していった。そして、天才にふさわしく、研究者としてのカレルは、孤高で傲慢であった。だが、同時に、常に人類の幸福のことを考えるモラリストでもあった。

三三歳のときに「私に適した唯一の人生は、人間の精神的、肉体的、知的な苦痛の軽減のために、そして彼らの進歩のために働くことである」と書いているほどだ。科学者よりも宗教家にふさわしい言葉ではないか。

科学者としてのカレル、奇跡を見てしまったカレル、そのカレルが人類のためを思い、執筆したのが、『人間　この未知なるもの』（原著は『Man, the Unknown』）である。この本は、一九三五年の出版後数年で世界一八ヵ国語に翻訳され数百万部以上売れるという、大ベストセラーになった。本邦でも、渡部昇一訳のものが、三笠書房の知的生きかた文庫で入手可能である。

「人間に関する知識を全部盛り込もうとした」というこの本は、現代的に読み解くと、なんとも奇妙な印象を与える本だ。文明の進歩に対する人間の適応あるいは退化を憂い、当時わかっていた人間についての生物学的研究の成果を紹介しながら、科学の中でもいちばん難しい人間の科学の確立を目指そうとして書かれている。全体としては、物質的な研究、すなわち医学研究だけでは人間を知るには不十分であり、精神的な面の研究も重視すべきである、という内容なので、一見、素晴らしいように思える。

しかし、その中に、テレパシー、超能力、そして奇跡までを内包させようというのであるから、いささかオカルトがかっていると言わざるをえない。余談になるが「科学者の知性を高める最良の方法は、その数を減らすことである」などと、間違いなく正しいが、いやなことも書いてある。

その本の最後の方に書いた優生学的な考え方がカレルに大きな影を落とすことになる。倫理的な観念というのは時代のコンテクストで読み解く必要があるので、とりわけ優生学のように時代の流れに沿って大きな変遷を遂げた思想については、現代的な解釈を慎むべきかもしれない。しかし、重大な犯罪を犯した者には「人道的かつ経済的に、適当な毒ガスの設備をそなえた小さな安楽死用の機関で処置すべきである。犯罪行為で有罪となった精神異常者にも、同様の処置を施せばよいであろう」というような文章が、後年、問題になったであろうことは想像に難くない。他にも、これも時代と言えばそれまでであるが、白人至上主義的な記述も散見される。

もう一つの影は、晩年のカレルである。第二次世界大戦に際して、祖国のためにとフランスに帰国したカレルは、先に書いたように、人間問題研究所を主宰する。これは、もちろん、「人間の科学」を実践するための研究所であり、カレル自身は純粋にフランス人のために研究を続けただけだ。しかし、この研究所の設立には、悪いことに、ナチスの傀儡であったヴィシー政権から多大な援助を受けていたのである。

カレル　この未知なる人

血管外科や心臓外科の歴史の本でカレルを紹介している項目はあるが、その完全な伝記は少ない。カレルの名前を聞いたことのある人も少ないのではないだろうか。日本語で出版された伝記は、絶版になっている『カレル　この未知なる人』（春秋社）一冊だけであるし、仏語でも二、三冊しかないようだ。近代医学におよぼした影響に比較して、寂しいような気がするが、ヴィシー政権への関与と優生学的な思想が、後年、カレルが避けられるようになってしまった理由なのかもしれない。

リチャード・ドーキンスのように「神は妄想である」と果敢に断定する科学者もいる。しかし、観察を何より重視した科学者カレルは、本当に奇跡を目撃してしまったとき、科学と奇跡、あるいは、科学と信仰という、自己に矛盾をもたらすものを受け入れざるをえなかった。また、総論として人類を愛するにもかかわらず、各論として優生学的な考え方を抱かずにいられなかった。このような矛盾を無理やりつめこむには、一人の人間はあまりに小さすぎる。

矛盾する思想を矛盾なく受け入れることができるのが最高の知性である、という考えがある。その立場からいくと、カレルこそは、最高の知性を持った天才医学者だったと言っていい。奇跡と科学という矛盾を包摂することにより、知性が拡張する。そして、拡張した知性がさらに新たな矛盾を引き起こして、というように無限循環的に思考が進んでいってしまったのではないだろうか。カレルの頭脳には、未知というよりも不可知という言葉がふさわしい。

アレキシス・カレル

ALEXIS CARREL

1873 - 1944

1873　フランス、リヨンにて生まれる。
1893　病院通勤助手試験に合格。
1902　ルルドへの１回目の旅にて「奇跡」を目撃。
1904　カナダに向けて出発。
1906　ロックフェラー研究所の研究員に。
1909　ルルドにて、またもや「奇跡」を目撃。
1912　ノーベル生理学・医学賞を受賞。
1914　リヨンにて軍医として動員、戦場へ派遣される。
1930　リンドバーグとの出会い。
1935　『人間　この未知なるもの』を刊行。
　　　「人工心臓」を完成。
1941　フランス人間問題研究協会を創設。
1944　死去。

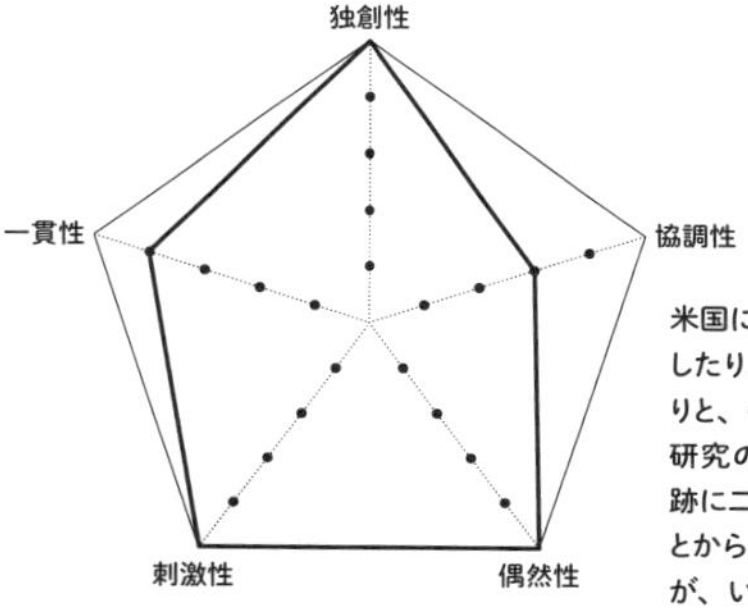

米国に最初のノーベル賞をもたらしたり、タイム誌の表紙になったりと、その刺激性はかなりのもの。研究の独創性も素晴らしい。奇跡に二度も遭遇した（らしい）ことから、偶然性は５点にしましたが、いかがでしょう。

オズワルド・エイブリー

大器晩成　ザ・プロフェッサー

理想の研究室

当たり前のことながら、規模、研究費、研究テーマ、そして、研究レベル、世の中にはいろいろなタイプの研究室がある。研究室の運営には何かと不如意なことが多いのだが、研究室を主宰する人には、それぞれに理想とする研究室のスタイルがある。

成功をおさめた研究室の典型的サイクルに、成果が上がる→研究費が増える→人員を増やす→テーマを拡大する→もっと成果が上がる、というものがある。いずれは資金の制約が生じるので、適正規模かどうかは別として、大規模研究室として高止まりするパターンだ。その対極に、一つのテーマに集中して少数精鋭で臨む、というスタイルの研究室もある。

コストベネフィットでいうと後者が優れているし、日々の運営もやりやすそうなのではあるが、いくつかの理由でこの戦略は実行するのが困難である。一つは、テーマの設定が適切でなければならないという難しさだ。あるテーマを長年にわたって継続するには、相当に重要な課題を選択する必要がある。しかし、そういったテーマには、当然「拡大スタイル」をとる研究室も参入してくる可能性が高く、小規模研究室がそのような研究室に伍していくのは厳しい。もう一つは、いかにして特定のテーマに特化した優秀な研究者を継続的にうまくリクルートするか、という問題である。

オズワルド・エイブリーは、肺炎球菌をテーマに据えた。抗生物質のなかった当時、非常に危険度の高かった病原微生物であるから、テーマとしては非常に優れている。常に、一～二名の正規研究者と二名ほどの準研究員という小さな研究室でありながら、きわめて優秀な研究者を率い、優れた研究を産み出し続けた研究者である。そして最後には〝遺伝物質がDNAである〟という生命科学研究における不滅の金字塔を、研究者としての晩年、六五歳にして打ち立てた。

シンプルライフ

エイブリーは、一八七七年、パスツールやコッホが微生物の狩人として活躍していた時代に、カナダのハリファクスで牧師の子として生まれた。一八八七年に、父の仕事の関係でニューヨークへ移り、以後、文字どおり人生のほとんどをそこで過ごすことになる。一九〇〇年にコルゲートカレッジを卒業し、コロンビア大学の医学部に入学。コルゲートカレッジでは、科学関係の科目をあまり履修しておらず、どうして医学部への進学を希望したのかわからない。しかし、医学部では、将来専門となる細菌学・病理学以外の科目が好成績だったという。

一九〇四年に卒業後、外科医として働くが、物足りなさを感じ、一九〇七年からホーグランド研究所で研究を開始する。そこでの論文の一つが、ロックフェラー研究所の病院長の目にとまる。そして、サイモン・フレクスナー所長の下、あの野口英世が大活躍していたころ、一九一三年に準研究員としての職を得た。そこで研究を続け、一九四三年に定年を迎え、一九四八年、研究ができなくなったと悟ったエイブリーは、弟の住むナッシュビルへ生涯最後の移住をし、一九五五年にこの世を去った。とてもシンプルな履歴である。

この間、第一次大戦中に陸軍に勤務したこと、講演を依頼されてサンフランシスコへ一度旅行したことはあったが、それを除けば、夏季休暇にメイン州の海へ出かける以外、イマヌエル・カント並みの規則正しい生活を送り続けた。

ヨーロッパのいろいろな国から賞が贈られたが、ただひたすら実験に没頭するため、辞退するか、受賞したとしても授賞式にはいっさい出席しなかった。賞を渡すためにイギリスから遠路はるばるロックフェラー研究所を訪れたある人は、六〇代も半ばを超えたエイブリーが自ら菌を植え継いで実験しているのを目の当たりにして「なにもかもわかったよ」とつぶやいた。

私生活はシンプルというより、いささか変わっていたと言わざるをえない。生涯独身であったエイブリーは、共同研究者であったダシェーと三五年もの間ずっとアパートで同居していた。研究所の人たちからも好かれていたエイブリーだったので夜のお誘いもあったが、ほとんどつきあいもせずアパートに帰り、ダシェーと話をすること、それも主には医学関係の話をすること、が楽しみだった。ダシェーは、エイブリーがニューヨークを去った後は独身寮に移って一人で住むようになったというから、少し不思議な間柄である。

肺炎球菌

エイブリーといえば、〝遺伝子がＤＮＡであることを発見した研究者〟として、「エイブリー」ではなく「アベリー」と表記されているようであるが、高校の生物学の教科書にも登場する。しかし、エイブリーにとって、この研究は、研究者としての晩年に偶然遭遇したテーマの一つにすぎない。ロックフェラー研究所の一員として生涯にわたった研究対象は、当時年間五万人もの命を奪っていた大葉性肺炎の原因である肺炎球菌であった。

後年「自分の研究課題は肺炎菌の生物学的性質を正確に知ることと、宿主の細菌に対する防御機構を解明することにある」と語っているように、肺炎球菌を一個の生命有機体ととらえ、それが引き起こす生命現象に興味をもち、非常に広汎にわたる研究を展開した。分野でいうと、細菌学、免疫学、病理学、生化学ということになるのだろうが、その一番の基本は、化学に基づいた病原微生物と宿主反応の総合的研究というところである。

ホーグランド研究所では、最初ヨーグルトの研究をしていたが、ボスが結核にかかったのを契機に結核の研究に転向した。ロックフェラー研究所へと異動し、研究所の指示に従って抗血清による肺炎球菌の治療法の開発に従事することになった。ここまでの研究テーマ変遷は言われるがまま、といったところである。

ホーグランド研究所時代に独創的な研究は何もしておらず、これといった目立った業績もなかったので、ロックフェラー研究所の準研究員になってからも大した期待は抱かれていなかった。しかし、移籍三年後、一九一六年ごろから〝大化け〟し、非常に優れた研究成果を出すようになる。これは研究環境の改善や優れた共同研究者によるものというよりは内発的なものであり、そのころまでに独創的な研究を行うための十分な助走期間を終えていた、ということだろう。

ダシェーとエイブリーは、肺炎球菌の培養濾過液に抗血清を加えると凝集物が沈殿することから、いくつかある肺炎球菌のタイプ特異的に可溶性物質が分泌されていることを見いだし、特異的可溶性物質ＳＳＳ（Specific Soluble Substance）として一九一七年に発表した。このとき、その窒素含有率などから、ＳＳＳはタンパク質あるいはタンパク質と結合した物質である、と結論づけてしまう。しかしそれは間違いであった。

一九二三年になって、マイケル・ハイデルバーガー（ラスカー賞を受賞した偉大な免疫学者で、一〇三歳まで生き、なんと一〇〇歳近くまで論文を発表しており、論文を出版した最高齢者としてギネスブックにも認定されていた）と共にＳＳＳは多糖類であるという訂正論文を出す。この結果は「免疫学的特異性をもつものは蛋白質だけである」という当時の常識に反するものであった。そのことを配慮してか、「ＳＳＳの免疫学的特異性は混在する蛋白質による可能性もある」といった書き方をしている。これは、後の形質転換の論文の書き方に相通ずる慎重さだ。

エイブリーの研究の幅広さを示すものの一つに、ＣＲＰ（Ｃ反応性タンパク）の発見がある。肺炎球菌に対する特異的抗体を研究していた際、肺炎患者の血清中に、発病の初期に現れ、病気が回復すると消失する血清タンパク質を発見した。この血清タンパク質は肺炎球菌のＣ多糖と反応して沈殿することから、ＣＲＰと名付け、一九二九年に報告した。

ＣＲＰは今でも炎症反応の指標として用いられる、人間ドックの検査項目でもおなじみのきわめて優れたバイオマーカーである。病原微生物そのものだけでなく「宿主の化学」にも興味を持っているからこそできた歴史的な成果である。この発見だけでも、超一流の業績だ。

エイブリーの研究の進め方の真髄は、自らが専門でない分野であっても、自分で勉強するだけでなく、「人の頭脳を摘み取る」、すなわち、優秀な共同研究者を見つけ出してリクルートし、果敢に挑戦していった点にある。

SSSの化学的本態をつきとめるには、専門的な有機化学の知識が必要であった。ロックフェラー研究所の他の部門に所属していたハイデルバーガーは、エイブリーに目をつけられ、SSSの入った試験管をちらつかせながら「Michale, the whole secret of bacteria specificity is in this little tube. When can you work on it?（マイケル、この小さな試験管には、細菌特異性の秘密すべてが入っているんだ。いつになったら、これについての仕事をしてくれるんだ?）」と誘い続けられ、とうとう根負けする。そして瞬く間にSSSはタンパク質ではなく多糖類であるとの解析結果を得て、免疫化学の先駆者となったのである。

ちなみに、エイブリーの伝記を書いたルネ・デュボスも、同じように勧誘されてエイブリーの研究室に参加した一人である。土壌微生物のセルロース分解からテーマを変更し、肺炎球菌の研究、そして病原微生物研究への道を歩んでいる。適切なテーマを与えはするが、以後はそれぞれの研究者の自主性にまかせっきりであったというのも素晴らしい。

形質転換

肺炎球菌は培養が困難であり、生物学研究のモデル生物として扱いやすいものではない。それにもかかわらず研究が盛んに行われたのは、その病原性、すなわち医学的重要性ゆえである。そのため、肺炎球菌の研究は、当時としては珍しく、生物学者ではなく医学研究者によるものが主流であった。

その一人、イギリスのフレデリック・グリフィスが全く偶然に発見した現象が、遺伝学における生化学的研究の道を拓くことになる。グリフィスは、肺炎球菌には莢膜[*1]を持たない非病原性のR（rough）型と莢膜を持つ病原性のS（smooth）型のコロニーがあることを発見していた。

一九二三年、生きたR型菌と熱で殺したS型の菌とを同時にマウスに接種したところ、生体内においてR型の菌がS型へと形質転換して病原性を獲得すること、そして、その形質転換が遺伝的に次の世代の細菌へと引き継がれることを発見した。あまりの驚愕に、「神は決してあせらない」と、グリフィスはこの内容を発表することを長い間躊躇していたほどだ。

この発見は、世界中で追試が行われて正しいことが確認されたが、菌の性質は変化しないという大前提で研究していたエイブリーにとっては「大変なショック」であり、最初は追試してみようとすらしなかった。しかし、一人の研究員を形質転換の研究に携わらせ、試験管内においても形質転換が生じること、そして、形質転換には死細胞そのものが必要なのではなく、そこから抽出された繊維状の粘性が高い物質で十分であることをつきとめ、一九三三年に発表した。

研究員だけでなく、エイブリー自身も、このころから形質転換物質の化学的性質をつきとめる研究に従事するようになる。一九三五年にはすでに、「形質転換物質は炭水化物でも蛋白質でもない。もしかしたら核酸かもしれない」と〝憂うつそうに〟語っていたという。

形質転換についての次の論文は、一〇年以上たった一九四四年に*The Journal of Experimental Medicine*誌に発表されたエイブリー、マクラウド、マッカーティーの記念碑的論文、「Studies on the Chemical Nature of the Substance Inducing Transformation of Pneumococcal Types（肺炎球菌の形質転換誘導物質の化学的性質についての研究）[*2]」まで待たなければならなかった。

理由の一つは、エイブリーが後年「Many are the times we were ready to throw the whole thing out the window！（何度も、すべての物を窓から投げ出しそうになった！）」と語ったほどの実験操作の難しさで、なかなか安定した結果が得られなかったことにある。そして、より重要なもう一つの理由は、結果のあまりの意外さに、発表するまで慎重の上にも慎重を重ねたことにある。

DNA

長い年月をかけてマクラウドが形質転換物質抽出法の改善と転換効率の良い細胞株の樹立を行い、次に研究を引き継いだマッカーティーが研究を仕上げた。その結果は、物理学的、化学的、生物学的手法を駆使して明らかにしたもので、形質転換物質の本態は、そうと当時固く信じられていたタンパク質ではなく、核酸、DNAであることを示していた。

その結論は、核酸のような単純な高分子が遺伝情報を担うはずがないという、当時の常識から大きくかけ離れたものであった。そのため、この成果は多くの人に驚きをもって受け止められた。しかし、広く受け入れられはしなかった。なかには、アーウィン・シャルガフのように、この論文を契機に自分の研究を核酸に絞り込んだ研究者もいたが、DNA以外の夾雑物質が形質転換に関与している可能性があるとの批判が相次いだ。

DNAが遺伝物質であることが一般的に受け入れられるには、一九五二年のハーシー—チェイスの実験[*3]を待たなければならなかった。そのとき、ようやく、エイブリーとハーシー—チェイスという二つの全く異なった実験結果の合わせ技によって、遺伝物質がDNAであると認められるようになったのである。ずいぶんと年月がかかったが、エイブリーの存命中に認知されたのは、不幸中の幸いというところであろうか。

エイブリー渾身の論文であったが、そのディスカッションはきわめて慎重であり、形質転換物質がＤＮＡであると一〇〇％は断定せず、「It is, of course, possible that the biological activity of the substance described is not an inherent property of the nucleic acid but is due to minute amounts of some other substances absorbed to it or so intimately associated with it as to escape detection.（もちろん、ここに述べた生物学的活性は核酸そのもののもつ特性ではなく、核酸に吸着あるいは結合しているごく微量の他の物質の働きによる可能性もある）」と、相当に謙虚な記述になっている。

二〇年前に、肺炎球菌の免疫学的特異性がタンパク質でなく多糖類によるものであると発表したときの混乱が、エイブリーを慎重にさせたという。また、それ以前に研究していた内容が他の研究者によって否定されたこともあったので、そのような経験が慎重にさせたという説もある。

しかし、弟や身近な人には、遺伝物質を確定したと断定的に語っていた。こういったことから、エイブリーは遺伝物質が核酸であることには相当な自信があったが、発表には慎重であった、というのが真実のようだ。

フェス

講演はほとんど行わなかったエイブリーであるが、するときには完璧であったし、少人数に話をするときの話しぶりは名人芸であったという。若いころから博識で教え方が非常にうまかったため、〝プロフェッサー〟あるいは縮めて〝フェス（Fess）〟という愛称で呼ばれていた。

論文の推敲も徹底しており、その「没個性で簡潔、端正な正統的文章」は「エイブリーの生き方を象徴していた」と評されている。もちろん、上記の歴史的論文も、非常に読みやすい文章で書かれている。ネットで公開されているので、興味のある人はぜひ読んでいただきたい。

エイブリーは「仮説は大胆に、真実には謙虚に」をモットーにしており、新しい発見がなされたときには、まず「注意深くその事実を確認し、その理由を推理すること」、「発見が事実であることが確認されても、自分自身はつねに批判的態度をとること」、そして自分の発見を「人々に正しく伝えるよう努力すること。決して誇張したり、誤って受けとられたりするような話をしてはならないこと」と、常に語っていた。すべての研究者が肝に銘ずるべきことである。

そして、もう一つ、繰り返し語っていたのは、「自分で吹いたシャボン玉は自分ではじくもの」、すなわち、自分の出した成果は最後まで自分で責任を取る、ということであった。この信条が、形質転換物質がＤＮＡであることを確定させるため、定年後もしばらく研究を続けさせたのである。

「生命現象を一つの概念で割り切って普遍化することは間違いである」という考えから、

エイブリーは、当時、デルブリュック（第4章参照）らのファージ・グループにより爆発的な発展を遂げつつあった分子生物学には批判的であった。また、「決して誇張したり、誤って受けとられたりするような話をしてはならない」と考えるエイブリーは、いろいろと考えを巡らせることはあっても、人間の本性や生命の起源のような、哲学的性格をもった問題について議論することはなかった。多くの大研究者が、晩年、多かれ少なかれそういった傾向を持つにいたるのに対し、エイブリーは素晴らしく謙虚で思慮深く、品格ある研究者だったのである。

ノーベル賞

ノーベル賞は、毎年、一分野に三名までしかもらえない。実際にもらう人と、ノーベル賞級の人、すなわち、もらえそうでもらえない人との間には、どれくらい人数に違いがあるだろう。自分の知る範囲で「フェルミ推定」的に考えると、生理学・医学賞では、一桁は違わないというところであろうか。もらいたいがもらえない人との間の違いとなると、どれくらいあるか見当もつかないが。

もらえそうでもらえなかった人は、その人の研究が受賞対象になったにもかかわらずもらえなかった場合、と、受賞対象にならなかった場合、との二通りに分けることができるだろう。前者は、客観的に正しいかどうかは別として、結構思い浮かべることができる。

二重らせんのロザリンド・フランクリン（本章参照）や、ウイルス発がんの藤浪鑑《あきら》（京都帝国大学医学部教授）は当然、そのカテゴリーに入る。この二人については、なにぶんにもその研究対象が受賞したとき（それぞれ、ワトソン、クリック、ウィルキンズのときとペイトン・ラウスのとき）にすでに亡くなっていたのであるから、いたしかたない。なかには、フランスのドミニク・ステーラインみたいに、ビショップ、ヴァーマスとの共同受賞が当然であったのに、と公に自ら文句をたれる人もいるから面白い。

研究内容が受賞対象にならなかった場合には、もらってしかるべきであったかどうか、を判断するのは相当に難しい。しかし、選考対象にあげられ、当然受賞すべきであったにもかかわらず受賞できなかった研究者の代表として常にあげられる二人の科学者が、エイブリーと周期律のドミトリ・メンデレーエフである。

メンデレーエフに関しては、周期律の発見が一八六九年で、一九〇六年に化学賞の候補になったときには、その内容がすでに周知の事実となってしまっていたという理由から、最近の発見に対して与えられるべきノーベル賞には該当しないとして受賞が見送られた。これはいくらなんでも気の毒である。

エイブリーが受賞できなかったのは、科学に対するピューリタン的な姿勢、分子生物学派の無理解、遺伝子が核酸であることに対する批判的な意見、論文でのあまりに慎重な表現、などなど、いくつもの理由が絡みあったためだろう。

いずれにせよ、選考対象にはなったが、結局は「形質転換の機構がもっと明らかになるまで、授賞をのばした方が賢明」と結論されてしまった。発見時の年齢が六五歳と高齢で、核酸がDNAであることが広く受け入れられたすぐ後に亡くなったことも、もちろん理由の一つである。

ウイルス発がんを発見してから五五年後の八七歳で受賞したペイトン・ラウスのように長生きできていたら、当然受賞していたはずだ。しかし、ここに書いたような生き方をしたエイブリーが、後年、多くの人が話題にするほどノーベル賞を受賞したいと思っていただろうか。いささか疑問ではある。

The Professor, The Institute, and DNA

エイブリーの弟子であり、優れた細菌学者であり、そして名文家であったルネ・デュボスが書いた『The Professor, The Institute, and DNA』が、エイブリーの伝記の定番である。

その伝記は、「エイブリーにとって科学とは、たんなる事実の発見や集積、自然現象の解明ではなく、それは、混沌とした自然のなかから自己のパターンを認識し、自然を素材とした芸術的創造を行なうことであった」と結論づけるデュボスが、師匠であるエイブリーに捧げた麗しきオマージュだ。心から尊敬していることが行間からあふれ出ており、自伝などよりも対象を美化してしまっている気すらする。

素晴らしい研究者の一生を、素晴らしい名文家が書いただけに、面白い本である。デュボスの「目に映ったことがらを、私の記憶をたよりに書きしるした」伝記は、非常に重層的な書き方になっており、とても豊潤な内容だ。単に読み方に問題があるんじゃないのかと言われればそれまでなのであるが、何度読み返しても、新しい発見ができるほどである。

しかし、エイブリーの性格については、性格そのものが二面性を持っていたためか、あるいは身近でよく知りすぎている人が書いたためか、読めば読むほどとらえどころがなくなってしまうきらいがある。邦訳が出ていたのだが、今は絶版になってしまっているのが残念だ。

タイトルにあるとおり、その伝記本の最初の部分には、The Institute、すなわちロックフェラー研究所の成り立ちと初期の雰囲気について、かなり詳しく書かれている。ロックフェラー研究所は、『平静の心』（医学書院）で知られる伝説の名医ウィリアム・オスラーが書いた教科書を読んだ一人の牧師が、米国でも医学研究を進めるべきだと考え、その考えに動かされた大金持ちジョン・ロックフェラーが創設した医学研究所である。

この研究所の際だった特徴は、当時主流であった微生物学や病理学だけでなく、生化学や生理学も重視し、広い分野からの総合的な研究をめざしていたことにある。そのもくろみは大成功をおさめ、研究所の食堂で昼食をとったりしながら、自然発生的に研究員の間での学際的研究が次々と芽生えていった。学際的研究が声高に叫ばれる昨今であるが、トップダウン的な学際研究と、日常的な会話から自然発生するような学際研究のどちらが望ましく優れたものであるか、論を俟たない。

研究所の方向性を決定づけた研究者として「すべての生命現象は窮極的には物理化学的に説明できる」という、当時としてはきわめて先進的な思想を持った発生学者ジャック・ロエブがいる。「科学者としても、教育者としても、評論家としても、ロエブは独断的、断定的」だった。医学は科学ではないと軽蔑し、医学にも物質的な考えを当てはめるべきという、当時としては異端と言えるほど先進的な思想の持ち主であった。

多くの医師研究者はロエブを毛嫌いしていたが、このような伝統が、ロックフェラー研究所が二五人ものノーベル賞受賞者を輩出したことにつながっている。還元論的な考えこそがロックフェラー研究所の基礎を作り、エイブリーもその影響を大きく受けていたのだ。独創的な研究というのは天才的な個人が成し遂げるものである。しかし、その環境要因もきわめて重要だということがよくわかる。

＊1　莢膜
一部の真正細菌が細胞壁の外側に持つ被膜状の構造物で、主として多糖類からなる。英語では capsule（カプセル）。

＊2　Avery OT, Macleod CM, McCarty M: Studies on the Chemical Nature of the Substance

Inducing Transformation of Pneumococcal Types: Induction of Transformation by a Desoxyribonucleic acid Fraction Isolated from Pneumococcus Type III. J Exp Med 79 : 137-158, 1944

＊3　ハーシー＝チェイス実験
一九五二年、アルフレッド・ハーシーとマーサ・チェイスによって行われた実験。バクテリオファージを細菌に感染させた際、タンパク質は細菌に入らないが、ＤＮＡが細菌に入ることから、ＤＮＡが遺伝物質であることを裏付けた。

オズワルド・エイブリー

OSWALD AVERY

1877 - 1955

1877　カナダ、ハリファクスに生まれる。
1900　コルゲートカレッジ卒業。
1904　コロンビア大学医学部卒業。
1907　ホーグランド研究所で研究を開始。
1913　ロックフェラー研究所に勤務。
(1913年　準研究員、1915年　研究員
1919年　主任研究員、1923年　研究部長)
1917　合衆国陸軍に勤務。(〜19年)
1943　ロックフェラー研究所を定年退職。名誉研究員に。
1944　形質転換の論文を発表。
1948　ロックフェラー研究所を退職し、ナッシュビルに。
1955　ナッシュビルで肝臓がんにて死去。

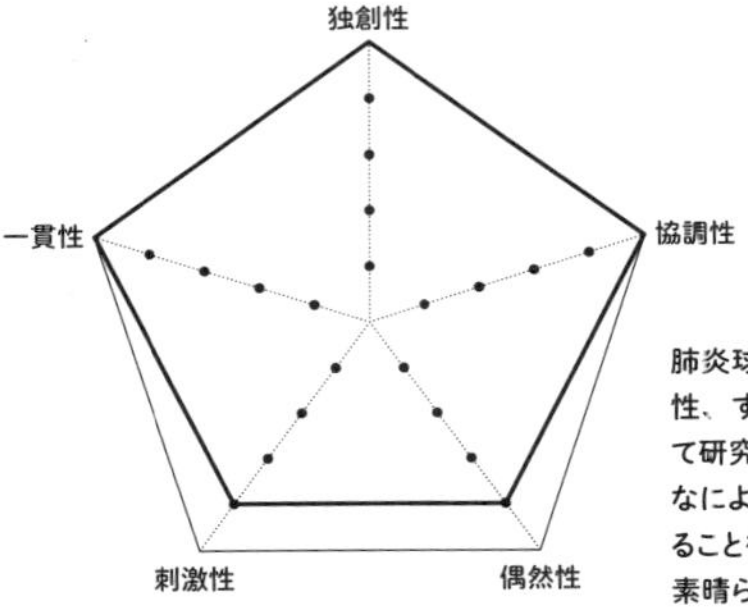

肺炎球菌に取り組み続けた一貫性、すぐれた共同研究者を集めて研究を行った協調性、そして、なによりもDNAが遺伝物質であることを明らかにした独創的成果。素晴らしすぎる研究者です。

サルバドール・E・ルリア

あまりにまっとうな科学者の鑑

「科学者の鑑」に
女神は
二度微笑む

科学者のあるべき姿

いろいろな生命科学者の伝記を読むにつれ、科学者の生きざまは本当にさまざまだとわかってきて、ひょっとしたら、最大公約数は存在しないのではないかという気さえしてくる。しかし、科学者以外の市井の人たちが、科学者とはこういう人ではないか、と思い浮かべるようなステレオタイプ的科学者像というのが存在するのも事実である。

私にとって、自分が研究を始める前に抱いていた科学者像に近く、そして科学者になってからも、こうなりたい、いや、より正確には、なれそうにはないが、これぞ科学者のあるべき姿である、と強く感じさせてくれるのが、サルバドール・E・ルリアである。

ルリアには、『分子生物学への道』（晶文社）という自伝がある。「私には多くの科学者の伝記はおよそ面白いとは思えなかったし、自伝についてはなおさらだ」と断言する科学者が書いた自伝、というだけで、伝記読みとしてはそそられてしまう。「科学者の自伝は…（中略）…彼らの科学研究自体に本来的に備わる冒険的な精神を伝えそこねている」と批判するルリアは、「出来事の表面的な記録以上」の自伝とするためには、告白的な内容が必要であると主張する。その結果として、「自伝とは自己探求を通じて自己創生の努力を明らかにすることにならざるをえない」というしばりをかけてまで書いただけあって、本当に読み応えのある内容になっている。

ノーベル賞に至る二つの大発見の経緯の意外さが驚きを与えてくれるのはもちろんだが、「科学者の内面」という章をはじめ、あちこちに惜しみなく描き出されるルリアの科学観こそがこの自伝の圧巻だ。

医学から生物物理学へ

ルリアは、一九一二年、中流の下のユダヤ人家庭の子としてトリノに生まれた。数学教授の息子であった友人ウーゴ・ファーノと付き合ううちに、中学生時代から研究者にあこがれるようになるが、他に向いていそうな職業もないので、とりあえず医学部に進学する。

在学中には、一級下のリタ・レーヴィ＝モンタルチーニ（第4章参照）の人生の師であったジュゼッペ・レーヴィに師事し、「学者の職業というものへのゆるぎない態度」を学んだ。二人のノーベル賞学者の学生時代に大いなる影響を与えたジョゼッペ・レーヴィ先生というのは、よほど偉い人だったに違いない。

一九三五年、トップに近い成績で卒業するのだが、その時には、医師には不適格だと強く感じるようになっていた。物理学を専攻するようになったウーゴ・ファーノの手引きもあり、生物物理学を学ぼうと決意し、一九三七年、「ありもしない生物学のユートピアを求めて」ローマへ移っていく。

レーヴィ先生が本気で止めた無謀な行動ではあったが、自らが科学者になったのは「トリノからローマへ向かう夜行列車のなか」であったというほどの決心を胸に秘めての行動であった。物理学は、結局のところ、ものにならなかったのであるが、ローマでの二つの出会いが、後の人生を決することになる。

一つは、多くの物理学者を分子生物学へと導いた、ショウジョウバエに対するX線照射の実験から遺伝子は分子であると結論づけた、マックス・デルブリュック（第4章参照）の論文との出会いである。もう一つは、市街電車に偶然乗り合わせて、停電で止まってしまったがために知りあうことのできた、細菌学者ゲオ・リタとの出会いである。

ルリアは、リタとともに、チベレ川から採取した赤痢菌にバクテリオファージを感染させる研究にのめりこんでいく。そして、遺伝子についてのデルブリュックの考えを確認するためには、このバクテリオファージこそが最適であると確信する。ルリアには知る由もなかったが、ナチス体制を嫌ってカリフォルニアに渡ったデルブリュックも、同じころバクテリオファージを研究対象に取り上げていた。

ファージ・グループの誕生

この時代のユダヤ系イタリア人の多くがそうであったように、人種法のあおりを受けたルリアは、イタリアを出てパリに移る。そこでファージに対する放射線の研究を始めるが、ナチスの侵攻を受け、一九四〇年にはアメリカへと移り住む。そして、その年の大晦日、いよいよデルブリュックと初めて会った。

デルブリュックの強烈な個性に強い衝撃を受けたルリアであったが、その友情と共同研究は長く続くことになる。出会った最初の数日間に、翌年にコールド・スプリング・ハーバーでシンポジウムを開催する段取りをつけるなど、後に「ファージ・グループ」と呼ばれる、分子生物学を創り出した集団の種が播かれた。

真珠湾攻撃の日「写真の暗室から出てくると、私は敵国人となっていた」ルリアであったが、バクテリオファージの電子顕微鏡写真を撮影することに成功する。その写真は、エイブリーの項（本章）にも登場したロックフェラー大学のマイケル・ハイデルバーガーを介して、微生物学者にしてピュリッツァー賞受賞者であった、エイブリーの伝記作者ルネ・デュボスへ、そして、がんウイルスの発見者であるノーベル賞学者ペイトン・

ラウスへと渡り、「生物学と生化学の世界で誰知らぬもののないものとなってしまった」。「一日のうちに」というのは、さすがに大げさであろうが、ロックフェラー研究所で、錚々たる研究者の間を、おそらくは手渡しで写真がかけめぐったというのは、時代を感じさせるすごいエピソードだ。

ルリアは、そのファージの写真を見たうちの一人である大化学者ライナス・ポーリングが委員長を務めるグッゲンハイム奨学金を獲得する。そして、バンダービルト大学のデルブリュックの研究室を経て、一九四三年、ブルーミントンにあるインディアナ大学の籍を得た。

一九四七年に受け持った最初の大学院生が、あのジェームズ・ワトソンである。さらに、同じ年には、レーヴィ＝モンタルチーニの紹介で、後に腫瘍ウイルスの研究によりノーベル賞に輝くことになるレナート・ダルベッコも、ルリアの研究室に参加している。「若い人と親密な人間関係を築くことへの抵抗」があると書いているルリアであるが、ワトソンとダルベッコという二人の弟子がノーベル賞に輝いただけでなく、弟子のほとんどが成功したというのであるから、教育者としても相当に優れた人である。素晴らしすぎるではないか。

ブルーミントンのスロットマシン

デルブリュックとのディスカッションから、細菌に二種類のファージを同時に混合感染させると何が起こるか、という研究を長期的な戦略として採用した。信じられないことであるが、一九四〇年代の初め、細菌に遺伝子があるかどうかすらわかっていなかった。一般的な細菌学者の間では、細菌は染色体も遺伝子も持っておらず、多くの現象は可逆的な化学平衡で説明できるという説の方が有力であった。

ファージ感染実験において、感受性菌から抵抗性菌[*1]が自然に発生する現象について一つの大問題があった。はたしてその抵抗性が、ファージと接触する前から突然変異により低い頻度で生じているのか、それともファージと接触することによる化学的な変化で生じるのかがわかっていなかったのだ。

「どちら側にもつかずにさまざまな可能性をはかりにかける公明正大な科学者の像というものは、単純化もはなはだしい。科学者は誰もがそうであるように、その生活におけると同様、仕事の場でも意見や好みをもっている。これらの好みがデータの解釈に影響をおよぼしてはならないが、どうとりくむかの選択には決定的な影響をおよぼす」というのは、一般の人には意外かもしれないが多くの研究者にとっては当然のことだ。

「突然変異の側に与していない人間だったら、おそらく、私が最終的におこなったようなテストを考えつきはしなかっただろう」

　ルリアは、ファージ抵抗性菌の出現が、後者、すなわちファージに接触することによる細菌の平衡変化ではなく、前者、細菌の遺伝子突然変異により生じる、という説に賭けて、思考実験の限りを尽くす。

「スロットマシンの返却とバクテリア突然変異体の集団との類似に気づいた瞬間は、すっかり頭に血がのぼってしまった」というその決定的な実験「ゆらぎテスト」は、一九四三年二月、ダンスパーティーの会場でスロットマシンを見ているときにひらめいた（実験の原理を書くだけで相当な枚数に達してしまうので割愛するが、興味のある読者は、「Luria, Delbrück, experiment」でネット検索して適当な解説をお読みいただきたい）。

　日曜日に細菌の培養を始め、月曜日にファージに感染させ、火曜日にファージ抵抗性のコロニーを数えた。そして、予想通りの結果が出た！

　私が子どものころから思い描いた科学者、そして科学的研究というのは、こうでなければいかんのである。あることを考えに考え抜き、全く違ったヒントから素晴らしい実験を思いつき、ごくシンプルな実験をして、あっという間に画期的な結果が出る。そして、できればノーベル賞に輝く。しかし、研究者になる前に漠然と描いていた「科学研究と科学者像」と現実とのギャップはあまりに大きい。

　素晴らしい結果が出たときというのは、その結果に間違いがないか誰もが不安になる。ルリアも例外ではなく、デルブリュックに実験内容を書いた手紙を送る。そして四日後に受け取ったハガキには「君は何か重大なことをつかんだと思うね。今、数学的な理論をたてているところだ」とあった。

デルブリュックの数学的理論は、「ゆらぎテスト」が正しいことを証明しただけでなく、細菌がファージに抵抗性になる突然変異率をも計算できるものであることを示していた。共同研究というものは、こうでなくてはならない。足し算ではなく、かけ算、あるいは、べき乗になるような飛躍がなければ、科学を夢見る少年を納得させることはできないのである。

もう一つ強調しておきたいのは、ルリアが直観的に考え出した実験は、デルブリュックの頭脳を経て、ルリアが予想していた以上の成果を産み出したということだ。

実験を考えるときには、ベストの結果とワーストの結果を予想するようにいつも指導している。よほどのことがない限り、その範囲を逸脱することはない。と言いたいところであるが、たまにワースト以下の結果が出ることがあって、泣きたくなる。思い描いた以上の結果が出るのは、想像力の欠如であるか、神様が宿ったか、のいずれかしか考えられない。ルリアの「ゆらぎテスト」の場合は、実験着想の素晴らしさからして後者であったに違いない。

こわれた試験管

一九五〇年にイリノイ大学に移ったルリアが成し遂げたもう一つの大きな成果は、「制限と修飾」の発見である。一般的に細菌がファージの感染を受けて溶解する時、大量のファージを産生して放出する。しかし、ある大腸菌の変異体はT2ファージの感染を受けると、溶解は生じるがファージを産生しない、という奇妙な振る舞いを見せていた。

そのファージ産生は、いつもT2ファージ検出用の大腸菌を用いて調べていたのであるが、一九五二年のある日、ルリアは、いつも使っている検出用大腸菌の入った試験管を割ってしまった。しかたなく、代わりに赤痢菌を使ってT2ファージの検定を行った。言ってみれば横着をかましたのである。研究における私の数少ない鉄則の一つに〝横着は敵だ〟というのがある。しかし、神が微笑みかける科学者には、そんなルールは通用しない。

翌日、予期せぬ大発見が待っていた。奇妙な振る舞いをすると思われた大腸菌の変異体は、検出用大腸菌には感染できないが赤痢菌には感染するファージを産生していたのだ。すなわち、その変異体大腸菌の中で、T2ファージは赤痢菌の中でしか増殖できないように「制限」され、T2ファージそのものではなく、「修飾」されたファージに変身していたのである。

この「制限と修飾」という現象は、後に他のファージや細菌においても発見され、「制限」は大腸菌の酵素によるファージDNAへの攻撃であることがわかった。時々誤解されているが、「制限酵素」という名前は、制限されたDNA塩基配列を認識することから名付けられたのではなく、「制限」という現象においてDNAを切断する酵素であることから名付けられたものである。

後に大展開する制限酵素を用いた遺伝子工学への道は、ルリアが偶然割ってしまった試験管に始まったのだ。偶然から始まる大きな科学の流れ、というのも、科学物語になくてはならないお決まりのストーリーだ。ルリア、ここでも完璧である。

ルリアの自伝のタイトルは、『A Slot Machine, A Broken Test Tube : An Autobiography（スロットマシン、こわれた試験管——ある自伝）』である。このタイトルが示す「ゆらぎテスト」と「こわれた試験管」実験、二つの大きな発見に対するルリアの自己評価が面白い。

「こわれた試験管」実験は、全くの偶然であって、前もって筋道立てて考えることのできないものであり、ルリアが発見しなくとも同じような方法で誰かがすぐに見つけたであろうから、大した業績ではない。一方、「ゆらぎテスト」については、やはりバクテリアの突然変異そのものは遠からず誰かが発見したであろうが、ルリアが使った証明法は、ルリア以外の人が考えつかなかったであろうから、本質的にユニークである、というのである。

「科学の進む道は本質的に便宜主義なのである。それは問題の解決をめざすのであって、よい実験や悪い実験を問題とするものではない。問題がもしたまたま不器用にでも解かれてしまうと、美しい解答が探しもとめられることは決してない」というルリアの考えからいくと、「ゆらぎテスト」は「こわれた試験管」よりはるかに美しい。便宜主義の中にあっても、美しさを求めるサイエンス。網羅的解析をはじめ力仕事の研究ばかりが跋扈する現代には、全く夢のようなお話だ。

インディアナ時代から、労働組合の活動などの社会運動に手を出していたルリアは、冷戦が悪化する時代の流れの中、イリノイ大学での居心地が悪くなり、一九五九年、MIT（マサチューセッツ工科大学）へと異動することになる。

分子生物学が生物物理学的な研究から生化学的な研究に移り始めたそのころから、ルリアの研究も、より生化学的なものへと移っていった。自らの研究生活を振り返り「収穫は期待したものよりいつも大きかった。これは一生懸命やったことへの、ほかの何ものにもかえがたい報酬だった」と語ることのできる科学者をうらやましく思わない研究者がはたしてこの世にいるだろうか。

オールマイティー

平和運動の活動家としても活躍していたベトナム戦争のさなか、一九六九年に、デルブリュック、ハーシー－チェイス実験のアルフレッド・ハーシーとともに、「ウイルスの複製機構と遺伝的構造に関する発見」でノーベル生理学・医学賞を受賞する。

日本とは違い、ノーベル賞の報道で大騒ぎをしないアメリカなので、ニューヨークタイムズ紙の受賞報道そのものは小さなものであった。しかし、ポーリングが発案した核実験に反対する声明の一〇名の発起人のうちの一人であったことや、社会主義的な活動のために、NIHの政治的ブラックリストにノーベル賞受賞者ルリアの名前が載っているということを伝える記事は、はるかに大きく一面を飾ることになった。

また、「ひと月ごとに買物や料理その他の家事に対する責任などを交代で受けもった」「現代における家事分担の模範のカップル」の片割れであるルリアは、ノーベル賞を知らせる電話があったとき、朝食後の皿洗いの真っ最中であり、ラテン諸国ではそのことが大きく報道されたという。何がニュースかは文化次第・国次第、というのが面白い。

MITでは、研究、教育だけでなく、「生物学科を世界でいちばんすぐれたものにすることに集中」したルリアであり、大々的な成功をおさめた。なかでも特筆すべきは、一九七二年のがん研究所の設立とその運営である。「所長として、管理的立場というものの楽しみと挫折感の両方を味わった」というルリアは、「決定を下すことには逡巡しないが、そのあとでしばしば下した決定が正しかったかどうか悩んだ」と、人間らしい心情を吐露している。

一番嬉しかったのは、「MITに呼ぶまでずっと目を離さずにいた若く輝かしい才能の持主デビッド・ボルチモアが、ガンウイルスの研究で、ダルベッコやハワード・テミンとともに一九七五年にノーベル賞を受賞したことである」という。他にも、ノーベル賞をとったフィリップ・シャープによるスプライシングの発見や、ロバート・ワインバーグによるがん遺伝子の発見も、この研究所でなされたものだ。

研究者としてのみでなく、教育者、管理運営者、そして優秀な若手研究者の「目利き」として、全方面において素晴らしい能力を発揮したたぐいまれな科学者だったルリアは、一九九一年、心臓発作で亡くなった。

ルリアの内面

この自伝の「科学者の内面」という章から、気に入ったフレーズをいくつか引用してみる。

「教授と研究助手と学生は多少の差こそあれ仕事を進める上では平等で、アイデアは自由に交換されている」

「リーダーとは単に、それ以前の成果にもとづく名声によって研究に必要な財政的支援を保証する存在にすぎない」

「少数の精神的に問題をもつ人をのぞいて、科学にたずさわる人間はごまかしはしない」

「権威は科学の敵である」

どこからみても、科学者の鑑だ。

高校で生物学を学んだ人には、ハーシーやエイブリー（本章参照）はおなじみの偉人のはずだ。ルリアは、最初エイブリーのＤＮＡ遺伝子「説」を信じるが、後に、バクテリオファージの遺伝物質はタンパク質だという「痛恨の誤り」をおかしてしまったと告白する。もちろん、この誤りは、ハーシー－チェイスの美しすぎる実験によって否定される。

ルリアは、一時的とはいえ誤った考えを抱いたことを思い出し、「この科学上の失敗は、何か粗野で恥知らずな行為の記憶のように、いまだにときどき錐でもむような鋭い痛みを私に感じさせる」と懺悔する。さすがは科学者の鑑。素晴らしい。科学者たるもの、そのような心で「真実」に臨まなければならないのだ。

ルリア自身の言葉も素晴らしいが、この本に紹介されているルリアを取り巻く人たちの言葉も素晴らしい。デルブリュックが強烈な「ユーモア」の持ち主であったというのは有名であるが、「マックス、すごい実験を思いついたんだけど」と話しかけて、「それ以上その問題を考える必要がなくなるような実験かね？」と返された若い研究者がいたらしい。そんなこと言われたら、どうしたらいいのだろう？「そんなもん思いついてしもたら、メシの食い上げですがな」という返事くらいしか思いつけない。

ルリアは、ハーシーの文章について、「切りつめられた美しさ」を持っており「ある問題についての究極の解答となる言葉がよくみつかる」と絶賛する。天国というものをどう考えるかと尋ねられたハーシーの答えは、「毎日完璧な実験を考えて、それをくり返しなしに一度だけやること」であった。科学者の鑑の周りには鑑が集まり、お互いの像を永遠に映し続けるものなのかもしれない。

どこまでもすごい

ボストン時代は、生成文法論のノーム・チョムスキーとも親交があり、一時期は言語学にも本気で興味を持ったことがあるというルリアは、科学者の自伝がつまらないもう一つの理由として、「科学の話としては水準をみたしていても、文学としての水準をみたしていない」ことを挙げている。しかし、この自伝の面白さからだけでも、ルリア自身は素晴らしい文筆家であったことがわかる。

ＭＩＴで文学セミナーを開くほどの本の虫で「読書に際して中味とほとんど同じくらいの重みを形式についても認める」ルリアは、高邁な読書家であり、〝低俗な文学〟であるミステリーやＳＦは全くといってもいいほど読まなかった。

テレビとなると、もっと徹底しており、「現場性、つまり娯楽の過剰とともに過剰な情報の提供やプライバシーの目撃者となることへの嫌悪」から、低俗な文学よりもっと嫌いで、社会主義者たちのパネルディスカッションの番組一回を除いて、全く見たことがなかったというからすごすぎる。

二〇年近く前に邦訳で読んだルリアの自伝であるが、最も印象に残っているのは、テレビ嫌いのくだりと、「科学というものは実に信じられないほど協力的な人間活動であり、私にはそれが最大の魅力のひとつであった」という科学者性善説にのっとったルリアによる「科学の世界は、存在する唯一の直接参加型民主主義なのかもしれない」というつぶやきである。

自伝についての懐疑的な考えがあるためか、「セクター方式」と名付けた方式で、通常の経年的な書き方ではなく、重層的な書き方がとられている。いろいろな出来事を、あるテーマから見て経年的に記録する、ということが繰り返されているために、同じ出来事が違った側面から何度も述べられているので、必ずしも読みやすい本ではない。

しかし、これほど科学というもの、研究というものを深く考えさせてくれる伝記は、そう見当たらない。科学者の自伝はつまらないといいながら書き切った、倒錯したアンチテーゼのようなこの本は、科学者が科学について語った古典として読み継がれるべき本である。絶版になってしまっているのが本当に惜しい。

＊1、2（ファージに対する）感受性菌と抵抗性菌、（ファージによる）溶解
ファージは、細菌に感染すると細菌内で増殖し、最終的に、細菌は溶解して多数のファージが放出される。あるファージに感染してこのような反応を生じる細菌を感受性菌、そうでない細菌を抵抗性菌という。

サルバドール・E・ルリア

SALVADOR EDWARD LURIA
1912 - 1991

1912　イタリア、トリノに生まれる。
1935　トリノ大学医学部を卒業。
1937　放射線医学を学ぶためにローマへ。
1940　アメリカへ。マックス・デルブリュックに会う。
1943　インディアナ大学へ。「ゆらぎテスト」を行う。
1950　イリノイ大学へ。
1952　「制限と修飾」の発見。
1959　MIT へ。
1969　ノーベル生理学・医学賞受賞。
1972　がん研究所の設立。
1991　心臓発作のため死去。

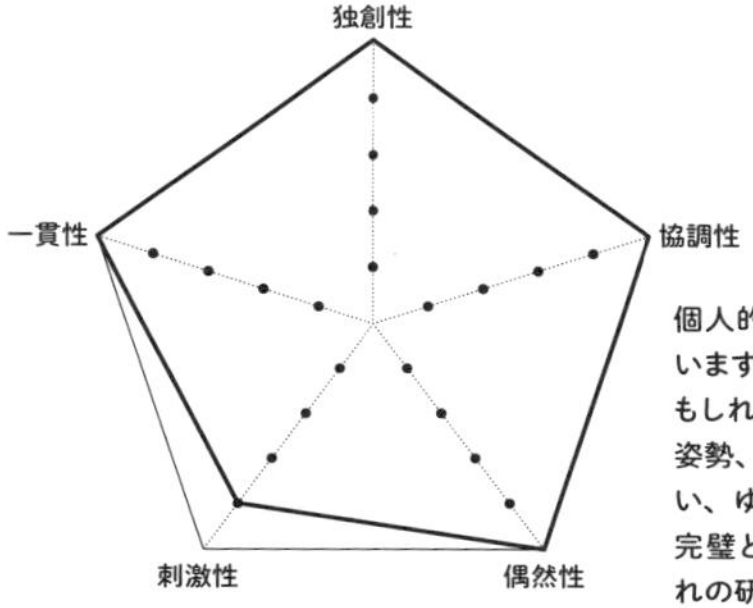

個人的に研究者の鑑とあがめていますので、やや採点が甘いかもしれませんが、研究に対する姿勢、弟子の育成、偶然の出会い、ゆらぎ実験などの偶然、と、完璧としか思えません。あこがれの研究者です。

ロザリンド・フランクリン

「伝説」の女性科学者

物語

本当かどうかは知らないが、有史以来出版された本はおおよそ一〇〇〇万ほどであるらしい。科学者が書いた本も相当にあるだろうが、その中で最も売れた一冊はジェームズ・ワトソンの『二重らせん』（講談社ブルーバックス）だろう。一九六八年の出版以来一八ヵ国語にも翻訳されて読み続けられ、江上不二夫・中村桂子という豪華コンビによる日本語版も単行本から文庫、そしてブルーバックスへと版を重ね続けている。

読まれた方も多いであろうから、DNAの二重らせんモデルを発表するまでの経緯を赤裸々に描いたその内容を詳しく説明する必要はないだろう。ただ、繰り返し述べられていることではあるが、この本は客観的な正史ではなく、あくまでもワトソンから見た個人的な「物語」である。

その物語の主演はもちろん一人称で語るワトソンであり、助演はDNA構造の解析で共にノーベル賞を受賞するフランシス・クリックとモーリス・ウィルキンズ、脇を固めるのがマックス・ペルツやライナス・ポーリングといった錚々たる科学者たち。そして、助演女優、いや、主演女優ともいっていい役回りで登場するのが、ダークレディとあだなされた「ロージー」ことロザリンド・フランクリンである。

ただし、他の役者と際立った違いがあるのは、「ロージー」だけがヒール、性格の悪いとんでもない女として描かれていることだ。あまりに有名なことではあるが、ワトソンとクリックが二重らせんモデルを確信するに至ったのは、ロザリンドのデータを〝盗み見る〟ことができたからであるにもかかわらず。

「つい非難の筆が走ってしまった。しかし、ここで彼女の偉大な業績に一言ふれておきたいと思う」に始まる言い訳めいた文があとがきに書かれているが、全体から受けるロザリンドのあしき印象を覆すにはあまりに短い。『二重らせん』の物語が出版された一〇年も前に亡くなっていたことが、ロザリンドに対して欠席裁判のような不利益を与えてしまったのは間違いない。

その内容に反旗を翻すがごとく書かれたのが、ロザリンドの友人であった作家アン・セイヤーによる『ロザリンド・フランクリンとDNA——ぬすまれた栄光』（草思社）である。今は残念ながら絶版になっているが、一九七五年に原著が出版されたこの本、一九七九年に『アンネの日記』やスティーブン・キングなどのミステリー翻訳で有名な深町眞理子によって日本語に訳されている。経緯からもわかるように、この本はロザリンドに対する肩入れが強すぎるきらいがあることは否めない。

そしてもう一冊が、『ダークレディと呼ばれて　二重らせん発見とロザリンド・フランクリン』（化学同人）である。著者は*Nature*の名編集長であったジョン・マドックスの奥さんであるブレンダ・マドックス、監訳は『動的平衡』（小学館新書）の福岡伸一博士。ロザリンドそして二重らせん発見のことをロザリンド側からの「物語」としてきわめてバランスよく客観的に淡々と描いてある。この本、ワトソン、クリック、ウィルキンズらが生きている中での執筆であり、残り火のあったフェミニズムの嵐からも中立を保つためにはそうせざるをえなかったのか、神経質なほど徹底して公平な書き方になっている。出版後にクリックとウィルキンズが亡くなり、ワトソンが失脚し、いろいろなことが一段落した今こそ、心静かに読める好著である。

この本も絶版になっているけれど、せめて文庫ででも復刊してほしい。『二重らせん』は、この本と合わせて読むことによって、３Ｄ的立体感をもって奥行き深く楽しめるようになること請け合いなのだから。

ロザリンド・フランクリンは一九二〇年、イギリス系ユダヤ人の相当な名門家系に銀行家の長女として生まれた。気性の激しい、すぐに泣いたり怒ったりする子どもであったが、一日中飽きることなく計算をして少しも間違えない、怖いほど頭がいい子どもでもあった。病弱であったロザリンドに健康的な環境をという目的で、九歳のときにはイギリス海峡を望む寄宿学校に送り込まれた。

ホームシックをしっかりと克服したロザリンドは、一一歳でロンドンに戻って勉学に厳しいセントポール女学院に入学した。母親に「『打ち解けない性格と一見無反応な態度』の持ち主」と評される子どもであったロザリンドは、教師ともトラブルが多かったが、成績は非常に良く、一六歳には科学を専門にすることを決心する。ケンブリッジ大学に入学してからも成績は素晴らしく、生得のものとされる「三次元で物事を考える能力」にも優れていたロザリンドは、物理化学、特に結晶学に惹かれていく。

本人は少しも嫌がっていなかったのであるが「働かせすぎているような気分」になるほど厳しい指導を行った教官は、ロザリンドのことを「文章や振る舞いが『少々へそ曲がり』、『どちらかといえば引っ込み思案で、自分にも科学にも非常に厳しいものを求め、頑固なまでに誠実』だ」と感じていた。

「愚か者に耐えられない」のは父親ゆずりで、大学院生時代に与えられたプロジェクトに基本的なミスを見つけたロザリンドは、指導教員と「第一級の大げんか」をしたこともある。

研究の場を英国石炭利用研究協会に移したロザリンドは、「炭の種類によってガスや水を通しにくいのはなぜか」を明らかにするための研究を行う。第二次世界大戦も終わり、学位を取得したロザリンドは、一九四六年、パリの国立中央化学研究所のジャック・メリングの研究室に職を得てフランスへと移る。

メリングは既婚者であったが、X線回折による不規則な原子配列を持つ結晶の内部解析という知的刺激を与えるだけでなく、始終ロザリンドに求愛したというから、今なら、とんでもないセクハラ案件だ。

そうこうする間にもX線を用いた炭素と黒鉛の解析は順調に進み、紆余曲折があったもののイギリスに戻ることになった。ロザリンドは研究分野を大きく変えて、キングズカレッジのジョン・ランドルのもとで生物高分子のX線回折に挑戦する決心をしたのである。

敵対

よく言われることであるが、部分の単なる総和がかならずしも最終的な全体になるわけではない。それと同じように、一つ一つのボタンの掛け違いはわずかであっても、それが悪い方へ重なっていくと予想外の出来事が生じてしまい、誰にも予想できなかった大惨事へと進んでいってしまうこともある。

面白いことに、これは人間関係や社会だけでなく、物理法則によって支配される場合でも同じようなものであり、山火事や地震の発生にも適用できることが知られている。残念なことに、ロザリンドの栄光と悲劇、と言っていいのだろうか、は、まさにそのような典型例であった。

契約時の研究テーマはタンパク質溶液についてということであったが、着任時にはDNA構造解析へと変更されたこと。ほぼ対等な立場で雇用されたにもかかわらず、ウィルキンズはロザリンドを自分の部下だと勘違いしていたこと。悪気がなくともロザリンドはとげとげしい態度をとりがちであったこと。大学院生のゴズリングはウィルキンズが名目上の指導者であったが実際にはロザリンドが指導したこと。ウィルキンズの専門が光学でありロザリンドの専門がX線回折であったこと。ロザリンドとウィルキンズが別々のDNAサンプルを使うようになったこと。ロザリンドがA型DNAを、ウィルキンズがB型DNAを中心に研究を進めるようになったこと。ウィルキンズが離婚直後で生活がすさみ気味だったこと。

これらの一つずつはたいしたことではないように見える。しかし、そのベクトルがすべて悪い方に向き、相乗効果を引き起こし、地滑り的なカタストロフィーをもたらしてしまったのである。

ロザリンドは五一年一月にキングズの一員になったが、最初からウィルキンズとの関係はぎくしゃくしたものであった。さらに、ロザリンドの技術が素晴らしくてウィルキンズの予想に反して実験がうまくいったり、日常生活でのちょっとした間違いをたしなめられたウィルキンズが責められた気分になったり、といったささいなことが積み重なって、二人の関係は悪化の一途をたどる。そして夏には、ロザリンドが「ご自分の顕微鏡にもどってください」と、ウィルキンズにX線回折による研究をやめるようきっぱりと忠告する状況にまで至ってしまう。

写真

最悪の人間関係の中であったが、ロザリンドはDNA結晶にはA型とB型が存在するという大きな発見を成し遂げていた。それを知ったウィルキンズが一〇月末に「共同研究」を申し込んだとき、研究のアイデンティティーが侵されると感じたロザリンドの怒りが爆発した。「ウィルキンズが完全に理性を失ったロザリンドを見たのは、このときが最初で最後だ」というから、それまでとはレベルの違う怒り方だったのだろう。そして「ふたりのコミュニケーションは実質上途絶えてしまった」のである。

ランドルも交えた協議の末、ロザリンドは最新機器を駆使してジグナーから供与されたDNAを用いてA型の研究を、ウィルキンズは旧式の用具でシャルガフから供与されたDNAを用いてB型の研究をするという取り決めを行った。

理由ははっきりとしないのだが、シャルガフのDNAは結晶化できなかったため、事実上ウィルキンズの研究はストップしてしまう。そして一方のロザリンドは、A型はらせんではないという確信を抱く成果を得てしまう。結果論とはいえ、互いにとって、全くの悲劇的な結果をもたらす取引になってしまったのだ。

ウィルキンズはそのころからワトソン、クリックと次第に親しくなり、研究成果だけでなく「今や悩みの種と化したロザリンドとの不和にまつわる逸話」も話すようになった。一方のロザリンドは着実に研究を進め、あのマーガレット・サッチャーの師匠でもあった偉大な結晶学者ドロシー・ホジキンが「今まで見た写真のなかで最高だと感嘆の声を上げた」という写真を撮影するほどまでの進展をみせていた。

五二年五月一日から二日にかけて「写真51」と番号をふられた、おそらくは世界中でいちばん有名なX線回折像写真、らせん構造を明瞭に示す写真、が撮影された。この段階でロザリンドはかなりの確度でB型がらせんであると考えていたが、ランドルとの取り決めどおりにA型の謎解きに戻ったのである。

ここでB型の解析を続けていれば二重らせんに到達できたのではないかという理由から、この決断を批判するむきもある。科学者としての損得勘定としてはそうかもしれない。しかし、ロザリンドの誠実さと義理人情の方が美しいとは思われまいか。

漏洩

この写真51をウィルキンズが見たのは、撮影後八ヵ月もたってからだ。ウィルキンズは学科長補佐であったから、大学院生のゴズリングが撮影したこの写真を見る権利があったのは当然だろう。しかし、それをワトソンに見せる権利があったかどうかは別の話である。

ワトソンたちがDNA構造のモデル作製を企てていることを知らずに、五三年の一月半ば、ウィルキンズはその写真をワトソンに見せてしまう。一目見たワトソンはB型DNAがらせん構造であることを確信する。ワトソンとクリックは、さらに、ロザリンドからキングズカレッジのMRC（医学研究局）へ提出されていた報告書をマックス・ペルツから入手し、キングズではB型DNAがらせん構造であるとほぼ断定されていたことを知る。部外秘の報告書だったのであるから、この情報入手も不正な漏洩かどうかぎりぎりの線だ。

クリックはMRCへの報告書にあったロザリンドのデータから、らせんの二本は逆方向に並行であることを見て取り、その構造が示す決定的な生物学的意義にも気づいた。そして、四つの塩基のうちA・T、G・Cの比は一定であるというシャルガフの法則などを考慮にいれ、二重らせんの最終模型を三月七日に完成させた。そんなこととは知らないウィルキンズは、ちょうどその日、ロザリンドについて「かのダークレディは、来週われわれの元を去る予定です」という喜びの手紙をクリックにあてて書いていた。

ワトソン－クリックの短い論文は、よく知られているとおり、データをどうして得たかの記述はなく、モデルだけが提示されるという不思議な論文である。同じ号にウィルキンズらとフランクリンらによる二つの論文も掲載されているが、*Nature* の資料がすでに廃棄されているため、どういう経緯でそうなったのかはわからない。

どうであれ、ワトソンとクリックが、ウィルキンズとの会話、写真51、MRCの報告書を元に論文を書いたことは明らかである。

ロザリンドが「自分の研究が二重らせんの模型デザインの一端を担っていたと気づいていた」かどうかについては、はっきりとした記録はない。しかし、ワトソン－クリックの模型に示されているデータは自分が計算したデータと一致するのであるから、ロザリンドは気づいていたに違いないと、周辺にいたゴズリング、ペルツ、クリックらは考えていた。

ケンブリッジで初めて模型を見たとき、ロザリンドは「すごく美しい模型ね。でも彼らはこれをどうやって証明するつもりなの？」という態度だったという。ロザリンドは「データが何らかの経緯でケンブリッジにわたったのではと怪しんでいたよう」だったというが、生前、その事実を知らされることはなかった。そして、その疑いについて誰にも愚痴をこぼすことはなかった。ロザリンドは、二重らせんモデルの後、ワトソン、クリックとも親しくなり、特にクリックを天才科学者と偶像視までしてことあるごとに相談するようになった。しかし、うしろめたかったのであろうか、そのクリックでさえ、写真51の「利用」についてはロザリンドに伝えることはなかったのである。

このデータ漏洩について、「キングズにもケンブリッジにも気にする人間は誰ひとりいなかった」というのはいいとしても、「彼女のかんしゃくを恐れて、あえて深追いしなかったのだろう」というのが本当ならば、いくらロザリンドがキングズとＤＮＡ研究から去ることが決まっていたとしても、いくら疎ましがられていたとしても、あまりにもあわれだ。

夭折

ロザリンドは、五三年、アイルランド生まれの「賢人」ジョン・Ｄ・バナールが物理学科長を務めるバークベックカレッジへと去っていった。

閑話休題、どうでもいいことではあるけれど、バナールはＸ線結晶学の大家であり、ペルツ、ウィルキンズ、ホジキンという三人のノーベル賞学者を育てただけでなく、共産主義者としても活動、素晴らしい教養人であったうえに、妻の許しを得て「フリーセックスを理想とし、際限なく女性を求め」てホジキンともそういう関係にあったという、うらやましいようなそうでもないような、なんともすごい人である。

ロザリンドは、ランドルにDNAのことから離れるように指示を受けたが、知的作業をそう簡単に方向転換できるわけではなかった。しかし、バナールの勧めでテーマをタバコモザイクウイルスの研究へと移し、*Nature*をはじめとした雑誌に続々と発表していった。

ここでも、「無愛想、打ち解けにくい、疑い深い」という気質は変わりようもなく、競争相手とのいざこざもあったりはした。しかし、キングズ時代とは違って共同研究者には恵まれた。

最高の一人が、後にノーベル化学賞を受賞することになる、リトアニア生まれのユダヤ人、アーロン・クルーグである。また、もう一人の共同研究者であったドン・キャスパーとは最初からとても気が合って、「『彼女に悩まされたことは一度もない』というキャスパーは、ほかのみんながそうではないと知って驚いてしまった」という。このキャスパーとは、おそらく恋愛関係にあったのではないかとされている。

五六年には、アメリカの東海岸での学会を利用して西海岸までの講演旅行に出た。本国では、暗く気難しい印象が大半であるのに対して、この旅行中に会ったアメリカ人たちは笑顔で輝いているロザリンドを記憶に残している。

その明るささえ、「ワトソンの『二重らせん』の醜い『ロージー』を消し去りたいという願望」のために「明るさを強調したものかもしれない」と解釈されたりするのであるから、気の毒の至りだ。この楽しかったアメリカ講演旅行の終盤から、急にお腹がふくらんできた。性的なことには距離をおいていたロザリンド、妊娠などではなく卵巣がんであった。

手術を終えたロザリンドは、治癒したと思っていたこともあって、以前と同じように研究や講演をこなし、新しくポリオウイルスについての研究も開始した。しかし五七年の暮れには再発の徴候がみられるようになり、五八年四月一六日、三七歳で鬼籍に入った。

その追悼文は*Nature*だけでなく、ロンドンタイムズ、ニューヨークタイムズにも掲載された。「ばかな質問をしていらいらさせられる相手に自分の研究の話をするような時間の無駄」をしないロザリンドだったので、家族は追悼文を読むまでそれほど優れた科学者であるとは知らなかったという。バナールが書いた「彼女が撮影したX線写真は、これまでに撮られた物質についてのすべての写真のなかで、もっとも美しいものであった」というのは最高の賛辞である。

喧伝

なによりもロザリンドを有名にしたのは、ロザリンドの死後一〇年がたってから公にされたワトソンの『二重らせん』である。この本の出版にはウィルキンズも反対であり、クリックは怒りさえした。

原稿段階での反響に恐れをなしたハーバード大学出版局はこの本の出版をあきらめたため、他の出版社から発行されてようやくベストセラーになったのである。原稿を読んだ多数の科学者の異議にもかかわらず「ロージー」像はほとんど訂正されず、冒頭に述べたように、あとがきに言い訳めいたいくつかの文章が付け加えられたにすぎなかった。

ロザリンドがキングズを去ってからは友好的な関係を築いたにもかかわらず、ワトソンがなぜロザリンドのことをあしざまに書いたのかはわからない。他人のデータを無断で使ってモデルを作ったことを正当化するために、相手が悪かったから仕方がなかったのだ、という印象を与えたかったからではないかともされているが、そのようなものは言い訳にすらならないだろう。しかし、勝てば官軍である。

『二重らせん』の「ロージー」像は多くの人の記憶に刻み込まれてしまった。「この本は少なくともロザリンドが永遠に記憶されることを保証してくれた」と伝える愛弟子クルーグに、ロザリンドの老いた母は「こんなふうに記憶されるなら、いっそ忘れられたほうがましです」と答えたというのはあまりに悲しい。

若い女の子に異常なまでの興味を示すワトソンがライバルの女性研究者ロザリンドを貶めるように書いた『二重らせん』の内容が、時代の趨勢を受けてフェミニストからの攻撃対象になったのは当然の成り行きであった。しかし、その反作用として悲劇のヒロインというレッテルがまかりとおるようになったのは、同じくらい不幸なことではなかっただろうか。

ワトソンの本にがまんならなかった一人が、『ロザリンド・フランクリンとDNA』のアン・セイヤーである。だいたいロザリンドの知り合いでロザリンドのことをロージーと呼ぶような人すらいなかったのであるから、『二重らせん』の「ロージー」はロザリンドとは別人であり「事実とは無縁な存在として認識すべき」とまで言いきっている。

多くの関係者にインタビューしたセイヤーの本は、ワトソンの本よりは客観性が高いが、揺り戻しでロザリンド寄りにすぎるという印象は否めない。中村桂子によるこの本の解説は「本書を読んでいると、少なくとももう一冊、モーリス・ウィルキンズの立場からの記録が書けるはずだという気がする」という文章で締めくくられている。はたしてそのウィルキンズの本『二重らせん　第三の男』（岩波書店）は、『ダークレディと呼ばれて』と相次いで出版された。

日本語版が出版された順、『ダークレディと呼ばれて』のすぐ後に読んだせいもあるが、まえがきに「原書のタイトル『The Third Man of the Double Helix（二重らせんの第三の男）』は、私が望んだものではない」と書かれているその本は、残念ながら少なくとも私の期待に応えるものではなかった。

ワトソンの「ロージー」像はウィルキンズからの伝聞がほとんどだったのであるから、当たり前といえば当たり前なのであるが、『二重らせん』のリフレインのように悪しきロザリンド像が描かれ、先方に非があったためにいかに自分が努力しても関係の修復が拒絶されたということが言い訳めいて繰り返されている。こじれてしまった人間関係というのはそういったものと言えばそれまでであるが、五〇年も前のことなのだし、はっきりとではなくとも謝罪感を漂わせてもよかろうという気がしてしまうのは私だけだろうか。

誰もがいちばん気になるのは、写真51の扱いをめぐる経緯であるが、そこはごくあっさりと記述されているにすぎない。その写真は廊下ですれちがったときにゴズリングから「ロザリンドはこのデータを私（ウィルキンズ）が好きなように使っていいと言って渡した」という説明とともに手渡されたという。だから、どう扱ってもよかったのだ、ということなのである。

すでにロザリンドはキングズを去ることが決まっていたので、文字どおり好きなように使っていいということならば、ウィルキンズの手元において自らの手でゆっくりと解析することも可能であったはずだ。なのにワトソンに見せたのであるから、深い考えがあってのことでなかったというのは、確かにそうなのであろう。しかし、ウィルキンズの責任ではないにしろ、その後のいささか不適切な進展を考えれば、控え目にみても、うかつであったというそしりは免れないだろう。もちろん、ゴズリングが本当にそう言って渡したのかどうかもわからない。

欠落

ロザリンド・フランクリンというのは、子どものころからずっと、きわめて優秀ではあったが、無口で無愛想でとっつきが悪かった。仕事には厳しく、そりの合わない同僚や先生にも容赦なかった。しかし、心を開く相手には素晴らしい友人であり、「どこにいても、友人や親戚の子供と過ごすのがとびきりの楽しみ」であるような心優しい人であった。女性であることがその立場を少しややこしくした面はあるかもしれないが、この程度のキャラの研究者は男女問わずそうまれならずいるものであり、いろいろな問題を引き起こした理由の上位に来るようなものではなかろうという気がする。

ロザリンドが二重らせん「解明の二歩手前」にまで到達していたことに誰も異論はない。クリックの「ロザリンドならこの二歩を三か月以内に終わらせたはず」というのは推測にすぎないが、残念ながら、『分子生物学の夜明け』で知られる科学史家ジャドソンの「彼女が絶対に帰納的飛躍をしなかったというのは変わらない事実だ」というのはあくまで真実である。クルーグが言うように「彼女に必要だったのは共同研究者だ。しかし、ひとりもいなかった」のがなによりも問題であった。「目の前で何が正しいのかを見せてやり、背中を押して問題を乗り越えさせる人間が必要だったのだ」というクルーグの言にはうなずける。論理の帰納的飛躍、あるいは、その飛躍をうながしてくれるような共同研究者が欠落していたことが、二重らせんからロザリンドを遠ざけてしまった最大の理由なのである。

　しかし、「もしロザリンドが一九五二年五月のパターンを、彼女がそれを得たときすぐに共同研究していれば、ＤＮＡの科学はもっと順調に発展していたことだろう」「もし私と彼女が議論していれば、『二重らせん』の発見の妨げになるものは、ほとんどなかったことだろう」（『二重らせん　第三の男』）という、自分とさえうまくやってくれていれば的なウィルキンズの述懐は我田引水と言わざるをえまい。

　すでに亡くなっていたのであるから、ロザリンドがノーベル賞を受賞すべきであったかどうか、というのは意味のない議論である。ただ、たとえウィルキンズの自己弁護をまるまる受け入れたとしても、少なくともウィルキンズよりはロザリンドの方が、ノーベル賞の受賞理由「核酸の分子構造および生体における情報伝達に対するその意義の発見」に対する貢献度は間違いなく高い。

　キングズカレッジの宗教環境、上流階級出身であることが居心地の悪さを感じさせてしまうような雰囲気、ちょっとした女性差別的ルール、どれもがロザリンドにとって好ましいものではなかった。あれほどひどかった「ウィルキンズとのあいだの個人的な悪感情は問題の一部にすぎない」というほど、ロザリンドにとってキングズカレッジは最悪の場所だった。実際に、問題を引き起こしたことがあったとはいえ、キングズカレッジ時代以外は研究に支障を来すほどのものではなく、指導者や共同研究者と共に多くの業績を上げることができたのであるから。

ロザリンドは、自分の研究室にいたらちょっと困りそうではあるが、隣の研究室くらいなら、数少ないけど友達もいてるみたいだし家柄もいいし、あれだけ優秀やったらまあええやないの、と鷹揚に構えていられるというくらいの女性研究者という印象なのだが、みなさんはどう思われるだろうか。

ワトソンの『二重らせん』が世に出なければ、これだけ有名になることもなく、素晴らしい能力を持った夭折の女性科学者として、一部の人の記憶にとどめられたにすぎなかっただろう。それが、生前の本人にも知らされなかった写真51をめぐるストーリーのために、没後一〇年もたってから、ワトソンにけなされ、そして次にはフェミニズムに翻弄された。

死後、自分が知らなかった事実によって伝説となった人生——亡くなってしまった後のことだから人生というのは正しくはないのかもしれないが——とはいったい何だったのであろうか。ノーベル賞のことも含めて、黄泉の国で本人がどのように思っているのだろう。研究はもっと続けたかったけれど死んでからのことなど興味はないわ、とでも冷たく言い放っているだろうか。

ロザリンド・フランクリン

ROSALIND FRANKLIN

1920 - 1958

1920　ロンドンに生まれる。
1938　ケンブリッジ大学へ。
1945　物理科学の博士号取得。
1946　パリの国立中央化学研究所へ。
1951　キングズカレッジへ。
1952　「写真51」の撮影。
1953　バークベックカレッジへ。
1958　卵巣がんにて死去。

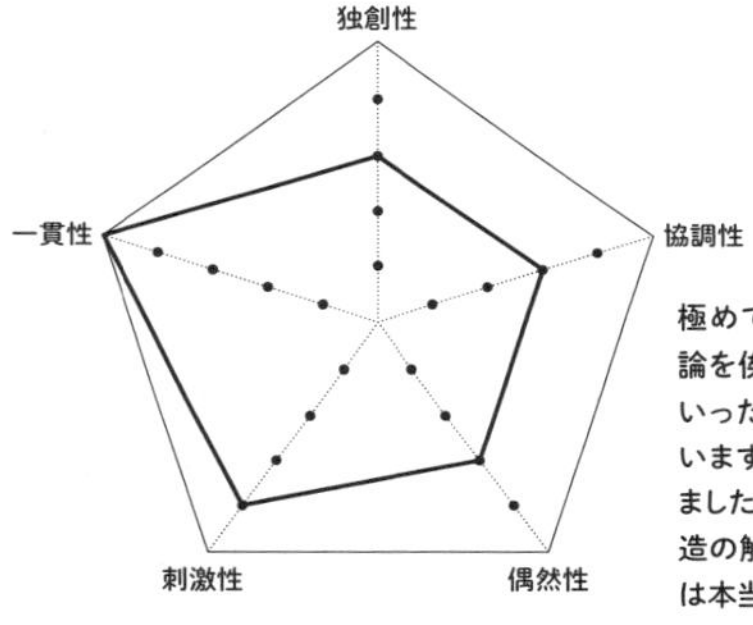

極めて偉大な業績であることは論を俟たないですが、独創性といった感じの研究ではないと思います。研究対象の変遷はありましたが、一貫して次々と分子構造の解析で業績をあげ続けたのは本当に立派です。

吉田富三

鏡頭の思想家

偉大なる父

入学試験の面接で「尊敬する人は？」と尋ねられて、無難にかわすために「父です」と答える受験生は少なくない。しかし、父親のことを心から尊敬し、「あんな偉大な存在はなかった」と言い切れる人はどれだけいるだろうか。還暦を過ぎて、没後二〇年以上経ってからも「ひっきりなしに思い出す」父について書かれた本がある。

書かれた父は、「吉田肉腫」に名を残し、太平洋戦争をはさんで日本のがん研究をリードした吉田富三。書いたのは、富三の長男で、伝説の大河ドラマ『太閤記』に緒形拳を抜擢し、最高視聴率四〇％近くをたたきだしたＮＨＫの敏腕プロデューサー、吉田直哉。

そして、「顕微鏡を考える道具とした最初の思想家」というのが、富三の記念館に収められている日記や雑記帳の山を片っ端から読み、録音テープを聞いた直哉がひきだした結論であった。

「吉田富三記念館」の誕生を機に伝記の執筆を依頼されたが、実の息子が父を客観的に書くのは不可能であると悩む。しかし、かつての大ベストセラー『日本人とユダヤ人』の著者、山本七平の助言から、「その言葉をもってその人を語らせるに如くはない」と考え、伝記ではなく、「父の言葉の記憶を、伝説を語り継ぐつもりで記述」された本が『癌細胞はこう語った』（文藝春秋）である。珍しい成り立ちの本で、そのため、かなりの部分が富三の残した文章の引用で占められている。

もちろん直哉の本には、余人には知りえない個人的なエピソードが含まれているが、研究内容やその解釈は、医学ジャーナリストが一六年をかけて丹念に取材したという『流動する癌細胞』（講談社）に詳しい。同じ人物を対象に独立に書かれた本を読み比べてみるのも面白い。どちらも、同じ一次資料に基づいて、正確に書き進められているのがよくわかる。残念なことにどちらも絶版となっている。

病理学者に

吉田富三は、一九〇三年、福島県石川郡の造り酒屋に生まれる。小学校高学年になって、ずば抜けた成績を修めるようになった富三は、叔父をたよって上京し、東京府立第一中学校を受験する。しかし、口頭試問で試験官が富三の東北なまりを聞き取れず「お前の言うことはまるでわからん」と言われて、不合格になってしまう。今なら、間違いなくマスコミから袋だたきにあいそうなエピソードだ。時代が違う。

不合格になった理由の理不尽さから一中への進学をあきらめた富三は、私立の中学に進み、第一高等学校から東大医学部へと進学する。一高では『風立ちぬ』の堀辰雄、『考えるヒント』（文春文庫）の小林秀雄、『日本百名山』（新潮文庫）の深田久弥が同級であった、というと、ほのかに時代のイメージがわいてくる。

医学部へ進んだのは、父親がなんとなく希望しているように思えた、というのと、寒村での「間引き」を何とかできたらという気持ちからであった。というから、強いモチベーションがあったというわけではなさそうだ。

卒業当時、すぐに臨床をやるのを躊躇していたところに、「病理から内科へ行つた先輩が、少しでも病理をやるのは役に立つと言つてゐるといふことを間接にきき、それだけのことで、とにかく病理学教室に入つてみようと決心」し、病理学教室で緒方知三郎の指導を受けることになる。そして二年がたち、父親の急死により、お金が入り用になった富三は、緒方の紹介で佐々木隆興《たかおき》の下に職を得る。

「先生の書斎の延長のやうなものが一つあるだけで、そこで仕事をするのも私一人だけ」であり、辞令もなく、毎月「先生のポケットから百円」もらう、という状況であった。「いささかの昇給はあつてもよかつたはずだと後から思ひますけれども」と不満もあったようだが、当時の月給一〇〇円というのはかなり破格の待遇であった。

何の予備知識もなく、俸給表よりも「人間同士の信頼」によって、研究員らしきものになった富三であったが、流されるように得た佐々木隆興との出会いが将来を決定づけることになった。

恩師・佐々木隆興

ただ者ではない、というのは、佐々木隆興のような人をさすのだろう。一八七八年、医家の家系である佐々木家に生まれ、東大医学部を卒業。ドイツ留学の後、三五歳で京都大学の内科学の教授に就任する。しかし自由な研究をしたいという希望と「町医者がいかに大切か」という考えから、三年で辞し、神田駿河台の杏雲堂病院の院長を父の政吉から引き継ぐ。

ちなみに、政吉も東大教授であったが、結核患者の治療に専念するために四二歳で退職しているというから、本当に「町医者」に誇りを持った血筋である。隆興は、病院だけでなく、自宅敷地内の研究施設、後に佐々木研究所になる施設、もゆずりうけ、専門とする細菌化学の研究を続けた。

町医者のかたわら私費による研究で、帝国学士院恩賜賞、そして、文化勲章を受章している。ここまでだけでも十分にすごいのであるが、さらに、剣術の達人であり、一六歳にして北辰一刀流の目録を授けられていたというのであるから、まるで劇画にでも出てきそうな人である。

佐々木研究所のホームページの資料室（http://www.sasaki-foundation.jp/foundation/siryositu.html）では、隆興自身や、隆興の写真を撮影した土門拳の文章などを読むことができる。隆興は漢籍にもよく通じていたというだけあって、実にひきしまった格調高い文を残している。

数多くの「風貌」を撮影した名写真家である土門が「僕は撮影しながらも、自分が勝手に想像していた博士と、目の前の博士とのズレを訂正するのに困った。しかしズレは最後までズレたままだった。どこにも強い押しも鋭いひらめきも見せず、博士は淡々と研究の思い出話を聞かせて下すった」と書いているとおり、隆興の写真を見ても、このおじさんが文化勲章を受章した剣術の達人とは信じられない。真の名人というのはこういうものなのだろうかと、妙に納得させられてしまうのみである。

隆興の専門は生化学であったが、人工的な化学物質が特定の臓器に集積する「親和性」という着想から発がんの病理学実験を始めたい、ということで、富三を雇い入れた。少量の砒素化合物を投与して、臓器の病理変化を調べる、という、根気のいる仕事を約二年間行った後、隆興の指示で、上皮増殖作用があるとされるアゾ色素の投与実験へと移る。これも単調な反復仕事であったが、「絶えず新しい工夫をすること、日々新たであるための新しい工夫と、それを実行するための新しい器具の工作を自分ですること」

を秘訣に、辛抱強く続けた。

そして二年、「米の粉に油に溶かした色素をまぜて、それで団子を作り、それを蒸してさらにそれを乾して砕いておいた色素をまぜた保存食」を主食として投与することにより、実験的に肝臓がんを作製することに成功した。

この報告をうけた隆興は「これからが大変だ。問題がいっぱい出てくる。なにより、Ein Experiment ist kein Experiment（一回の実験は実験にあらず）だからね。追試と、発生段階の追認をして、それからいちばん大事なのが今後の設問だ」と励ました。

富三はドイツの医学雑誌に発表すべく論文を書き上げて隆興に提出したが、さすが名人のすることとは違う。「吉田君、実験の成果というものは一年ぐらい寝かせて、一年経ってとり出して、そのときまだ値打ちがあると判断できたら、そこではじめて発表する。そのくらいでちょうどいいものなのだ」と言って、机の引き出しにしまいこんで、鍵をかけてしまった。

佐々木研究所においてアゾ色素をさらに精製し、完璧な追試を行い、吉田富三の単著として『帝国学士院記事』に、さらに、吉田・佐々木の連名で一九三五年『Virchows Archiv』に発表する。山極勝三郎と市川厚一のタール発がんとは異なり、純粋な単一の化学物質によりがんを作製したこの研究は高く評価され、一九三六年、二人で帝国学士院恩賜賞、隆興にとっては二度目の恩賜賞、を受賞する。

「吉田肉腫」の誕生

富三に長崎医科大学の病理学教授の話がもちこまれる。そのころは、国立大学の教授になるには、先立つ助教授時代に二年間の海外留学を行うのが慣例であったため、まずは助教授の辞令を受け、ドイツへ留学した。彼の地では病理解剖に没頭する毎日であったが、国際学会に出席したり、前畑秀子が平泳ぎで優勝したベルリンオリンピックを観戦したりと、ホームシックにもならず、異国での生活を楽しんだ。

一九三八年に長崎医科大学に赴任し、徐々にではあるが、研究室を整備していく。富三は、これからの戦争は大和魂といったような精神主義で勝つことは無理で、物量戦になるに違いないと考えており、日米のがん研究の比較から「国の経済力というものの差が歴然としている。だから物量戦ではとうてい太刀打ちできるような問題では最初からない」と、太平洋戦争の開戦時には早くも敗戦を予見している。

戦況が良かったときですら、日本が負けると平気で話す父に、直哉は「非国民的言動」を本気で心配すると同時に、「ぞっとするような畏敬の念をおぼえた」と述懐している。

富三が追い求めた最大のテーマは、周囲に細胞などがなくとも増殖する液状がん、あるいは腹水がんであった。しかし、いろいろながんをすりつぶして腹腔内投与しても、なかなかそのようながん細胞を作り出すことはできなかった。

すでに食糧事情が悪くなりつつあったそのころ、自らは芋を食いながら、米を集めてラットに喰わせるという日々が続いていた。言うのは簡単だが、なかなかそこまでの執念をもって研究するのは難しい。

一九四三年六月六日、発がん剤を投与していたラットの一匹に腹水腫瘍ができていることがわかった。これが「長崎系腹水肉腫」、のちに「吉田肉腫」と呼ばれるようになる腹水腫瘍の発見である。富三は、ドイツで購入してきたツァイスの双眼顕微鏡で腹水肉腫の観察を続け、その写生は、なんと四〇〇〇枚を超えた。

一九四四年に、東北大学医学部へと転任することになった。新任地での受け入れ態勢が整うまでの間、腹水肉腫を佐々木研究所で継代することになった。腫瘍を植えたラットを四匹と継代用のラット一〇匹をつれて、列車で長崎から東京へと、柳ガレイの干物を与えながら移動した。ラットの系統の切り替え、途絶えがちなラットの供給、食糧難、と、肉腫[*1]の継代は困難を極めた。

絶えそうになると佐々木研究所から東北大学へと「キトク」の電報が打たれ、そのたびに富三が夜行列車で仙台から東京へかけつけた。想像を絶する努力があったからこそ、腹水肉腫は戦争の時代を乗り越えることができたのである。戦火激しい折から終戦後の食糧事情が悪い時代、ラットからラットへと腹水肉腫が継代できたのは、何にも増して富三の執念があったからこそだ。

がんの個性

戦後、富三の興味は、がんの化学療法へと移っていく。戦後はじめての日本病理学会において、「長崎系腹水肉腫」が、化学療法の有効性評価に適していることを発表した。この学会において、私の教室の四代前の教授である木下良順がこの肉腫を「吉田肉腫」と呼ぶことを提案し、以後、そう呼ばれるようになった。

細胞の分与を積極的に行ったため、吉田肉腫は研究材料として広く用いられるようになる。その結果、日本癌学会において発表された吉田肉腫に関する研究は、一九四九年には、総演題数九〇題中三三題、翌年は一二七題中四〇題と三割以上を占め、我が国のがん研究の中心テーマとなっていく。

このころ行われた研究の中で面白いのは、「細胞の一個釣り」実験である。腹腔内から採取した肉腫細胞を含む腹水をうんと希釈し、希釈液のドロップ内における細胞の個数を確認してから、工夫の末に作り出したガラスピペットで腹腔に移植する、という実験だ。

この実験から、吉田肉腫の移植は一個の細胞の移植で十分であること、今風に言うと、クローナルな増殖が可能であること、はやりの言葉で言えばがん幹細胞の存在を明らかにした。単純な方法論ではあるが、工夫の末になされた非常に先駆的な研究である。

「この研究をして、一番の収穫は癌の個性ということに行き当ったことだ」と富三は、メモを残している。吉田肉腫やいくつもの腹水肝がんに対する化学物質の効果の研究から、今となっては当たり前であるが、当時はほとんど考えられていなかった、この結論にたどりついたことは刮目に値する。

そして、この「『われらの内なる反乱者』の癌にも個性がある」という発見から、「癌を考えることは、科学的思考のプロセスとしては飛躍だが、人間社会を考えることだ、いや、極端に言えば人間の社会こそ宿主と癌の関係の縮図だ」という考えに至り、「人間の、とりわけ日本の社会に『癌』がみえすぎる」ようになっていく。こういった思考が、国語政策と医療制度という、がん研究以外の二つの大きな問題への挑戦へとつながっていった。

「社会のがん」に挑む

国語審議会の委員に任命された富三は、ローマ字や仮名文字による日本語の表音化への流れに危機感を感じ、「国語は、漢字仮名交りを以て、その表記の正則とする。国語審議会は、この前提の下に、国語の改善を審議するものである」という原則を国語審議会の名で明記することを提案する。この文言は明記されることはなかったが、最終的にはそのような流れになったのであるから、国語表音化＝漢字廃止論を抑止するのに、ある程度の役割は果たしたのだろう。

しかし、「日常的な論理の進めかたにおいて、吉田富三ほど慎重な人に会ったことがない」と息子が書くほどの人でも、「戦後に成長した青年子女のあひだに、無思慮で衝動的な行動の問題が多い事と、戦後の国語教育と、関係がないとはいへない。むしろ私は、憂ふべき国語政策と国語教育の憂ふべき成果が、そこにあるのだと考へてゐる」というのは、いくらなんでも暴論だろう。論理の人であっても、専門外になると勇み足もあるというところだろうか。

医療制度への挑戦に、当時の日本医師会の帝王・武見太郎に対抗して日本医師会会長選挙に立候補する、という形をとって行われた。負けるのがわかっている選挙になぜ出るのかと止める直哉に「オリンピックじゃないが、出ることに意味があるんだから。――出て、医師の本来あるべき姿、理想を示して、あとで考えてもらうことに意味があるのだ」と語ったという。

国語問題では門外漢としての提案であったのに対して、医師会会長選挙は、医療制度を正したいという半専門家としての主張であったが、予想通りの惨敗となった。この敗戦が、はたして医療制度にどの程度の影響があったのかを判断するのは難しい。

専門家は専門領域に留まった活動にすべきなのか、それとも、正しいと確信することがあれば、積極的にうって出るべきなのか。一芸に秀でた人といっても他芸に口を出すのはよろしくないような気もするが、正しいという信念があるならば、そのような活動をする勇気は賞賛されるべきなのかもしれない。とりわけ、その逝去にあたり、司馬遼太郎から「胸中、学問のみ、俗心なく、他大学の人々にも心から畏敬された人、一心のために肉体があって、それを悦ばせる唯一のたのしみの飲酒でさえ学問の役に立った人」と賞賛された富三のような人の場合には。

「作業仮説」と「流れる」人生

「自分の頭で考え、ある予想をたてて、これがこういう風になるはずだという証明をすることは、非常な魅力であります。そしてことに、その予想が的中し、あるいはある予言が後の実験で証明されるときは、痛快極まりないものでありましょうから、そういう魅力というものは、研究者にとっても避けがたいものであります」と語っていた富三にとって、「作業仮説」は何よりも重要なものであった。

病理学者として、「形態学的分類の原則は、実質と間質との関係に求められてゐます……（中略）…腫瘍形態学にとつては、間質は実質と同様に重要」であることを十分に認識したうえで、腫瘍の本質に迫るには、逆に、間質による腫瘍細胞への影響を除去することが必要であると考え、間質のない腹水腫瘍の研究を追い求めたのである。[*2]

言い換えると、腫瘍の性質を見極めるための作業仮説は、「癌には個性がないものとする」、あるいは、そうであるからこそがんの本質に迫ることができる、というものでああった。しかし、最終的には、がんには個性がある、という、自らの仮説とは正反対の結論を導かざるをえなかった。カール・ポッパー流の反証可能性から見ても、トーマス・クーン流のパラダイム転換から見ても、自分にとって盤石の結論だったに違いない。

また、富三にとっての「作業仮説」は、一般に考える作業仮説より幅広く、何かを始めるときの「遠い目標」をさすようなものであった。だから「我々が漠然と懐いてゐる人生観といふもの」を「生涯の作業仮説」とするのも自然な成り行きであった。

人生の作業仮説も実験の作業仮説も硬直したものではだめで、「絶えず改善、修正されるダイナミックな弾性のあるものが尊いと思ひます。これは安易な放棄や変更と混同されてはなりません」と語っている。

「私といふ人間は流れ流れてきたといふことであります」「私に与へられたものは、いつでも私にとつて最善の場所であると思ふことができました」「立派な計画をまづ立てるといふことではなしに、出てきたものを次々と追つかけたといふのが私の研究のやり方であつたと思ふのであります」「無闇な欲望を起こさないで、もらつたものの中で自分の全力を尽くすといふことをやつてきた」など、還暦の祝賀会での挨拶に語った内容は、先の「作業仮説」と並べると、一見、矛盾したようにも見えるが、そうではない。

富三は「omnis cellula e cellula（すべての細胞は細胞から生ず）」で知られる、細胞病理学をうちたてた「病理学の法王」ルドルフ・ウィルヒョウ（第1章参照）を信奉していた。その思い入れは学問だけでなく、「生涯にわたって信念の人であって野心家ではなかった」という、その生き方に対してでもあった。「ウィルヒョウの生き様に自分を映していたといっても過言ではない」富三にとって、作業仮説が信念であり、流れて生きるということが野心のなさということだったのだ。「人生とは畢竟、遺伝と環境と偶然だ」といったのは芥川龍之介だが、ここに努力と執念を十二分に付け加えたのが、富三の人生であった。

「わかる」ということ、「考える」ということ

哲学は、わからないことをわからないままに、あるいは、もっと上をいって、わかりきっているように思えることをわざわざわからないということにして楽しむことができる、という、なんとも奥の深い学問である。一方、科学の最大の目的は、いたって単純明快、浅いといえば浅い、わからなかったことをわかるようにする、ということである。

もう二〇年も前になるが、ジョン・ホーガンは『科学の終焉』（徳間文庫）で、科学は次々と物事を明らかにしていくことにより、「わからないこと」を次第に減らしているのであるから、その結果として終焉に近づいていく運命にあると論じた。

一方、長年 *Nature* の編集長をつとめたジョン・マドックスは、決してそのようなことはない、科学では、わかり方がどんどん進歩していくのであるから、科学が終焉を迎えることは決してない、と対抗した。どちらかが正しいというよりは、どちらもが正し

い、というべきであろう。

ホーガンの考えは、科学の分野を平面的にとらえて、その「わかっていない面積」がどんどんと少なくなっていることを論じている。それに対して、マドックスは、「わかり方深度」がいつまでも深くなっていく、という立体的なとらえ方をしているのだから。しかし、現状の科学をみているとホーガンに軍配をあげたくなる。マドックスの考えも正しいのだが、深掘りにはお金がかかる。どこまでも掘り進めるのは予算的に無理なのだ。せちがらいことだが、多くのことをとことん深くというのは不可能だ。

富三の時代、わからない平面はとてつもなく広かったが、それを掘り下げる道具はきわめて乏しかった。富三が実際に使った技術としては、形態学、ほとんど顕微鏡だけ、であった。それだけに、実験では工夫に工夫をこらした。そして、「真実」というものに対しては、「科学的には、『正しいか、正しくないか』といふ物の問ひ方は避けるべきだと思ひます。常に、『如何なる条件の下に、如何なる範囲で正しいか』と問ひかける用意が必要と思ひます」というようにあくまで謙虚であった。また、「形態学の——一般に一つの研究方法の——自壊作用とでも申しませうか。或る点から、或る方法で出発して、一つの結果に到達すると、その結果から、出発点と方法とが批判され」、このことが学問の進歩につながると論じている。素晴らしい科学哲学的思考である。

今とは違って、方法論が少なかったがために、思考の時間は十二分にあったはずだ。もちろん、研究に思考はつきものである。しかし、他人様の論文のディスカッションを読んで、ふむふむそうかとわかったような気になるのは、考えたとは言わないだろう。自らの頭で十分に考え抜いているかと言われると、誰もが自信をもって「はい」と答えられるだろうか。

富三は、何千枚も細胞の写生をし、細胞を介して自己と対話しながら、その思索を深めていった。生命科学は進歩を極め、何かをわかるために、あるいは、誰かに、特に論文審査のレフェリーに、何かをわからせるために、行うべき実験量は飛躍的に増えてきてしまっている。時には、意図的に手をとめて、ゴーギャンの絵ではないが、自らの研究が「どこから来たのか、何ものなのか、どこに行くのか」、真剣に考えることも必要だ。残念ながら、次第にそのような余裕がなくなってきている気がしてならない。

伝記になるということ

伝記が書かれるには、面白い資料が残されていることが必要条件の一つである。富三の伝記を読むと、どうしてこれだけの一次資料が残されていたのか、に驚かされる。顕微鏡を考える道具に、あれやこれやと縦横無尽に、思考の地平線まで考え抜いたことの記録、質と量だけでなく、その内容の幅広さも尋常ではない。富三が書いたものだけでなく、その講演や発言など、おそらく弟子の方たちが残しておられたのであろうが、その資料を読むことにより、肉声を聞くかのごとく、その考えが心に響いてくる。科学者の業績が素晴らしいだけでは、面白い伝記にはならない。味方であれ敵であれ、濃密な人間関係が描かれなければ、乾燥した読み物にしかならない。資料だけではなく、その人が語り継がれるためには、弟子をはじめとするまわりの人たちに心から尊敬されていることが、もう一つの重要なファクターだ。

そう考えると、人間関係が疎になりつつある昨今、伝記受難の時代になっていくかもしれない。富三は「教育というものは本来『私事』であるべきだ」と考えていた。しかし、「私事」として語られたであろうことが、後年、書物を通じて多くの人にいろいろなことを教えてくれることもあるのだ。「顕微鏡を考える道具とした最初の思想家」の伝説を、父のことを「師として思い出しているのかも知れない」息子がまとめた父の伝記が絶版になっているのはなんとも惜しい。

謝辞　本稿の執筆にあたり、佐々木隆興については、佐々木研究所前理事長・黒川雄二先生の資料を参考にさせていただきました。

＊1　肉腫　悪性腫瘍のうち、骨、軟骨、筋肉、血管など、非上皮性の組織に由来するもの。
＊2　実質と間質　臓器に固有の細胞が実質であり、それ以外を間質という。たとえば、肝臓ならば、肝細胞が実質細胞であり、それ以外の線維芽細胞などが間質細胞である。

吉田富三

TOMIZO YOSHIDA

1903 - 1973

1903	福島県石川郡浅川村に生まれる。
1927	東京帝国大学医学部を卒業、無給副手として病理学教室に勤務。
1929	佐々木隆興の助手として、佐々木研究所へ。
1932	アゾ化合物の投与によるラット肝臓がんの作製に成功。
1935	ベルリン留学。
1938	帰国。長崎医科大学病理学教授に就任。
1943	アゾ色素投与による「吉田肉腫」の作製に成功。
1944	東北帝国大学病理学教授に。
1948	吉田肉腫細胞の「一個釣り」に成功。
1952	東京大学病理学教授に。
1961	国語審議会委員に。
1963	癌研究所所長に就任。
1964	日本医師会会長選挙に立候補。
1973	肺線維症にて死去。

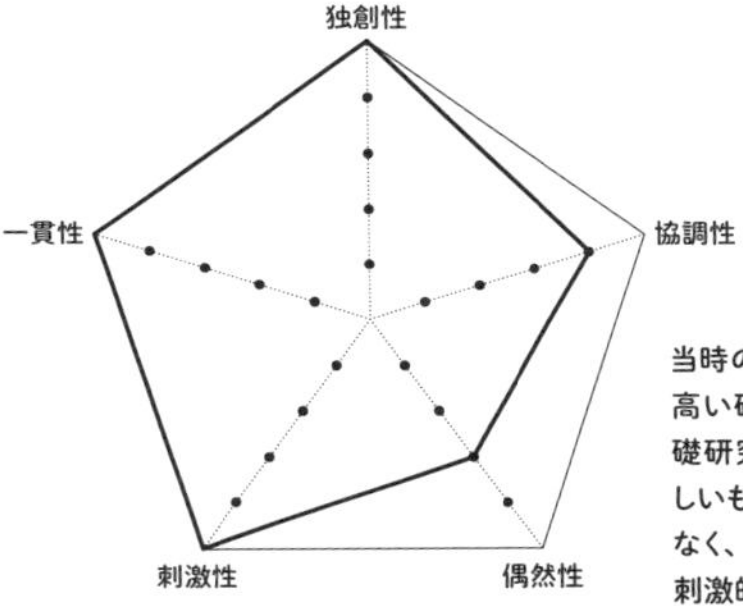

当時の日本でオリジナリティーの高い研究を成し遂げ、がんの基礎研究を牽引した業績は素晴らしいものがあります。研究だけでなく、それ以外の活動が極めて刺激的だったことも印象的です。

第4章
あるがままに生きる

リタ・レーヴィ＝モンタルチーニ

ライフ・イズ・ビューティフル

自分を語る

自分のことは自分が一番よく知っているかというと、必ずしもそうではない。もしかすると私だけかもしれないが、周りのみんなから、お前はこういう奴だと口をそろえて言われても、いや、自分はそんな人間ではないと思うことがある。

このような状況で誰かに自分のことを伝えようとするとき、周りに思われている自分を自分として伝えるのと、自分が認識している自分を自分として伝えるのと、どちらが親切と言えるだろう。自分から見たら後者が望ましいような気がするが、周りが知っておいて便利な情報としては前者だろう。しかし、自伝で述べられるのはあくまでも後者、自分が思うところの自分であるということがいささかややこしい。

もう一つ厄介なのは、自伝には多かれ少なかれ、虚飾や自慢が入り込みがちなことだ。

しかし、リタ・レーヴィ＝モンタルチーニの自伝『美しき未完成』（平凡社）は、そういった問題からは全く無縁のものである。

科学者の伝記というのは、その内容のほとんどが研究についてであることが多いのだが、リタ・レーヴィ＝モンタルチーニの伝記は違う。もちろん、神経成長因子の発見という偉大な業績に至る経緯は詳しく書かれているが、研究に関する内容は全体のおおよそ三分の一程度であろうか。

ノーベル賞受賞女性科学者が、というよりは、一人の素晴らしいイタリア人女性が、家族のこと、友人のこと、先生のことについて、仕事すなわち研究と同じくらい、いや、それ以上に大事なこととして美しく書き綴っている。行きつ戻りつする記憶の糸をたどりながら昔の思い出を語っていくこの本は、中勘助の『銀の匙』（岩波文庫）を思い起こさせる透明感あふれる自叙伝だ。

子どものころ——家族と宗教

リタ・レーヴィ＝モンタルチーニは、一九〇九年、イタリア北部、トリノのユダヤ人家庭に二卵性双生児の姉妹として生まれた。芸術の才能にも恵まれた家系のようで、双子のパオラは後年、画家になる。ヴィクトリア朝的な空気の中で、というと何となく聞こえはいいが、女性は男性よりも能力的に劣っているという考えの中で育てられたという意味でもある。

父は「自由に考える人間」として、ユダヤ教の戒律に対して批判的な人だったが、そのような父であっても娘に高等教育は必要ないという考えであった。だから、大学へは進学できないシステムの女子高校に入学せざるをえなかった。その女子高校のカリキュラムでは生物学がなかったので、まったく生物学を学ばなかった。しかし、子守であった女性が胃がんになって亡くなってしまうという出来事から医学を学ぼうと決意し、何年か遅れながらも、トリノ大学の医学部に入学した。

医学部入試の面接での定番質問に、「どうして医学部を志望しましたか」というのがある。おそらく予備校で指導を受けているのだろうが、受験生はかなりの割合で、祖父あるいは祖母が亡くなったのにショックを受けて、と答える。

ある意味で年寄りが亡くなるのは当たり前のことであるから、「君、そのような出来事がモチベーションになるようでは、意欲が低いねぇ」と、嫌みの一つも言ってやりたくなる。が、そのようなことを言うと、後から圧迫面接を受けたなどと苦情が来たりする可能性があるので言わない。

なかには、祖父母が存命であるからだろう、ペットが死んだのにショックを受けてという輩もいて、もちろんそういう場合には「獣医になれば」と言い放ちたくなるのをぐっとこらえることになる。

しかし、レーヴィ＝モンタルチーニという感受性の強い少女は、母親と同世代の、自分をとてもかわいがってくれた女性が亡くなったことから医師を志したのだ。

生物学を学んでいなかったので、コウモリと鳥の違いも知らなかったという。しかし、レーヴィ＝モンタルチーニの生物を見つめるまなざしは優しい。後年、神経細胞が並んで移動していくのを見て、鳥の親子が行列を作って歩いていくのを思い浮かべたりしながら、研究への不安を払拭することになる。以前、テレビのドキュメンタリー番組で、レーヴィ＝モンタルチーニが、アポトーシス[*1]で死んでいく神経細胞を見て、戦争で亡くなっていった子どもたちを思い浮かべてしまう、といったようなことを悲しそうに語っていたのを覚えている。とても感情が豊かな人なのだ。

医学部に入るには、あるいは生物学を専門にするには、高校時代に生物学を学んだ方が絶対に望ましい。しかし、学んでも生物や命に愛を感じない子もいれば、学ばずとも、愛おしく感じる子もいるはずだ。レーヴィ＝モンタルチーニのエピソードは、生物学を〝勉強〟することと、生物や命を愛することの間には、大きな隔たりがあることを教えてくれる。

大学時代――先生、友人との出会い

一九三〇年に入学したトリノ大学の医学部では、女性が三〇〇人中七人のみで、「一人として魅力的な子はいませんでした」といわれるような状況の中で、周囲の男子学生に対して「墨を吹きかけるイカ」のように愛想がなかったらしい。年齢を重ねたレーヴィ＝モンタルチーニの写真は、なかなか美人で愛想よく見えるのであるが……。

同級生には、ひときわ目立つ年下の男の子がいた。物理学が得意で非常に成績が優秀なこの学生が、後年、がん遺伝子の発見者の一人としてノーベル賞を受賞するレナート・ダルベッコである。また、一学年上には、この二人のアメリカでの研究生活に大きな影響を与えることになる、分子生物学の産みの親の一人、これも後にノーベル賞に輝くサルバドール・ルリア（第3章参照）がいた。

同じ大学の二学年にノーベル賞受賞者が三人いて、若いころから友人であった。こういうのは、単なる偶然なのだろうが、科学の神様、たぶん女神がいて、時々、粋ないたずらをしてくれるような気がしてしまう。

もう一人、亡くなるまで影響を与え続けてくれた先生、ジュゼッペ・レーヴィとの出会いもあった。解剖学の教授であり「マエストロ」であったレーヴィ先生には、最初に難しい研究課題を与えられて当惑したりするが、学生時代だけでなく、レーヴィが九二歳で亡くなるまで先生として尊敬し続ける。最近はあまり見かけないような気がするが、日本でも昔はこういう美しい師弟愛が多かったように思う。

我が心の師・内田樹先生が説かれるように、師弟関係というのは、弟子が「先生はえらい」と思った時に成立するのである（『先生はえらい』内田樹著、ちくまプリマー新書）。こういう阿吽の呼吸による美しい師弟愛の頻度が減ってきているのは、だんだんと偉い先生が少なくなってきていることによるのかもしれない。しかし、それ以上に、研究者の〝偉さ〟を業績のフィルターを通じて評価してしまうようになったせちがらさが大きな原因ではないだろうか。

レーヴィ先生は、進取の気性に富んだ人で、あのアレキシス・カレル（第3章参照）が開発した、当時「たいていの人が単なる物好きと考えて」いた細胞培養法を導入して多くの論文を発表し、この領域の黎明期に足跡を残している。

ファシズムの嵐――研究への熱き思い

医学部を一九三六年に卒業したレーヴィ＝モンタルチーニは、神経学と精神病学を専攻する。しかし、そのころからファシストによる反ユダヤ・キャンペーンが始まり、一九三八年に制定された人種法により、正規の職業から追放されて研究ができなくなってしまう。一九四〇年の秋、トリノでやむなく〝もぐり開業〟をしていたレーヴィ＝モンタルチーニの「心の弦を弾いて」くれたのは、科学の神ではなく、アメリカから帰国したばかりのあまり親しくない友人であった。

研究についていろいろ尋ねてもレーヴィ＝モンタルチーニが何も答えないのに業を煮やして「一度壁にぶつかって挫けるような人間じゃだめだよ。小さな実験室をつくって、やめていた研究に取りかかるんだ」と怒ったように言ってくれたのだ。世の中、ありがたいものは良き師匠と友人だ。

その言葉に奮い立たされるように、わずかな器具しか必要としない実験とはいえ、なんと一人自宅でニワトリの神経発生の研究を再開した。そして、後には近郊の丘陵に小さな研究室を作ってしまう。

そのころのある日、家畜用車輛の上で素晴らしい景色と乾草の匂いを満喫しながら、レーヴィ先生からもらったヴィクター・ハンバーガーの神経「誘導因子」についての論文を読んだ。そして、「あの夏の日の昼さがりの、貨車の中に漂ってきた乾草の匂いと切り離すことができない」決意をし、ハンバーガー論文と同じような実験を開始する。

簡単な装置と顕微鏡観察だけの実験であったが、神経細胞の生存と成長には栄養因子が必要であるという、ハンバーガーの論文とは違った結論を得た。その内容は、ユダヤ人が投稿できなくなっていたイタリアの雑誌ではなく、ベルギーの学術雑誌に発表した。

レーヴィ゠モンタルチーニの自伝には、「論文を乾草の匂いの中で読んだ」というような、ちょっといい感じの思い出話があちこちにちりばめられている。実験材料であるニワトリの受精卵は「うちの赤ん坊たちのために」と頼むと農家から手に入れることができたそうだが、やはり戦時下のこと、実験に用いた後はいつも料理をして食べていた。兄のジーノは卵料理が大好きであったのに、その卵が実験材料であったと知った日からいっさい食べなくなったといったことなども、愛情あふれる筆致で書かれている。

ムッソリーニが失脚し、ナチスがイタリアに侵攻した一九四三年、家族とともにパルチザンがくれた「一番まぬけなドイツの役人でさえ」だませないような幼稚な出来の偽造身分証明書を頼りに、フィレンツェで生活するようになる。一九四四年にフィレンツェが連合国に解放された後は、医師として避難民の医療と看護に当たった。

そして、かつて医師になろうと決意させた人の死というものが、今度は医療からの決別をもたらした。二〇歳になったばかりの美しい娘の死に直面し「しみじみと自分の無力を感じ」てしまい、「患者の苦しみを正視する、医者としての超然たる態度が欠けており、どうしても、医者と患者の双方が深く傷つくほど感情的に溺れこんでしまう」レーヴィ＝モンタルチーニは、もう医業を営むまいと決意する。

アメリカへ——不安と解脱

一九四五年には、トリノ大学で研究に復帰したレーヴィ＝モンタルチーニであるが、「一体どうしたら自分に課した複雑な問題に取り組むことができるか、ましてやそれをどう解決したらよいか、まったくわからない」状態になり、かつて小さな実験室を作った情熱を取り戻すことができなかった。非常な困難の中では熱心に取り組めて小さな成果にも喜べた研究であるが、平和な時代になり意欲を失ってしまったのだ。

しかし、幸運なことに、昔一人っきりの小さな研究室から発信しておいた論文が、ワシントン大学のハンバーガーの目に留まり、アメリカへ来て一緒に実験しないかという手紙を受け取る。そして一九四七年、分子生物学の研究においてインディアナ大学で業績をあげ続けていたルリアの研究室へと赴く同級生ダルベッコと同じ船で、シカゴへと旅立った。

アメリカに渡る前から、実験神経発生学の研究を続けることに不安を抱いていたレーヴィ＝モンタルチーニであったが、渡ってからもその不安はつのるばかりだった。自分の研究に悲観的になり、遺伝学や微生物学の方が有望だと思い、落ち込んだりもした。そんなとき、ダルベッコや一年先輩のルリアが精一杯励ましてくれた。しかし、悶々とした日々もそう長くは続かなかった。

自分の研究への不安は「当時用いられていた理論的技術的方法では、神経系発生のメカニズムを解明することはとうてい不可能だろうという確信」によってもたらされていることに気づいたのである。しかし、ある晩秋の午後、鶏胚の連続切片を顕微鏡で観察していて、神経細胞の移動が、「本能」と呼ばれている鳥の渡りや昆虫の移動と似通っているとひらめき、神経細胞が「個性」を持っていることに思い至る。

とっつきがたいと考えていた神経系の発生が、神経細胞の分配や細胞死、そして機能分化と関連した細胞の遊走、といったことから成り立っていると還元的に解釈づけることができたのだ。神の啓示を受けたかのように、「神経系という魅力はあるが地図のない迷宮に分けいる、細いけれども確かな一条の道が開けた」と感じ、悩みから一気に解放された。まるで、悟りを開いたかのように。

レーヴィ＝モンタルチーニは、科学の研究において成功するためには、知性の高さや、完璧かつ正確に仕事を遂行する能力だけが必須なものではなく、より大事なものがあるという。一つには、研究に没頭する能力。そして、もう一つには、立ちはだかる障害を過小評価する能力を挙げている。なるほど、科学者はある意味で楽観主義でなければならないのだ。ただし、下手をすると、単に考えが甘いだけになってしまうのが難しいのではあるが。

確かに「この二点によって、批判的で目先のきく人なら逃げ出してしまう問題にも、取り組むことができる」という教えは覚えておいたほうがよさそうだ。なにしろレーヴィ＝モンタルチーニの研究は、そのようにして進められたのだから。

神経成長因子の発見——着実な研究とセレンディピティー

気を取り直したレーヴィ＝モンタルチーニは、マウスの肉腫を鶏胚に移植する実験を開始した。そしてまたもや顕微鏡の観察だけから、肉腫の腫瘍細胞から放出される物質には神経に対する成長因子が存在することを確信する。レーヴィ先生は、そのようなものは考えられないと否定したが、学会では好意的に受け入れられた。次にこの現象を確認するため、かつてレーヴィとともに培養実験を行っていた研究者がいるリオデジャネイロに出向き、試験管内での実験を行った。

腫瘍の移植ではなく、腫瘍を移植された鶏胚から抽出された物質を培地に加えただけでも効果が認められた。この結果により腫瘍細胞から放出される成長因子が存在することは確認できた。一方で、予期せぬことに、正常なマウスの組織も成長因子を分泌しているというデータが出てしまった。

当時の〝常識〟では、腫瘍ではなく正常な組織が特殊な成長因子を産生して、その因子が特定の標的細胞に作用する、ということは想像もできなかったので、このデータはレーヴィ＝モンタルチーニを大いに混乱させた。しかし、悩み抜いた末、たとえマウスの正常組織に活性があったとしても、腫瘍細胞からの成長因子活性があることはまぎれもない事実なのだから、正常組織の効果はしばらくうっちゃっておくことにした。すなわち「障害を過小評価」して、腫瘍由来成長因子の研究を続けることにしたのだ。

南米を楽しく旅してシカゴに戻ったレーヴィ＝モンタルチーニの研究に、地味で謙虚な性格であるが、「一生懸命考える」という才能に長けた生化学者、スタンレー・コーエンが加わった。そして一年間の苦闘の後、腫瘍に由来する神経成長因子NGF（Nerve Growth Factor）と名付けた因子が、核酸とタンパク質の複合体からなる巨大分子であるというゴールにたどり着いた。

その結果を、DNA複製でノーベル賞を受賞するワシントン大学生化学部長のアーサー・コーンバーグに話したところ、核酸成分は単なる夾雑物かもしれないから、その

〝因子〟から核酸成分を除くために、核酸を分解する酵素活性を持っている蛇毒で処理してみればいいのではないかとの指摘を受ける。コーンバーグもレーヴィ＝モンタルチーニも気づかなかったが、その日、科学の神様は大きく微笑んでいた。

コーンバーグの示唆は間違えていた。なんと、蛇毒そのものにＮＧＦ活性があったのだ！　このセレンディピティーを、コーエンの大きなひらめきが追いかける。蛇の毒素を産生する蛇毒腺と、マウスの顎下腺が同じ働きをしているのではないかとの仮説で実験を進めたところ、まさに非常に高いＮＧＦ活性がマウスの顎下腺に存在した。

蛇毒よりもはるかに入手しやすいマウス唾液腺を材料に用いることにより、本当のＮＧＦを単離することができた。そのＮＧＦは試験管内だけでなく生体への投与でも効果があった。さらに、ＮＧＦに対する抗血清を新生仔マウスに投与してその活性を阻害することにより、ＮＧＦの発生過程における生理的機能も明らかになった。

ハンバーガーは、抗血清による実験結果が出た一九五九年七月一一日に「この発見の日付を覚えておくんだ。神経発生学の記念すべき出来事だ！」と驚喜して叫んだという。生命科学史上最初に見つけられた成長因子が、単に純化されただけでなく、優れてデザインされた実験により、その生理的機能までもが早い段階で正しく確認されていたことに、感動を禁じえない。

生物学研究のセンスというのは、天与のものなのか、身につけようと思ってもなかなか難しい。コーエンは生化学者であったが、生物学のセンスも素晴らしかった。このころ、抗血清の実験だけではなく、もう一つ、後に大きく花開く研究、上皮成長因子EGF（Epidermal Growth Factor）の発見へとつながる観察も行っている。

不純物を含む粗精製NGFを注射されたマウスは、生後に眼が開くのが早いこと、そしてその現象は、まぶたの表皮細胞が早く成熟するためであることを見つけだしたのだ。言われてみるとたいしたことはなさそうにも思えるが、なかなかこのレベルの観察眼を持つ人はいない。

レーヴィ゠モンタルチーニは、控えめなコーエンに、ある日「Rita, you and I are good, but, together we are wonderful.（リタ、君と僕とは悪くはない。でも一緒だと素晴らしくなる）」と言われて嬉しかったことをよく覚えているという。しかし、何ということか、研究費の削減によりコーエンは研究室を去らざるをえなくなり、その素晴らしい共同研究は終わりを告げた。

レーヴィ゠モンタルチーニは一九六一年にアメリカを離れ、その後は、イタリアとアメリカに研究室を持って、研究を進めた。そして、NGFの研究から約三〇年後の一九八六年、七七歳の時に、スタンレー・コーエンとともに、成長因子の発見により、ノーベル生理学・医学賞を受賞する。

二〇〇一年には、大統領により元老院の終身議員に任命され、科学研究予算を守るために決然と首相に挑んだりもした。そして、二〇一二年、最高齢のノーベル賞受賞者として、一〇三年の生涯を閉じた。

未完成の賛美――素晴らしき哉、人生！

「読者のみなさんがこの自伝から受け取っていただきたいのは、私自身の研究上の貢献の話などよりも、むしろ、一つの大事なメッセージなのです。それは、いかに困難な状況にあろうとも、情熱と完全な献身こそが最高の報酬をもたらしてくれ、挑戦に満ちた愉しい人生を与えてくれるということです」

レーヴィ＝モンタルチーニの自伝の日本語版への序文にある文章だ。その自伝には、母もさることながら父から強く受け継いだというレーヴィ＝モンタルチーニの「悪意を抱くことなく同情をもって他人を眺めたり、ものごとや人々を好意的に見たりする」性質が、そこかしこににじみ出ている。しかし、迫害を受けた者として、ファシズムに対する怒りはすさまじい。

一方で、家族を、友人を、そしてレーヴィ先生をはじめとする研究者仲間を語る文章は、愛情と尊敬に満ちている。おそらくレーヴィ＝モンタルチーニにとっては、ノーベル賞を受賞することなどよりも、生きていく間に出会った人たちと出来事の方がはるかに大事だったのだろう。ただ、あまり良くない評価をちょうだいしている研究者が一人だけいる。それは、レーヴィ＝モンタルチーニがアメリカに渡ったころにルリアの学生であった、あのジェームズ・ワトソンである。

自伝には、アイルランドの詩人イェーツの「The Choice（選択）」という詩から、『In Praise of Imperfection』というタイトルがつけられている。自分が達成したのは、「未完成なる人生と未完成なる仕事」と呼ぶべきものであるが、そのような未完成な形でやってきた活動が限りない喜びを与えてくれた、ということらしい。

「人生も仕事も完成レベルに見えますけど」とつっこみをいれたくもなるが、本人がおっしゃるのだからしかたがない。しかし、「完成よりは未完成こそが人間の本性になじむものだ」という言葉にはうなずける。未完成の間は成長していけるが、完成してしまえば、いや、完成したと思ったとたんに、堕ち始めてしまうのが世の常だから。

結構悩ましくも楽しいのが、それぞれの項のタイトルつけである。一つくらいは映画のタイトルからお借りしようと思いついたのはいいが、ロベルト・ベニーニの『ライフ・イズ・ビューティフル』にするか、フランク・キャプラの『素晴らしき哉、人生！』にするかで、さんざん迷った。全くどちらでもいいのであるが、収容所に入れられたイタリア人家族を描いた映画である前者にした。レーヴィ＝モンタルチーニの人生は、本当に、美しく、素晴らしい。

＊1　アポトーシス
多細胞生物の発生過程などで見られる、プログラムされた自発的な細胞死。

リタ・レーヴィ＝モンタルチーニ

RITA LEVI-MONTALCINI
1909 - 2012

1909　トリノに生まれる。
1930　トリノ大学医学部入学。36年に卒業。
1938　人種法により失職。
1940　自宅にて研究を再開。
1943　フィレンツェに移る。
1944　避難民の医療と看護に従事。
1945　研究を再開。
1947　シカゴのワシントン大学医学部へ。
1952　リオデジャネイロで共同研究。
1953　スタンレー・コーエンとの共同研究を開始。
1959　NGFの生理機能の発見。
1961　イタリアに戻り、研究所を開設。
1986　コーエンとともにノーベル生理学・医学賞を受賞。
2001　終身上院議員に任命される。
2012　死去。

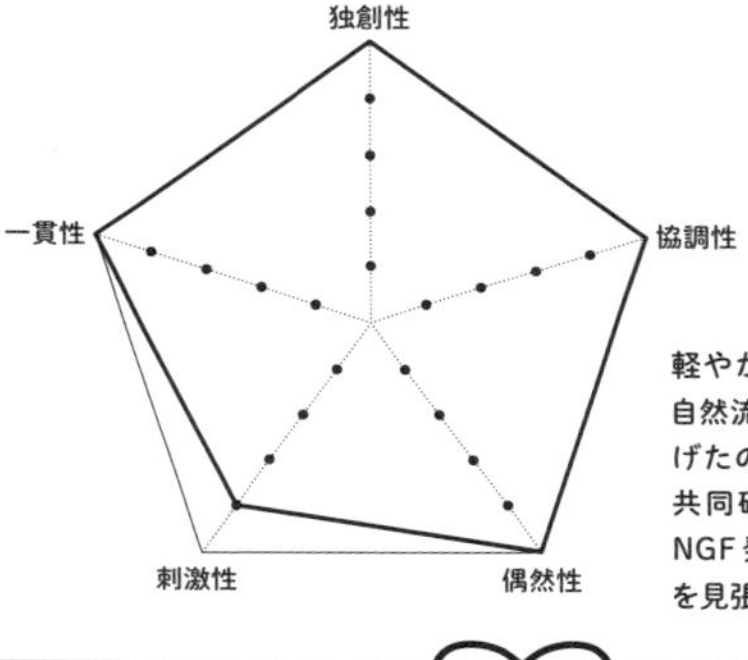

軽やかに、爽やかに、なんとも自然流に独創的な研究を成し遂げたのがすごい。コーエンとの共同研究でみせた協調性と、NGF発見における偶然性には目を見張るものがあります。

マックス・デルブリュック

ゲームの達人　科学版

Thinking about Science

完璧な研究をめざせ

研究する毎日、どんな人が身近にいてくれたらいちばんうれしいだろう。常に励ましてくれる同僚、信じられないくらい素晴らしいデータを出し続けてくれるスタッフや大学院生、適切な指針を与えてくれるメンター（指導者・助言者）、雑務をさくさくとこなしてくれる秘書、ほかにも、一日の終わりにお疲れさまと微笑みながら優しくマッサージしてくれるような超美人などなど、いろいろと思い浮かべることができる。

学生から教授まで、どのポジションにあったとしても、自分の研究を常に正しい方向に導いてくれる研究者がいてくれたらなにより心強い。しかし、そのような研究者は相当に懐疑的で批判的であるに違いない。

マックス・デルブリュックは科学を愛し、たぐいまれなる公明正大さと謙虚さと誠実さを持って、「執拗に疑問を浴びせて研究者たちを正しい実験へと導いていった」科学者である。どんなにいいデータを持って行っても、口癖のように「I don't believe a word of it.（僕はそんなことは一言も信じないね）」という答えしか返さなかったという。DNAの複製を見事に証明したメーセルソン－スタールの実験[*1]結果を見たときでさえ、同じ言葉をつぶやき、納得できるまで部下に超遠心機を回させた。心強いがちょっとしんどいサポーターだ。

デルブリュックは、厳密なディスカッションを行うことにより多くの研究者に影響を与え、サルバドール・ルリア（第3章参照）、ハーシー－チェイス実験のアルフレッド・ハーシーとともにファージ・グループを作り上げ、分子生物学を創造した科学者である。同時に、簡単そうで難しい「科学をあたかもゲームを楽しむように楽しむ能力」を持ち続けた科学者であった。

デルブリュックは自伝をしたためるつもりであったが、寿命がそれを許さなかった。弟子の一人とライターがインタビュー資料などをもとに伝記をまとめたのだが、その原題は『Thinking about Science』（邦訳『分子生物学の誕生』朝日新聞社）。

並の研究者とは次元が違う。科学のあり方を考え、ゲームのように新たな学問分野を切り開いた「個性の力というものがどれだけ科学の進歩を左右しうるかを示した一人の人間の生涯」についての物語である。

最も古い科学からの出発

デルブリュック家は、政治家や学者を輩出した文字通りの名門家系だ。母方も名門で、曾祖父の一人は「最小律」に名を残す化学者リービッヒである。

デルブリュックは一九〇六年、ドイツのベルリンに生まれ、隣人の学者たちに囲まれて育った。あまりの名門であったために、ぜいたくなことに、小さなころからいかにして立派になるかを思い悩んだという。一九二四年、高校卒業時にケプラーを中心テーマに講演を行うようになっていたデルブリュックは、ゲッチンゲン大学に進み、天文学を学び始める。

そのころ、ドイツの天文学が時代遅れになりつつあったのに対して、アメリカ生まれの理論天文学は勃興期にあった。英語がリンガ・フランカ（共通語）になる前の時代である。デルブリュックも指導教員も英語を十分に読みこなすことができず、理論天文学を十分に学ぶことはできなかった。

一方、ゲッチンゲン大学はマックス・プランクやヴェルナー・ハイゼンベルクらを擁し、理論物理学の牙城となりつつあった。天文学に見切りをつけたデルブリュックは一九二六年、正真正銘のドイツ語の学問である理論物理学へと転向する。しかし、その短い間に「人々と十分に話をする」、そして「Take home lesson」を大事にする、という終生変わらなかった二つの研究スタイルを身につけた。

一九二九年、英国のブリストルへ移ったときに、自らを英語漬けにすることにより三ヵ月で英語をマスターした。その直後ニールス・ボーアの研究所があったコペンハーゲンで半年過ごしたときには、キェルケゴールを読めるほどにデンマーク語を理解できたというから語学の才もすごい。

「馬鹿げた世間知らずと傲慢さ」のせいで学位の最終口頭試問に不合格になったり、学位論文が「基本的に新しいものは何もない」という内容であったりしたが、無事に博士号を取得する。そして、一九三二年、ドイツへ帰国する際に選んだのは、ベルリンのカイザー・ウィルヘルム物理化学研究所、後に核分裂を発見するリーゼ・マイトナーの研究室であった。

このころ、すでに生物学に興味を抱き始めており、カイザー・ウィルヘルム生物学研究所が近くにあることも、この選択の大きな理由の一つであった。量子論の基本的な概念がすでにできあがってしまったと感じ、計算がそれほど得意でなかったデルブリュックの「計算よりも考え」を重視したいという姿勢が、生物学への興味につながった。

学問の赤い糸

量子力学のコペンハーゲン学派の総師ニールス・ボーアは、一九二七年に、電子の波動的表現と粒子的表現のように、「一方だけを用いると他方の適用が許されず、両方を同時に考慮するとうまくいくような場合」を受け入れるために「相補性」という概念を考案した。これは、こういった対になる概念を相補性と呼びましょう、という哲学的な着想であって、DNAの相補性のように科学的に明確なものではない。ちなみに、ボーアの「相補性」概念を生物学に追い求めたデルブリュックであったから、二重らせんの「相補性」をワトソンに見せられたとき、あまりの単純さにばかばかしい思いを持ったという。しかし同時に、その美しさのとりこになってしまったという。

一九三二年、ボーアがわざわざデルブリュックに聞いてもらいたいと伝えた「光と生命」の講演がデルブリュックの将来を決定づけた。その講演において、ボーアは「生命は原子物理学には還元できないのではないか」という大胆な考えを提示したのだ。

何よりもデルブリュックを刺激したのは、ボーアの相補性という考えが生物学にまで拡大されて、「原子物理学と生命の間には相補的関係が成り立つかもしれない。その結果、量子力学におけるウェルナー・ハイゼンベルクの不確定性原理のような、何か生命についての不確定性原理が生まれることになるだろう」という予想であった。デルブリュックは、結局最後まで見つからなかったのであるが、以後ずっと、生物学における相補性を見いだそうと研究を続けることになった。

「ボーアとラザフォードが…(中略)…物理学で行ったことを生物学で成し遂げたい」と考え、「遺伝子の安定性と遺伝学の持つ代数的な性格が何か量子力学に親近性を持つように」思ったデルブリュックが選んだテーマは、放射線と突然変異の関係であった。

ショウジョウバエを用いた実験から、デルブリュックは二人の共同研究者と共に、「遺伝子突然変異の本質と遺伝子の構造について」というタイトルの論文で、遺伝子の突然変異の量子論的モデルを一九三五年に提示する。

この考え自体は、後に否定されることになるのであるが、二つの点で「成功につながる失敗」であった。一つは、突然変異を物理学の言葉で解釈しうることを示したこと、そしてもう一つは、二人の科学者を通じて、科学に大きな影響を与えたことである。

ほぼ同時に発表した宇宙線の突然変異におよぼす影響についての論文を*Nature*誌に発表できたのに対して、この論文は*Nachrichten der gelehrten Gesellschaften der Wissenschaften*という、ゲッチンゲンの「別刷りを送らない限りぜったい誰も読まない」雑誌に掲載された。しかし、別刷りの一冊は、ベルファストの結晶学者からアーウィン・シュレディンガーに渡り、その内容が『生命とは何か』（岩波文庫）に「デルブリュック・モデル」の名のもとに紹介され、広く知られることになった。

そして、この本に刺激された多くの物理学者が分子生物学に参入するのである。また、ローマに届いた別刷りが偶然にもサルバドール・ルリアの手元に渡り、分子生物学の創造につながったことは、ルリアの項（第3章参照）に述べたとおりだ。この二つの別刷りが引き起こした運命は単なる偶然なのだろうか、それとも、必然であったのだろうか。どちらにしても、ここでも科学の神様がいて、運命の赤い糸があったとしか思えない。

生物学の「原子」

この時代のドイツ科学は、ヒトラーとナチスの影響を抜きに考えることはできない。カイザー・ウィルヘルム物理化学研究所は、窒素固定法の開発と毒ガスの開発という、正邪二つの研究で知られるノーベル化学賞受賞者フリッツ・ハーバーが所長であった。というだけでイメージがわいてくるだろう。

デルブリュックは、このドイツという国家に翻弄されたユダヤ人科学者の追悼式典に出席している。デルブリュック自身は生え抜きのドイツ人であったが、反ナチス的な態度を取り続け、一九三七年ロックフェラー財団の支援を得てアメリカに渡り、パサデナのカリフォルニア工科大学に落ち着くことになる。

ウェンデル・スタンリーが一九三五年にタバコモザイクウイルスの結晶化に成功し、ウイルスが「生きている分子」であることが示された。ショウジョウバエ研究のハーマン・J・マラーはこの研究を受けて、「ウイルスと遺伝子は同一のものでなければならないという結論に達し、ウイルスは（遺伝子の）複製の研究を可能とさせる、長い間待ち望まれていた単純な系を提供するだろう」と論じた。

一方で、後にタバコモザイクウイルス結晶化のスタンリー、酵素の一つであるウレアーゼ結晶化のジェームズ・サムナーとともに、ペプシンの結晶化によりノーベル化学賞を受賞することになるジョン・ノースロップは、細菌に感染するウイルスであるバクテリオファージは生物などではなくチモーゲン[*2]的な酵素にすぎないという化学的反応説を打ち出していた。

一方、マラーによるショウジョウバエの研究から、遺伝子の変異が、個体レベルでの突然変異という現象を引き起こすことがわかっていた。しかし、両者の間は「量子飛躍」のようにかけ離れており、遺伝子そのものの研究に、ショウジョウバエは複雑すぎると思われていた。

「複製の問題を物理学との関係のなかで考え始めていた」デルブリュックは、「ウイルス粒子を目で見ることができるこんな単純な方法（溶菌実験）があることに完全に圧倒」され、バクテリオファージを「生物学の原子」とみなして、その研究に取り組むようになる。ルリアもそうであったが、一目でファージが遺伝子の研究に最適であると理解したのだ。

「バクテリア・ウイルスが非常におもしろいので、これから先一〇年をその研究に充てたい」と、ショウジョウバエからの転向を申し出るデルブリュックを、マラーの師匠であったカリフォルニア工科大学のトーマス・ハント・モーガンは積極的に支援してくれた。名人は名人を知る、ということである。

ファージ・グループの総帥として

当初は二年間で帰国する予定でいたデルブリュックであったが、ナチス政権のドイツには戻らず、一九四〇年、ナッシュビルのバンダービルト大学へと移った。そしてその年の一二月の末に、偶然にルリアと会う。もしデルブリュックがドイツに戻っていたら、ナチスを逃れてアメリカに渡ったルリアと出会うこともなかったはずだ。

ルリアもデルブリュックもファージの研究に没頭するのだが、同じ対象を用いていてもルリアは遺伝子そのものに、そしてデルブリュックはその複製にと、二人の興味は異なっていた。しかし、二人が考えついた戦略であるファージの混合感染法が、一九四三年ルリアの「ゆらぎテスト」（第3章参照）を導きだしたのだ。その同じ年、デルブリュックとルリア、そしてハーシーという「二人の敵性外国人と一人の社会的不適応者」からなる三人組、別名ファージ・グループが成立した。

一九四五年にコールドスプリングハーバー研究所で第一回ファージ講習会が開かれ、これ以降ファージ研究者が急速に増加していく。最初の参加者は、生物学の実験など見たこともないような物理学者ばかりであり、参加条件はファージの希釈を適切に行えるよう大きな数の計算ができることであった、というのが面白い。

デルブリュックを最も有名にしたのは、このファージ・グループの構築であり、そして、そのファージ・グループを成功に導いた最大の要因はデルブリュックのたぐいまれなる指導力であった。

その根本精神は「物理学でのコペンハーゲン精神を完璧に模した、開放的で協力的なもの」であったが、同時に「悪い科学を排除するために。批判は情け容赦なく行われ、それには限界を設けない」という雰囲気のものであった。

「一番大切な科学活動の一つは問いを発することだ」と考えていたデルブリュックは、非人間的とも思われる態度で「あなたの言っていることはさっぱりわからない。初めからもう一度やり直してください」と言ってセミナーを中断させたり、「これは私が聞いたうちで最低のセミナーでした」と言って部屋を出て行ったりするなど、破壊的な批判を加え続けた。正しくも恐ろしい。

しかし同時に、「人並みはずれた温かい、人間的で敏感な心」を持っており、お互いの交流や親密な個人的関係にも重きをおいていたという。京都大学人文研の京都学派も「人情　紙のように薄く、結束　鉄のように固し」と評されていた。強烈な個性が切磋琢磨するには、そのような足腰の強いグループというのが最適なのだろう。

かつて、血液学の泰斗、天野重安が述べたごとく「批判によって傷ついても、すぐ回復しうるような活発な学者のみが、その機構の中心にならなければならない」のである。多くの研究者が、挑発し続けるデルブリュックのそばにいるのはつらいことだったと述べると同時に、良い科学者になる手助けをしてくれたと感謝している。

ファージ・グループが誕生したちょうどそのころ、一九四四年にオズワルド・エイブリー（第3章参照）は、肺炎球菌の形質転換因子、すなわち遺伝子がDNAであろうということを報告した。ファージ・グループはこの発見を軽視してしまったという批判があり、その理由の一つとして、デルブリュックが生化学に疎いがために嫌っていたからではないかと言われている。

後年、デルブリュックはエイブリーの発見について「早すぎたために」あまり議論しなかったことを認めつつも、「それは論理的に早すぎたという意味であり、心理的にではなかった」と語っている。DNA分子がどのようなものであるかがよくわかっていなかった、すなわち「事実が欠けていた」時点では、勘案のしようがなかったというのだ。

歴史に〝もし〟はないというが、想像するのは面白い。もし、デルブリュックがいなかったら、あるいはデルブリュックが量子力学にとどまっていたら、遺伝子や複製についての研究は、間違いなく大きく違った形の発展を見せたことであろう。

おそらく、物理学者が序盤で大活躍する、本当の歴史がそうであったような爆発的な進み方はせずに、生化学的なアプローチから少しずつ進んでいったのではないだろうか。それとも、デルブリュックがいなくとも別の誰かが現れ、似たような物理学的アプローチで分子生物学として進化させただろうか。はたして、ルリアやワトソンやハーシーが、そして多くの物理学者が分子生物学で活躍するようになっていただろうか。妄想は尽きない。

ファージの後に

遺伝学では限られた種類のファージを用いた研究しか行わなかったデルブリュックであったが、一九五三年、ワトソンとクリックが二重らせんを発表した年に、新しいテーマ「ヒゲカビ Phycomyces」の胞子嚢胞の趨光性についての研究にとりかかった。光を感じるという特性から、ヒゲカビを「視覚におけるファージ」とみなした研究である。その転向の理由の一つは、遺伝学が物理学者の手を離れて分子をあつかう方向へ進み始めたことであった。

もう一つは「混雑は、気楽さと自発性を阻害する」という考えから、いつも周りに「流行《はや》りの研究は止めなさい」と忠告していたデルブリュックにとっては、すでに分子生物学という分野が混雑し始めてきたことであった。ヒゲカビ研究でも、ファージのときと同じように、新しくグループを作って研究を死ぬ前まで続けたのであるが、残念ながらファージ・グループのように大きな成果をあげることはなかった。ファージには遺伝子という実体がすぐ後に控えていたのに対して、ヒゲカビの研究は複雑すぎて直接的な物質的基盤に到達できなかったということだろう。デルブリュックほどの人であっても、研究テーマの設定は難しいのである。

第二次世界大戦中、故国にとどまらなかったことに対して自責の念を感じていたデルブリュックは、戦後、ドイツの科学者を助け続けた。その最も大きなものは、ケルンにおける遺伝学研究所の設立である。ドイツの旧態依然とした分野割りが遺伝学の成長を阻んでいると考え、「大学のモデルとなることができるようなものを打ち出せる」ことを目的に準備段階から運営にたずさわり、一九六一年から二年間にわたって所長を務めた。

そして一九六九年、ルリア、ハーシーとともに「ウイルスの増殖機構と遺伝物質の役割に関する発見」によりノーベル生理学・医学賞を受賞した。聴衆の多くに語りかけるために、ストックホルムでの講演をスウェーデン語で行ったデルブリュックであったが、賞金はいろいろな慈善団体に寄付し、それまで以上に公衆の面前に出ることは少なくなった。

「自分の成し遂げたことは他の人々のやっていたことと同じ程度のものであり、誰が受賞の対象となるかはむしろ運なのだ」と考えていたデルブリュックが、受賞を祝ってくれた人に贈ったのは平家物語の冒頭「祇園精舎の鐘の声　諸行無常の響きあり……」であった。さすがは教養人だ。その後「精神は物質から生まれるか」など、哲学的なことについての著作などを残し、一九八一年、多発性骨髄腫により亡くなった。

かつて研究の初心者だったころ、師匠の北村幸彦先生と話していたときに、研究というのはルールがあってないようなゲームであって、そのルールを作ることができるような研究が最高の研究であろうという結論に達したことがある。

ただ実際には、自分たちはこのルールでゲーム＝研究をやっていると思っていても、となりで勝手に違ったルールで遊んでいる輩がけっこういたりして、「こっちが〝リーチ〟って言ってるのに、横からいきなり〝ロイヤルストレートフラッシュ！〟って上がるやつがいる（©江弘毅）[*3]」ような局面の発生することがある。ありゃ、ずるいやんか、と思っても、あがったもん勝ち、みたいなところがあって、自分が従っていたルールを組み直すことが迫られ、困らされてしまうこともあったりするのだが。

デルブリュックは量子力学の「〝英雄時代〟が終ったあとにファージの遊び場へやってきた子供のような若者」であり、ファージ研究の場は「大胆な疑問を持った真剣な子供たちにとって、すてきな遊び場」であったと自ら語っている。ファージの定量法を確立しながら、ファージはチモーゲンのようなものであるというノースロップ説を否定する確信を得たデルブリュックは、ファージを「物理学の小道具」として利用するようになったのだ。そのゲームの小道具の扱い方はきわめてシンプルで「一個のウイルス粒子が入力であり、子孫の出現が出力」として扱おうというものであった。

また、デルブリュックは、ゲームに参加する人が混乱をきたさないよう、ファージ研究に人が集中する前の一九四四年に「ファージ協定」を用意し、グループのすべての研究者が同じ大腸菌株とその変異体、そしてＴ1からＴ7という七種類のファージを用いた研究に集中するよう強く主張した。

「良い研究者は自分の好奇心を制御しなければならない」と考えるデルブリュックは、この協定後は他の株で行われた実験データを見ようともしなかった。すてきな遊び場でのゲームのルールを単純化したことが、短期間に大きな成功をもたらす最大のファクターになったのだ。非常に還元論的なアプローチをとったわけであるが、相補性に重きを置くデルブリュックは、いろいろな現象が還元論的に理解されていくことを必ずしも好ましく思わなかったというのが不思議だ。

その遊び場を経験して、後にとてつもなく大きな新しい遊び場を作り出した二人のノーベル賞学者がいる。一人はレナート・ダルベッコ。デルブリュックに勧められて新しい着想をつかめるかどうかの旅に出たダルベッコは、三ヵ月間で動物ウイルスの定量が実現可能だという確信を持つに至る。そして、実際にその方法を開発し、腫瘍の分子生物学を大きく展開させていった。

一方、ダルベッコのように「おもしろくて夢中になってしまうもの」を見つけられなかったワトソンは、より生化学的な研究へと方向転換した。その理由は「マックスがとびきりの頭で考えるのと同じ路線をたどろうとすれば、重要なことはまったく何もできないだろう」と感じたからだという。すでにルールの決められたゲームに参加するよりも、新しくおもしろいゲームを作って人を集める方が魅力的であることは間違いない。

輝ける科学の黄金時代

『そして世界に不確定性がもたらされた』(早川書房)では、アインシュタインからボーア、そして一九二七年のハイゼンベルクの不確定性原理へと至る量子力学誕生の歴史を、誰がどの考えをどのように受け入れていったのか、そしてどのように進展させていったのか、という人間的なドラマとして詳しく書かれており飽きさせない。

科学の進歩が、哲学や人の考え方、社会のあり方にまで影響を与えたその時代は、間違いなく、科学にとっての黄金時代であった。その黄金時代がどのようなものであったのかを知りたい方は、デルブリュックが強く影響を受けたボーアの人となりやコペンハーゲン学派の雰囲気もよく伝えているこの本をぜひお読みいただきたい。

少し遅れてやってきたデルブリュックは、量子力学は山を越したと判断して生物学へと乗り込んだ。それも、大勢の物理学者を巻き込みながら。そして、分子生物学に黄金時代をもたらした。物理学から分子生物学へという研究者たちの大きな流れは、実際の歴史がそうであったためにたいした違和感を持つこともないのであるが、考えてみるととても不思議な動きであった。

分野融合が声高に叫ばれる今日であるが、新しいルールのゲームを作ろうとする人や新しいルールのゲームができたとして、今までのゲームを捨てて参加しようとする人がどれだけいるだろう。流行を追って、混雑する分野へとやみくもに突入する人はよく見かけるが、混雑を避けた上で大きな業績をあげていく人がどれだけいるだろう。

こういうことを書くと叱られそうだが、いくつかの理由から、日本人は特にそのようなダイナミズムに向いていないような気がしている。時代といえばそれまでであるが、労働集約的な研究になりがちな毎日、「考え」を重視し、新しいルールによるゲームが次々と誕生した時代がとてつもなく輝いて見える。

＊1　メーセルソン‐スタールの実験
マシュー・メーセルソンとフランクリン・スタールによる。ＤＮＡに放射性同位元素を取り込ませて超遠心機で分離することにより、ＤＮＡの複製が、もとのＤＮＡを鋳型にして半保存的に行われることを示した実験。

＊2　チモーゲン
酵素活性を持たない状態で合成される酵素の総称。他の酵素により修飾を受けることで活性化する。

＊3　『哲学個人授業』鷲田清一、永江朗著、バジリコ、二〇〇八年。

マックス・デルブリュック

MAX DELBRÜCK

1906 - 1981

1906　ドイツのベルリンに生まれる。
1924　ゲッチンゲン大学で天文学を学び始める。
1926　理論物理学へ転向。
1929　ブリストルへ。コペンハーゲン遊学。
1932　ベルリンのカイザー・ウィルヘルム物理化学研究所へ。
1937　アメリカへ。
1943　ルリアとの「ゆらぎテスト」。
1945　第１回ファージ講習会。
1953　ヒゲカビの研究開始。
1961　ケルン遺伝学研究所・所長。
1969　ノーベル生理学・医学賞受賞。
1981　多発性骨髄腫にて死去。

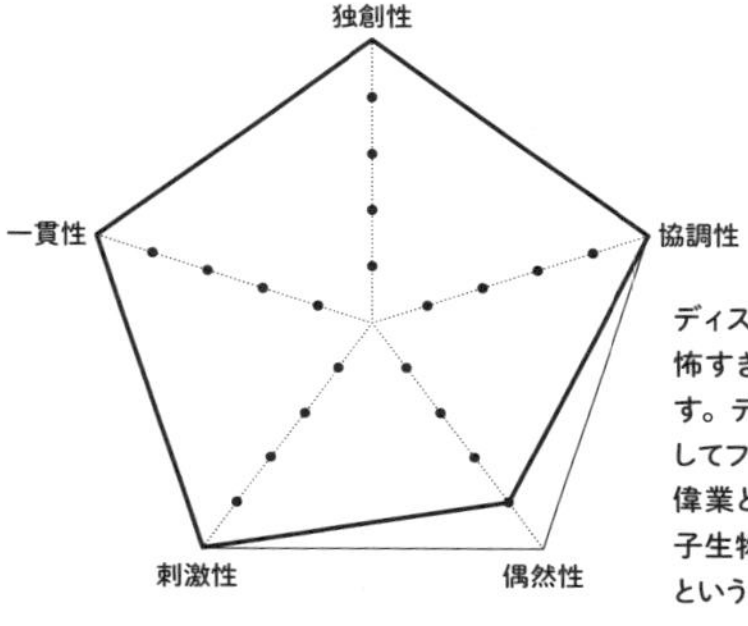

ディスカッションの相手としては怖すぎますが、刺激性は相当です。テーマの絞り込みと集中、そしてファージ・グループの構築は偉業といってもいいでしょう。分子生物学の歴史を作った人物だということがよくわかります。

フランソワ・ジャコブとジャン・ドーセ

フレンチ・サイエンティスツ

人生あっての科学

ほぼ同じ時代に活躍し、ノーベル賞を受賞した二人のフランス人生物学者、フランソワ・ジャコブとジャン・ドーセ。奇しくも、二人とも自伝を残している。ジャコブはジャック・モノーとともにオペロン説[*1]に名を残す分子生物学者、そして、ドーセはＨＬＡ[*2]を発見した移植免疫学者である。

二人の研究の進め方は対照的と言ってよいほど違うが、同じころに生まれ、第二次世界大戦に従軍、戦後それぞれの分野で大きな業績を残してノ

ド・ゴール、ファージ、そしてオペロン

アバンギャルドなオーガナイザー

ーベル賞を受賞、素晴らしい自伝を執筆、というういくつもの共通点を持っている。

ジャコブの自伝『内なる肖像』（みすず書房）は、八ヵ国語にも訳された文句なしの名著である。邦訳も素晴らしく、煌めく詩のような文章で幼いころからの思い出が綴られている。けっこうな大部であるが、科学者の伝記としては珍しく、研究についての内容はおおよそ三分の一程度でしかない。

ジャコブが「私は自分のなかに、子供の時分から彫りつづけてきた内なる肖像ともいうべきものをもっている。…（中略）…この肖像を私は生涯をかけてこしらえてきた。たえず手を加えてきた。精緻なものにしてきた。みがきあげてきた。彫刻刀やのみの役を果たすのは、ここでは出会いと相互関係だ」とする「内なる肖像」をあますところなく描き出した本である。

『内なる肖像』を哲学的な陰影に満ちた細密な肖像画とするならば、ドーセ自身が「幸運に恵まれた、という以上に、たまたま特権的な立場に身をおくことができた人間の人生を一巻にまとめたシノプシスだ」と語る『生命のつぶやき』（集英社）は、明るい色調の巨大なコラージュのようだ。

何ピースあるかわからない真っ白なジグソーパズルを、手探りで仕上げていくようにして全容を解明したHLAシステムの壮大な国際共同研究を中心に、画廊の経営、医学制度の大改革、そして、世界中の案山子をめぐる趣味の話が尽きずに湧き出してきて、語るどれもがフランス人らしいラテン気質を感じさせてくれる。

ご両人が何よりも素晴らしいのは、科学以外についても語るべき多くの内容を持っていることだ。どちらの自伝も、ノーベル賞学者でなくとも、たとえ研究についての内容がなくとも、時代を映し出す素晴らしい読み物になっている。この二人にとっては、科学はあくまでも人生の一部にすぎない。そう、科学あっての人生でなく、人生あっての科学、なのである。

ジャコブ　子どもの肖像からフランス自由軍へ

ジャコブは一九二〇年、フランスのナンシーにユダヤ人夫婦の一人っ子として生まれた。「祖父は私の理想であり、祖父を手本にしてすべてを真似ようとつとめたものだった」と言うほど、ユダヤ人として初めて将軍の地位についた母方の祖父の影響は大きく、算術をはじめ芸術や文学までも、この祖父から学んだ。ごく幼いころから文字や言葉に対する感覚が優れていたというだけあって、子ども時代の思い出が詳しく美しく描かれている。よくこれだけの細部まで明瞭に記憶していられるものだ。

七歳でリセ（中等学校）の初等科に入学したが、バカロレア（大学入学資格試験）までの一〇年間は教師の監視が厳しく「檻の一語につきる」というほど窮屈なものだった。そんな中で猛勉強をこなしながら、バカンスでの初恋や、ユダヤ人を理由にいじめる同級生との喧嘩などの経験を通じてビルドゥングスロマンさながらに成長していく。

祖父にあこがれ、ポリテクニーク（理工科学校）が第一希望であったが、その受験準備には「若者を屈服させ、画一化し、同じ鋳型に流し込む」ような教育をあと二年受ける必要があったことに嫌気がさし、医学部へ進むことにする。しかし、そこでの勉強は長くは続かなかった。

ドイツ軍のパリ侵攻が間近となった一九四〇年六月、友人と二人して、行き先もわからないポーランド船で密航したのだ。難民として収容されたイギリスで、シャルル・ド・ゴールが祖国のために自由フランス軍を編成することを知り、兵役を志願する。祖父にならって砲兵隊を志望するが、元医学生であったことから、強制的に衛生班に配属されてしまう。訓練を受けた後、「ゴシックの大聖堂の威風があった」ド・ゴールが率いる船でイギリスを離れ、北アフリカへと向かった。そして、コンゴからチャド、リビア、チュニジア、モロッコへと、戦闘と医療活動を行いながら北上していった。

そして一九四四年、あの戦車軍団の名将パットン率いる隊の衛生兵として、再び祖国の土を踏む。ドイツ軍との戦闘で、負傷した友人――同じ若い女をとりあったことのある友人――を見捨てることができずに寄り添っていたときに爆撃を受け、その友人は死にジャコブは生きた。負傷したジャコブは、あの戦争写真家ロバート・キャパの有名な写真が思い浮かぶ熱狂の連合軍パリ入城を病院のラジオで聞くしかなかった。そして、自身のパリ帰還は、ギプスに覆われたままという屈辱感にあふれたものになってしまった。

研究者に

祖国のために闘った若者に対する世間の目は「理想主義から命を落としにいく方を選んだ、好意はもてるが、あまり現実的ではない夢想家」という冷ややかなものであった。そのような状況だったから、「英雄的行為を生きた」と思っていたジャコブの日常生活への復帰も困難なものであった。

それでも医学生に復帰し、一九四七年には医師となる。しかし、右手の負傷のために外科医になるのをあきらめたジャコブは、医師業を営むわけでもなく、失意の中で、らちがあかないとわかりつつ、抗生剤の研究をしたり小さな製薬会社で働いたりした。

誰も、自分が研究に向いているかどうかなど、本当のところわかりはしない。ましてや、四年間も戦争でブランクがあり、さしたる研究成果もあげずに三〇歳を迎えようとしていたジャコブである。研究者になりたいと漠然と考えていたが、なかなかふんぎりがつかなかった。

しかし、自分と同じような境遇の人間が生物学の基礎研究に携わっているのを知り、決断する。運良くパスツール研究所で研究奨学金を得ることができたので、アンドレ・ルウォフの研究室を希望して何度も面会するが、断り続けられた。一九五〇年、最後のお願いに行ったとき、ルウォフはプロファージ[*3]について新しい発見をしたところで、相当な上機嫌であった。その研究をやるつもりがあるかと尋ねられたジャコブは、プロファージの何たるかも知らなかったにもかかわらず、「私がやってみたいのはそれなんです」と答え、研究室の一員になる。

タイミングと度胸のはったり、その二つがぴったりとあてはまり、「研究というものはまず嗅覚の問題なんです。けれど同時に執拗さと頑固さの問題です」というルウォフの研究室に居場所を得た。そして、科学以外にも文化の薫りあふれるルウォフの屋根裏部屋で、プロファージの研究に取り組むことになった。デルブリュック、ルリアのファージ・グループを通じてアメリカの科学にも触れ、遅まきながら、一九五四年に理学博士号を取得した。

本格的に研究を始めたころのジャコブの述懐を読むと、科学者という職業がどこまでも輝いて見える。「かぎりない想像とかぎりない批判的検討の世界。そこでのゲームはたえず可能な世界もしくは可能な世界の一部分を考えだし、それを現実の世界とつきあわせてみることだった。実験をするということは、自分の頭をよぎるあらゆる考えを飛翔させることであった」そして、ジャコブは、「未来に生きていた。あすの結果を待ちつづけていた。自分の不安感を職業にしていたのである」。

こんなに素晴らしい仕事が他にあるだろうか。とはいえ、現実はなかなかそうはいかず、厳しいものなのではあるが。

エロティック誘発、パジャモ実験からオペロン説へ

博士号を取得したジャコブは、エリ・ウォルマンとともに大腸菌の接合[*4]についての「緊密な共同作業」を始める。「二人の資質は補いあうものでも、対立しあうものでもありえた」というほど相当に違う二人は、プロファージを持っているオスの染色体がメスに伝達されるとファージの増殖が生じるという「エロティック誘発（接合誘発）」という現象を発見する。さらに、接合中の大腸菌をミキサーでひきはがすという「性交中断実験」から、オスの染色体がスパゲッティーのように順々にメスに伝達されていくということも明らかにした。この実験を行っていた三〜四年の間は「楽しくてしかたがなかった時期だった。興奮と陶酔の時期。だが、その思い出は固着してしまっている」という。

「毎日の研究の音や興奮」や「挫折した試みだの失敗した実験だのおぼつかない模索だのバカげた企て」や「見当ちがいの推論やら、迷いやら、骨折り損やら、ぬか喜びやら、自分や他人にたいする憤激やら」には愛着を感じるが、できあがってしまった仕事は「論理的すぎ、筋が通りすぎて、すっかり熱気が失せてしまった物語」に思えてしまう。そんなジャコブだから、結果が得られてしまうと、そのテーマには興味を失ってしまうのであった。

一九五七年には、いよいよ、ファージの研究を離れて、ジャック・モノーが長年取り組んでいたシステムである大腸菌の乳糖系代謝調節の遺伝学的分析に携わることになった。そして、サバティカル（研究休暇）でモノーの研究室にいたアーサー・パーディーと三人で行った研究、三人の名前にちなんでパジャモ（PaJaMo）実験と呼ばれる実験で、乳糖によるガラクトシダーゼという酵素の誘導は乳糖のレプレッサー抑制[*5]によることを見いだした。

一九五八年の夏のある日、つまらない映画をぼんやり見ていたジャコブに神が舞い降りる。一見、類似性が全くなさそうな二つの現象、接合誘発とパジャモ実験が本質的に同じものであるという天啓を得て、レプレッサーがＤＮＡに直接働きかけるに違いないと思いついたのだ。「偶然や夢だけが、それまで誰にとっても完全に別々だった二つの分野を結び」と語るジャコブ。まさに、「クリエイティブな思考をする人は、類似性（アナロジー）と異常性（アノマリー）をより高いレベルで捉える」ことができ、新たな高みへと到達できることを、如実に示している。（『セレンディピティと近代医学』中央公論新社）。

一ヵ月以上たち、ようやく、バカンスで留守にしていたモノーにこのアイデアを伝えることができた。そして、二人で、モデルの提案、ディスカッション、検証実験、モデルの再構築、が繰り返され、オペロン説が確立されていった。

ＤＮＡは遺伝情報の青写真であるだけでなく、タンパク質が結合することによって遺伝子が発現したりしなかったりする、というのは、今ではあまりに常識的な知識になってしまっているが、その概念は、たった二人の研究によって確立されたのだ。

周期律と同じように、本当に突出したオリジナリティーのある研究の成果は、あまりに急速に広く受け入れられ、すぐに教科書的な知識となってしまう。そのために、逆に、オリジナリティーがあったことがわかりにくくなってしまう好例である。

この研究によりモノーとジャコブは、ルウォフとともに一九六五年、「酵素およびウイルス合成の遺伝的制御に関する発見」でノーベル生理学・医学賞を受賞する。しかし、一九八七年に出版された自伝には、そのことは書かれていない。一九六〇年のクリスマスイブ、オペロンについての大論文「Genetic Regulatory Mechanisms in the Synthesis of Proteins（タンパク質合成における遺伝的制御機構）」を*Journal of Molecular Biology*に投稿し、リュクサンブール公園を散歩するところで筆がおかれている。もう済んだ研究には興味がないとでもいうかのように。

ドーセ　ドラゴン画廊の店主から医学改革家へ

ジャン・ドーセは、一九一六年、「とりわけどうということもないフランスのブルジョワ家庭」に生まれた。医師であった父の勧めに従って医学部へと進み、卒業後、とある伯爵夫人の募集に応じ、北アフリカの野営地での病院勤務につく。

モロッコでは捕虜の健康管理という退屈な仕事であったが、チュニジア戦線では戦傷兵のトリアージや輸血を行った。輸血の歴史は戦争の歴史でもある。戦争での経験が買われたのかどうかはわからないが、帰国後は病院の輸血センターに勤務し、新しい技術であった新生児交換輸血などに従事する。

戦後パリにおける文化の中心地であったサンジェルマン・デ・プレに、当時の夫人ニーナとともに、一九四六年、ドラゴン書店を開店した。この店は、アバンギャルド（いまや死語か……）関係の図書を扱い、ダダイズムの父トリスタン・ツァラがやってきたことなどから、次第にアート・ギャラリーへと変身していく。ドーセは、マーシャルプラン（欧州復興計画）の援助により医学を学ぶためにアメリカへと旅立ち、その間にドラゴン画廊は「シュルレアリスムから叙情的抽象の檜舞台」になっていく。後にニーナとの結婚が破綻し、ドラゴン画廊も人手に渡ることになるのだが、画廊の主であった五年ほどの間、多くの前衛芸術家たちと交流し、「自分が秘儀の世界へと案内されているかのような印象を抱きつづけていた」のである。

このような稀有な経験をした一流科学者の、芸術家と科学研究者の比較論は、誰しも興味があるところだ。ドーセによると「芸術家と同様、真の研究者は夢想する人」であり、「研究者も芸術家もともに『真理を啓示する』人」であって、「ともに事実を記述することにおいては同じであるが、芸術家のばあいには、その事実は潜在的なものであり、いっぽう研究者のばあいには、十全に現実的なものである、という点が異なっているだけ」であり、本質的なところ、すなわち「思考と想像力の力と豊かさという面」では、両者に違いはないという。

ジャコブとドーセは、研究テーマも所属も異なっており、両者にどの程度の接点があったのかはよくわからない。ジャコブの本にはドーセについての言及はないが、ドーセの本には、一ヵ所だけ「フランソワ・ジャコブは『内面の夢想』ということを言った。私はもっと散文的に、『研究者とは、もぐもぐと反芻しつづける人間である』と申しあげておこう」と書かれている。

ドーセは、反芻するかのように「目醒めていようが、まどろんでいようが、それどころか眠りに落ちていようが、問題のさまざまな与件を、意識的であれ無意識的であれ、頭のなかでたえずこねくり回しつづけないではいられない」のが研究者であるという。ジャコブも、夜も昼も考え続けたからこそ映画館でのひらめきが舞い降りたと語っている。同じようなことは数学者・岡潔も繰り返し述べている。分野を問わず、研究者にとって「夢想の反芻」が相当に重要なファクターであることは間違いなさそうだ。

ミシェル・フーコーの『臨床医学の誕生』（みすず書房）にもあるように、貧者のための医療施設というかなり特殊な始まり方をしたフランスの臨床医学は、その旧態依然な状況が戦後まで続いていた。アメリカ医学を目の当たりにしたドーセたちは、その時代錯誤を許すことができず、一九五五年に「医療と社会をめぐるドクトリンを前進的に構築していく」ために、「急進改革派医師の会」を旗揚げし、「病院を人間的な環境たらしめる」活動を開始した。

ドーセはその活動によって内閣官房に入ることを求められ、文部省で三年間をすごすことになる。好んで入った道ではなかったが、最終的には「人生はじまって以来の一大冒険」と振り返ることができるような、後の大統領ポンピドーから「真の革命というべきものであった」と賞されるほどの医学改革を敢行した。

HLAの冒険物語

ドーセが強調するように、HLA研究は「生物学にかぎらず、広く科学一般の歴史をふり返ってみても、こんなアヴアンチュールは稀有な例であったし、いまなお、例外的な出来事でしかありえない」のかもしれない。

輸血した白血球に対して抗体が出現することから、白血球にも赤血球のような「型」が存在することを見つけたのが一九五二年。画廊経営や医学改革に精を出していたため、それを発表するまでに六年もの歳月を要した。そして、そのころにはすでに、二人の好敵手が現れていた。それらの研究をあわせると、「白血球グループ」というシステムが存在することは明らかであった。しかし、そのシステムが単一のものか複数のものかはわからなかった。

この時代は臓器移植の黎明期で、移植免疫に対する興味が高まっていた。そのことが追い風になり、「ドナーとレシピエントのあいだの遺伝学的違いを最小限にすれば、臓器移植が実行可能になるということを証明」することが大きなテーマとなっていた。

その風をうけて、関係する分野の研究者たちが集まった第一回のワークショップが一九六四年に開催されたが、その結果は、「相異なる実験者ごとの結果のあいだに、相関関係がまったくあらわれなかった」という惨憺たるものであった。それでも「誰もが、目の前に膨大な研究と応用の領野が待ちかまえていることを確信していた」という。ドーセらのグループも、皮膚移植と白血球型の研究を精力的に推し進めた。

奇特なボランティアたちの協力を得て、白血球抗原の不適合性と移植組織拒絶に直接的な関係があることを明らかにできた。直径一センチとはいえ、他人からの皮膚移植術を、清潔とは言えないドーセの事務所で何度も受けてくれたボランティアがたくさんいたことには、ドーセならずとも感動してしまう。

わずか一年後のワークショップでは、他の研究者の結果もあわせて、白血球の型と組織移植の型は同一であり、その型が移植において決定的に重要であるということ、が証明された。さらに次の年のワークショップは、それぞれの研究者が勝手に名付けていた抗原の学術名をどうするかの「心理葛藤劇」の場となり、最終的に「HL-A」（後にハイフンがとれてHLAとなる）という名称に決定した。

一九七〇年のワークショップでは、テラサキプレートにその名を残す日系アメリカ人研究者ポール・テラサキの指揮の下、それぞれの研究者から提供された三〇〇種の抗白血球抗体について、なんと総数五〇万回以上の反応試験が行われた。結果として、ＨＬＡには非常に複雑な多型性[*6]があることが明らかになった。

この結果は、ＨＬＡが単に移植免疫に役立つだけでなく、その多型性が人類遺伝学研究のための素晴らしい道具になることも示していた。たとえば、『コンティキ号漂流記』（河出文庫）のヘイエルダールが唱えたイースター島原住民は南米渡来であるとする説は、ＨＬＡの多型性研究からあっさり否定され、ポリネシア由来であることが明らかにされたように。

第五回、一九七二年のワークショップの一つの目的は、ＨＬＡを用いて「人類の遺伝学的財産の忠実な見取り図」を作製することであった。実際に「全世界的規模の研究調査は、熱狂と相次ぐ発見の渦中で開催」され、分子生物学が導入されるずいぶんと前に「同一の基準にもとづいて調査研究された人類の全体像」が作り上げられたのである。

最も重要な結論は、それぞれの人種に固有なＨＬＡなどは存在しないこと、すなわち、人類みな兄弟であること、であった。これらの研究は「人種差別とか金銭的利害とかいったものは、その片鱗すらまじることはなかった」ものであり、「世界的な共同作業によってはじめて達成しうる研究のモデル」でもあった。

以後、免疫学的な自己・非自己という拘束性の発見、ＨＬＡによる抗原提示など、刮目すべき研究と並行してＨＬＡシステムが解明されていった。このあたりの内容については、日本の生命科学者が書いた本の中で間違いなく最高の一冊、今は亡き偉大な免疫学者・多田富雄先生の『免疫の意味論』(青土社)をぜひお読みいただきたい。

貢献と責任

そしてドーセは、「免疫反応を調節する細胞表面の遺伝的構造に関する研究」で、一九八〇年、ノーベル生理学・医学賞を受賞する。その自伝には、ノーベル賞のことには一言もふれていないジャコブの自伝とは対照的に、受賞に至るまでの話、受賞が決定したときのエピソード、そして受賞式前後の「高揚と疲労困憊の一週間」についても詳しく書かれている。

かつてドラゴン画廊の大得意であり、その財産である絵画コレクションをドーセに遺贈することになっていた一人の大金持ち女性も、この受賞を心から喜んだ。画廊の主というドーセの若いころの経験が、全く違った方向に活かされ、この女性の遺志により、CEPH(ヒト多型性研究センター)を設立することができた。

CEPHでは、ダニエル・コーエンとともに、HLA研究のために集めてあった血液サンプルを用いて、「ヒトゲノムの遺伝的地図」の作製に取り掛かる。この研究は、ヒトゲノム計画が策定される前、一九八四年に開始された先駆的なものである。ユタ大学のレイ・ホワイトらによるモルモン教徒の家族群とドーセらによるフランス家族群の解析をあわせた成果は、疾患遺伝子を探るための国際的準拠材料となった。

さらに研究は、より詳細な遺伝的地図の作製、全ゲノムをカバーするYAC（酵母人工染色体）ライブラリーの作製[*7]、へと進展し、「ゲノムについての知識が、人びとの健康に貢献できるようにするために不可欠の道具を創造すること」というCEPHの使命を全うさせていった。

HLAの大いなる多様性から「人間はひとりひとりが唯一無二の存在である」ということを体感したドーセが、「科学の責任のための世界運動」や国立倫理問題諮問委員会を通じて、倫理問題においても重要な役割を果たすようになったことは不思議ではない。人体実験ともいえる皮膚移植で移植抗原を同定し、臓器移植の進歩に寄与したのであるから、倫理に深く携わる権利もあるし責任もある。

倫理についての洞察から、「科学者は、当の社会から独立した存在ではありえず、社会との共犯関係を免れることはできない」という意味において科学者は社会に対して責任を負う。とする一方で、「科学の歩みを止めるということは事実上不可能であろうし、犯罪的ですらあるだろう」と強調する。そして、「無知は人を封じ込め、認識は人を解放する」という立場から導く「科学は人間を、その動物としての本性に由来するあらゆる苦しみ、あらゆる悲惨から解き放たねばならないという存在理由を背負っている」という結論には心からの拍手を送りたい。

科学の予見不能性

生命をどう定義できるかから始まり、進化そして文明論へと展開していくモノーの『偶然と必然』(みすず書房)は、生命科学者が書いた本の中でも名著中の名著と言っていい。私が大学に入学した一九七〇年代半ばには、大学へ入ったら読むべき本の一冊に挙げられていたほどである。

モノーの相棒ジャコブが八〇歳近くになって上梓した『ハエ、マウス、ヒト』(みすず書房)も劣らぬ名著だ。「確実に予見できる出来事がひとつだけある。それは、自分がいずれ死ぬということである」ことから論を興し、「科学的な研究は、どう進展するのかまったく予測できない終わりのないプロセスであり、予測不可能性は科学の性質に含まれている」ことを論じていく。その中で紹介されているド・ゴールの洞察力についてのエピソードは、私が知っている科学小ネタのうちでもベスト5に入るものなので、「以下、無用のことながら(©司馬遼太郎)」紹介させてほしい。

一九五八年、第五共和国大統領として復帰したド・ゴールは、予算を重点配分すべき分野を選択するために、一二の科学分野の専門家から報告を受ける。「たぶん、軍人というものは華々しい計画が好きだと思われるかもしれません。自分でも多少は技術用語が理解でき、観点を同じくし、展開と帰結と反響とが手にとれるような計画に弱い」と前置きした上で、「でもわたしはなぜか、得体の知れない分子生物学が気になるのです」と話し出す。

「わたしにはそれが何だかまったくわかりません。今後もわかる気遣いはないでしょう」としながらも、「しかし長い目で見れば、この分子生物学は予期しえない豊かな発展を遂げるのではないでしょうか。それはやがて生命現象に新しい光をあて、いまは混乱しているとしか思えないものを解明し、新しい医学を築く礎になるかもしれません。いまわたしたちに、その新医学がどんなものかはわかっていません。しかし、それは二一世紀の医学になるのではないでしょうか」と述べ、分子生物学を第一のテーマとして採用する。この未来を見晴るかすかのような卓見に驚かない人はいないだろう。あのド・ゴールのどでかい鼻はだてではない。素晴らしく鋭敏な嗅覚を持っていたのである。

ノーベル賞学者で免疫学者のピーター・メダワーが述べたように、学問研究が解決可能性のアートであるのに対して、政治は実現可能性のアートであることを示す好例だ。ド・ゴール好きのジャコブは、この判断を、自由フランス軍の創設という「あの洞察に匹敵するみごとなものである」と絶賛する。この逸話は「傑出した政治家がいかに科学の新分野の重要性を見抜き、その発展に寄与することができるか」を如実に示している。そのような政治家がわが国には存在しないのが残念でならない。

ひとりよりふたり、ふたりよりたくさん？

ジャコブは、分子生物学の黎明期の革新的な研究が、ビードル－テータム、ルリア－デルブリュック、ワトソン－クリック、メーセルソン－スタール、など、優れたデュオによって行われたことをあげ、「理論やモデルを練り上げるには、ひとりよりふたりのほうがずっといい」[*2]と言う。なかなか、そのような相方を見つけるのは難しいかもしれないが、たしかに、興味を共にする気のあった二人なら「研究自体のおもしろさは倍加する」し、アイデアのふくらみも速く大きくなり、無駄なアイデアの却下も容易になる。

これは研究だけではない。成功したベンチャービジネスの立ち上げにも、考え方の違った二人がいいとされている。「ふたつの異世界像をぶつけ合わせることに慣れた者同士の対話のほうが、内的独白よりずっと適している」のは間違いないし、それが、互いに名著をものすような高い言語能力を有したジャコブとモノーのようなペアであればなおさらである。

ジャコブは、オペロンの研究から哺乳類の初期発生の研究へとテーマを移すが、それ以降、大業績を上げてはいない。時代よりも早すぎたテーマに取り組んだだけかもしれないが、もしかすると、モノーのようなよきパートナーに巡り会えなかったからなのかもしれない。

ジャコブとモノーの研究は、いわば、モデルをデュオで研ぎ澄まし、そのモデルをドリルのように使って宝物を掘り探していくようなものであった。それに対して、ドーセの研究は、できるだけたくさんの人員を募り、データ（本当かどうかわからないデータも含めて）を片っ端から集めて地図を作り上げていくような作業であった。二人とも、それぞれのテーマに最適のスタイルにはまりこんだ、というよりも、最適の研究スタイルを構築したからこそ、素晴らしい研究を成し遂げることができたのである。

研究テーマが違うので、優劣というわけではないが、それぞれの方法論に長短はありそうだ。研究を開始するのはジャコブ型が容易であるが、誰と組むかの相性という難しさがある。ドーセ型は、運営の難しさはあるが、よきリーダーがいれば着実に進む。ジャコブがオペロン以降の業績にあまり恵まれなかったことと、ドーセがCEPHを成功に導けたことは、このような方法論の違いによるのかもしれない。神様がいたずらをして、ジャコブとドーセを入れ替えていたら、二人とも、これほどの業績を上げることはなかっただろう。これも想像してみると面白い。

ルウォフがプロファージの研究で興奮していなかったら、ドーセが伯爵夫人のお眼鏡にかなわなかったら、オペロンとHLAの物語はかなり違ったストーリーになっていたに違いない。誰にとっても人生は一回きりであるが、振り返ってみると、あそこで違った選択をしていたら、違った人生を歩んだろうという分岐点がたくさんある。沢木耕太郎が言うように「世界は『使われなかった人生』であふれてる」のである。

伝記は突出して成功した人の結果論的物語なのであるから、読むときには、とんでもない成功バイアスがかかっていることに注意しなければならない。偉人にとっては、いろいろな偶然が幸運に至るチェックポイントになっているが、多くの人にとって世の中そんな甘いものではない。研究でもなんでも、自分に適した環境に身を置いて自分に適した仕事をできるというのは、幸せなことだ。しかし、自分のやっていることが本当に自分に向いているかどうかは誰にもわからないし、向いた仕事をどうやって探していいかもわからない。そこをどうあがいて生きていくかが大事なのだ。

＊1　オペロン
遺伝子の発現に関与する、ＤＮＡの機能単位。遺伝子の発現制御に関与するオペレーターの部分と、実際にタンパク質の遺伝情報を持っている構造遺伝子から構成される。

＊2　ＨＬＡ
ヒト白血球抗原（Human Leukocyte Antigen）の略。いわば白血球の血液型であり、臓器移植における拒絶反応などに関与する。

＊3　プロファージ
バクテリオファージの遺伝子が、感染した細菌の染色体に取り込まれた状態。この状態ではファージの遺伝子は発現せず、溶解現象（二〇四ページ＊1参照）は生じない。

＊4　大腸菌の接合

大腸菌同士で、菌の間に接触が生じて、遺伝子が移動する現象。

＊5　レプレッサー抑制

オペロンのオペレーター部分に抑制因子（レプレッサー）が結合することにより、構造遺伝子を発現させなくする現象。*lac* オペロンでは、乳糖が存在しないときには、乳糖を分解する酵素であるガラクトシダーゼの発現がレプレッサーにより抑制されている。乳糖が存在するとレプレッサーの構造が変化してオペレーターに結合できなくなり、ガラクトシダーゼが発現し、乳糖が分解される。

＊6　多型性

個体によって異なる遺伝子の多様性をさす。ちなみに、ＨＬＡは非常に多型性に富む分子である。

＊7　ＹＡＣライブラリー

ゲノムの遺伝子を断片化し、酵母の人工染色体（yeast artificial chromosome: ＹＡＣ）に組み込んだもの。ＹＡＣは一〇〇万塩基という大きな遺伝子を組み込むことができる。

フランソワ・ジャコブ

FRANÇOIS JACOB
1920 - 2013

1920　フランス、ナンシーに生まれる。
1940　イギリスへ密航。自由フランス軍に志願。
1944　帰国。
1947　医師に。
1950　パスツール研究所のルウォフ研究室へ。
1954　理学博士号取得。
1961　オペロン説の発表。
1965　アロステリック効果の発表。
　　　ルウォフ、モノーとノーベル生理学・医学賞を受賞。
2013　死去。

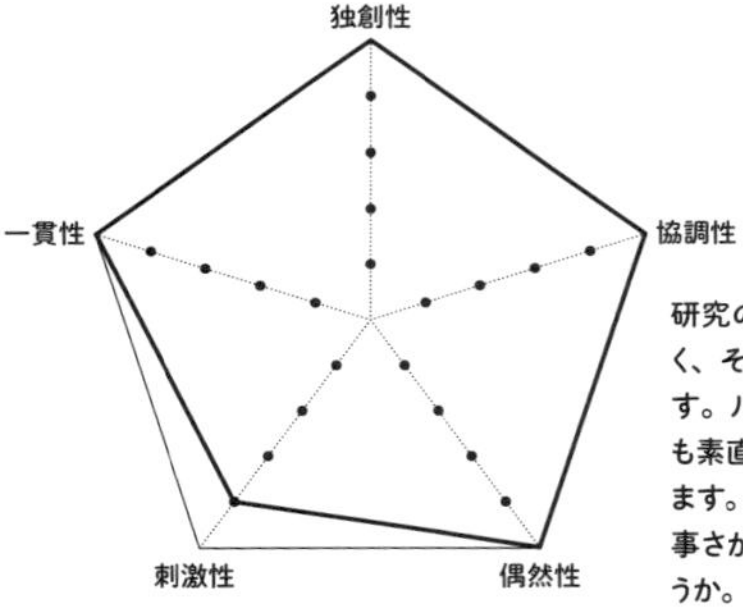

研究の進め方、結果、だけでなく、その生き方もかっこよすぎます。ルリアと同じく、ジャコブにも素直なあこがれを抱いてしまいます。いずれも、考えることの大事さがその基本にあるからでしょうか。

ジャン・ドーセ

JEAN DAUSSET

1916 - 2009

1916　フランス、トゥールーズに生まれる。
1939　イタリア北アフリカで従軍医師に。
1944　帰国。
1946　ドラゴン書店を開店。
1948　ボストンの小児病院へ。
1952　帰国。「白血球型」の発見。
1955　「急進改革派医師の会」旗揚げ。
1958　「白血球型」の報告。
1980　ノーベル生理学・医学賞を受賞。
1984　CEPH の開設、ヒトゲノムの遺伝的地図作製の開始。
2009　死去。

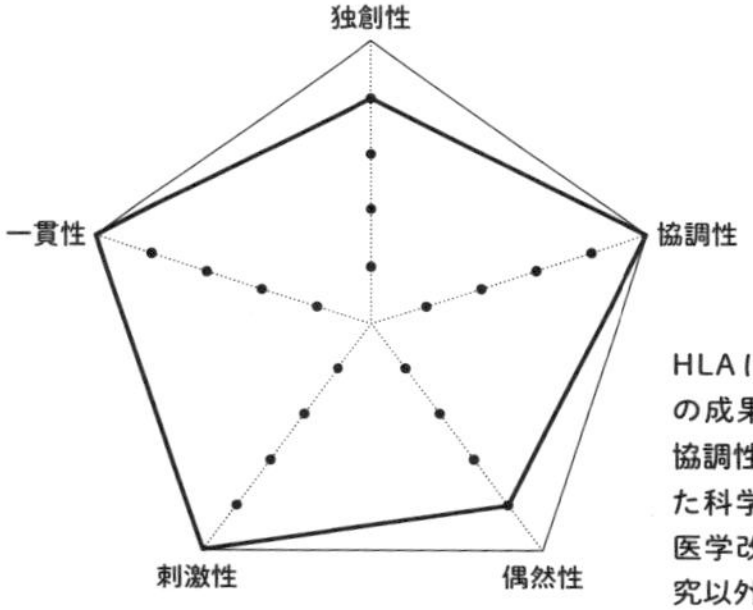

HLA について多くの研究者たちの成果をまとめあげていった。協調性という尺度では、とりあげた科学者の中で最高でしょう。医学改革とか画廊経営とか、研究以外での刺激性も抜群です。

北里柴三郎

本邦最高の医学者

北里vs野口 伝記対決

すこし古いけれど、朝日新聞が「この一〇〇〇年『日本人科学者』読者人気投票」というのを二〇〇〇年に行っている。政権支持率のようにランダムに選ばれた人の投票ではないのでバイアスはあるだろうし、一昔前の話なので今とは多少違っているかもしれないが、なかなか面白い結果である。

一位、二位は、まぁ予想通りというか、野口英世（第1章参照）に湯川秀樹。この二人で得票の六割近くを占めるのであるから、ぶっちぎりの人気である。次いで、平賀源内、杉田玄白、北里柴三郎、中谷宇吉郎、華岡青洲、南方熊楠、と続いている。なるほどというか、そんなもんかというか、ちょっと微妙なランキングではある。

モットーは「終始一貫」なのだが…

定義にもよるだろうが、平賀源内と杉田玄白を近代的な意味で科学者と呼ぶには無理があるので残念ながら失格としよう。そうなると、北里柴三郎は堂々の銅メダルに繰り上げ、生命系では野口に次いで二位、ということになる。

客観的に見れば、第一回ノーベル賞候補者にもなった北里の業績は、野口のそれをはるかに凌駕するものであるし、本邦において果たした社会的役割は野口の比などではない。しかし、人気あるいは知名度というのは、必ずしも業績や偉大さと一致しないのは世の常であり、北里よりも野口が格段に上なのである。

記念館も、猪苗代の観光名所・野口英世記念館に比べると、一度訪ねたことがある阿蘇郡小国町の北里柴三郎記念館は、さわやかな立地ではあるが、そうにぎわっているようではなさそうだった。出版されている書名で検索してみても、北里柴三郎の二〇あまりに対して、野口英世は約五倍、と、ほぼ人気投票と相関しているし、子ども向けの伝記の数になると野口の圧勝である。

『北里柴三郎――熱と誠があれば』（ミネルヴァ書房）などの伝記を読むと、野口ほどではないにしろ、北里の人生も波瀾万丈の立身出世伝である。しかし、野口に比べると、個々のエピソードも全体のトーンも何となく重々しい。これは、二人の生き方の違いによるのかもしれないし、二人が背負ったものの大きさによるのかもしれない。いずれにせよ、その重苦しさが、伝記の人気の違いにつながっているような気がしてならない。

北里に関する本には、小説仕立てであり、教科書風あり、といろいろある。しかし、あまりに内容が多岐にわたり、読んでもあまりスッキリ感のないのが残念だ。

熊本から東京大学、内務省へ

北里柴三郎は嘉永五年（一八五三年）、肥後国（現熊本県）北里村の庄屋に、九人兄弟の長男として生まれた。学芸を修めることを望む両親の方針により、八歳のころから家を出て勉強をはじめ、一八六九年には熊本細川藩の藩校時習館に入った。しかし、「長袖《ちょうしゅう》（医者）と坊主は尊敬に値しない」と考える柴三郎は武士になりたかった。

廃藩置県で時習館は廃校になり、両親の強い勧めにより、一八七一年、古城医学所、後の熊本医学校（現在の熊本大学医学部）に入学する。そこでのオランダ医師エルンスト・フォン・マンスフェルトとの出会いが北里の将来を決した。

マンスフェルトは、授業の通訳をしていた北里をとてもかわいがり、軍人か政治家になりたいという北里に対して、医学の面白さを説いた。そして、北里も顕微鏡で見た細胞・組織の世界に魅せられ、次第に医学に惹かれていく。熊本を去るにあたり、マンスフェルトは、医学を続けるには、熊本を出て東京の医学校で学び、さらに、ヨーロッパで勉強する必要があると伝えた。

その言を容れた北里は一八七四年に上京し、翌年、緒方洪庵の適塾出身者の一人である長與専斎が校長を務める東京医学校（後の東京帝国大学医科大学校）に入学した。北里は蛮カラを地でいく学生であり、同盟社という雄弁をものするための結社を作り、その長として活躍した。

このころから、統率力、面倒見の良さは抜群であり、その政治的傾向は学内の管理側にとって脅威であった。上京した弟の生活も見ねばならず、牛乳店で働くなど苦学生であったが、勉学にも励み、成績も中位を下回ることはなかった。

生涯「学術を研究してこれを実地に応用し、それによって国民の衛生状態を向上せしめる」と言い続けた北里は、一八八三年、卒業と同時に、局長に長與専斎、上司に後藤新平という豪華キャストの内務省衛生局に就職。よく、成績が悪かったから、あるいは、在学年数が長かったから大学に残らなかった、と言われているが、決してそのようなことではなかったらしい。ただ、熊本でもたもたしていたので、すこし年をとっていた、というのは事実である。

内務省では、最初、西洋の医療制度の調査や「医術開業試験」の仕事をしていたが、細菌学の研究を始めることになる。その師匠は、熊本医学校の同級生であり、三年先に東京帝国大学に学び、ドイツへの留学から帰国したばかりの緒方正規、後に「脚気菌の発見」という誤った発表をしてしまう因縁の緒方（第2章参照）、であった。

北里は、基礎医学研究を志して内務省に入ったわけではなかったが、長與の命により、森林太郎の親友、賀古鶴所らと一緒に細菌学の研究に従事することになったのである。

このころすでに、長崎でのコレラ患者から、ロベルト・コッホによって発見されたばかりのコレラ菌を確認、純粋培養に成功するなどの業績を上げている。

ドイツ留学

長與専斎は、細菌学研究のためのドイツ留学生として、ジョン万次郎の息子で、当時金沢医学校の校長であった中浜東一郎を推挙した。しかし、文部省だけでなく内務省からも人を出すべきであるという意見を受け、陸軍軍医総監で衛生局の次長も兼務していた石黒忠悳と相談、異例の二人留学として北里が追加された。

緒方の書いた紹介状をたずさえた北里は一八八六年、ベルリン大学衛生学教室・コッホ研究室の一員となる。実験器具の準備もすべて自分で行い、休みもとらずに働いたところは、野口と全く同じである。「用意周到、精密実験主義、実証主義」の上、「体力勝負」で研究に励んだ結果、最初はドイツ語の流暢な日本人という印象しか持っていなかったコッホをして、ドイツにも彼ほどの熱心な研究者はいないと言わしめるほどになっていった。

万国衛生人口会議への出席をかねて一八八七年に渡欧した石黒は、コッホの下の北里とマックス・フォン・ペッテンコーフェルの下の中浜を交代させようとした。しかし、研究が中断されてしまうことに反発した北里は、退官を余儀なくされてもいいという覚悟でこの命に背くことを告げる。

長與とも相談して決めたことであるからと命じる石黒との間に入ったのは、北里よりも年下であったが、大学では先輩であり、一年先にドイツに留学していた森林太郎であった。最終的には、北里に対するコッホの信頼が厚いことを知った石黒が、異例の命令撤回を行い、コッホの下での研究が継続された。

留学も三年を過ぎ、コッホの高弟の一人にまでなった北里は、破傷風菌毒素の研究をを続けるため、さらに二年間の留学延長を願い出る。当時の国力ではきわめて困難な延長であったが、長與の尽力、そして、駐独大使西園寺公望へのコッホの直訴などが功を奏し、天皇から御下賜金一〇〇〇円を拝受でき、留学が延長された。

「小官、不肖ナリト雖モ、一タヒ命ヲ奉シ衛生学中伝染病学科ヲ専修スル以上ハ、後日此学ヲ以テハ万国ノ学者ニ遅レヲ取ラスシテ共ニ併行スルノ点ニ迄我学力ヲ進捗セシメント日夜服膺勉励罷在候」[*1]という留学延期願いの下書が残されているとおり、さらに研究を進捗させ、万国の学者に遅れを取らず、どころか、完璧なまでに先んじる業績を上げることになったのである。

破傷風抗毒素の発見

破傷風菌は一八八四年に発見されていたが、純粋培養ができず、病原微生物と確定するためのコッホの三原則——疾患における病原体の存在、その純粋培養、培養菌接種による発症——を満たしていなかった。北里は、その難題にとりかかることになった。

当然、困難を極めたが、ある日、研究所仲間の下宿で、Eierstichという卵豆腐のような料理を作るとき、奥の方が固まっているかどうかを確かめるのに串を刺しているのを見てひらめいた。破傷風菌は体の奥の方で増殖するのであるから、固形培地の奥の方に接種してやれば培養できるのではないかと考えて実験を行い、実際にうまくいったのだ。

このことから、破傷風菌は「嫌気性菌」[*2]であると推し測った北里は、水素を用いた嫌気性培養装置を作製し、十分な破傷風菌を培養することが可能になった。この装置を前にした北里の写真が残されている。その北里は、自信満々、喜色満面といった感じではなく、謹厳実直、面目躍如、といった表情と風情である。

培養した破傷風菌を接種すると、確かに破傷風を発症するのであるが、その症状の原因となる組織、神経や筋肉、には破傷風菌が存在しない理由がわからなかった。そこで、破傷風菌が産生する何かが発症に関与していると考え、破傷風菌を取り除く「北里式細菌濾過装置」を考案し、その装置を二回通した破傷風菌の培養液をラットに注射したところ、破傷風と同じ症状を引き起こすことができた。すなわち、破傷風の症状は破傷風菌そのものではなく、破傷風菌の産生する毒素によることを見いだしたのである。

ここで終わらなかったのが北里の素晴らしく偉いところだ。次いで、破傷風菌毒素を少量から投与し、次第に増量していく、という実験を行った。この実験は、コカインなどの「毒」の場合、少量から摂取していけば、かなり大量に耐えられる、ということからヒントをつかんだとされている。実際に、症状を示さない量から次第に増量すると、致死量を超えた毒素でも発症しないことを確認した。

さらに天啓のような考えが、北里を真実の松明に導いた。この耐性が、単に毒素に対する「慣れ」によるものではなく、破傷風菌毒素に対して産生される何らかの物質によるものではないかと考えたのだ。そして、血液中には破傷風菌毒素に対する「抗毒素」が存在するということ、そして、それに基づいた破傷風の抗血清療法が可能であるということを明らかにした。

この超画期的な発見にコッホは驚いた。そして、当時多くの子どもの命を奪っていたジフテリアの研究をしていたエミール・フォン・ベーリングと共に、ジフテリア抗毒素の研究を行うように命じた。

その成果は、一八九〇年一二月、*Deutsche Medizinische Wochenschrift* 誌に、「Ueber das Zustandekommen der Diphtherie-Immunität und der Tetanus-Immunität bei Thieren（動物におけるジフテリア免疫と破傷風免疫の実現について）」として、ベーリングとの連名で発表された。この論文は図表もない二ページ弱の短いものだが、その大半は破傷風抗毒素についての内容である。その次の号には、なぜかベーリング単名で「Untersuchungen über das Zustandekommen der Diphtherie-Immunität bei Thieren（動物におけるジフテリア免疫の実現についての検討）」と題した論文が発表された。

このような経緯であったにもかかわらず、ベーリングだけが「ジフテリアに対する血清療法の研究」で、一九〇一年、第一回ノーベル生理学・医学賞に輝いた。

北里ではなくベーリングのみが受賞したのは、ジフテリアの方が破傷風よりも病気としての問題が大きかったこと、抗血清療法がジフテリアにおいてとりわけ有効であったこと、また、人種的な問題があったこと、などが挙げられているが、その真相はわからない。

しかし、後年、コッホが志賀潔に「当時自分のもとでベーリングがヂフテリアの免疫に就いて研究していたが、常に北里の破傷風の研究に導かれて漸次進捗した。今日有効な血清療法のあるは北里の破傷風研究に基づいている」と語ったように、抗毒素研究のオリジナリティーは完全に北里のものだった。

伝染病研究所の設立

これらの業績により、外国人として初めてプロシアからProfessorの称号を受け、ケンブリッジ大学やペンシルバニア大学などからも招聘を受けた柴三郎であった。アメリカからの条件は、研究費年間四〇万円、報奨金年間四万円という破格のものであったが、下賜金を天皇陛下からいただいていた北里は、「日本国への報恩」のため、一八九二年五月に帰国する。しかし、その北里を迎えた母国の態度は必ずしも温かいものではなかった。

一つの理由は、脚気病原菌説の否定であった。一八八七年、オランダのペーケルハーリングが脚気の原因菌を発見したと発表した。その論文がおかしいと思った北里は、追試を行い、ペーケルハーリングの研究を否定した。そのペーケルハーリングは、自分の誤りを正してくれたと、直接、北里に礼を述べたという。

しかし、悪いことに、一八八五年、緒方によっても、脚気病原菌説が報告されていた。そのことを知ったコッホの弟子にして緒方の師でもあるレフレルに勧められ、北里は、一八八九年、中外医事新報に「緒方氏ノ脚気『バチルレン』説ヲ読ム」と題した文を発表し、脚気病原菌説を批判する。その結果、友人であり細菌学の師でもあった緒方の論文を否定したというので、集中砲火を浴びることになった。

緒方が教授であった東京大学の総理、加藤弘之は「師弟の道を解せざる者」として批判し、脚気病原菌説派の森林太郎は「先輩タル緒方博士ニ対シテ憚ルサマモナクオノガ意見ヲ述ベシヲ恩少ナシトモ云ヒ徳ニ負ケリトモ云フ人アレド、コハ必シモ然ラズ北里ハ職ヲ重ンゼントスル餘リニ果テハ情ヲ忘レシノミ」とまで煽り立てた。さすがの北里も堪忍ならず、これに対して「情に二様あり。一つを公情となし一つを私情とす。或場合においては公情を以て私情を制せねばならぬことあり」と反論している。科学的には明らかに北里に分があるのだが、いかんせん、多勢に無勢であった。

一八九〇年にベルリンの国際医学会での邦人懇親会に出席した際の北里は、「傲岸不遜の挙動は満座を呑み尽さずんば歇まざる勢を示し」ており「本邦政府の非を鳴らし、本邦大学の無能を罵倒し、満座を無視して余す所無き」ような状態であったという。脚気問題での理不尽な攻撃を受けたことを差し引いても、北里の態度にも問題はあったようだ。

帰国した北里をトップに伝染病研究所を作るべきである、という案が持ち上がったのは当然のことだ。内務省からも文部省からも案は上がったが、内務省には金がなく、文部省となると大学内の設置にせざるをえないので、東大からの反発があった。困った長與は、適塾の同窓であった福沢諭吉に相談を持ちかける。

「学者の後援は自分の道楽である」という福沢は、「優れた学者を擁して無為に置くのは国辱である」として、私財をもって研究所の土地と建物を提供し、一八九二年暮れ、長與が副会頭を務める大日本私立衛生会付属の組織として、芝公園に伝染病研究所が設立された。

そのころ、文部省と東京大学は、新しい伝染病研究所の建設を計画しており、北里も意見を求められ、「文部省所轄ノ伝染病研究所ニ入ル業務ヲ執ルコトハ到底出来不申、否小生ノ好マザル所ニ候」と返事を送っている。結局このプランは廃案となってしまい、北里と文部省・東大の溝はさらに深まることになった。

また、一八九三年には、福沢が土地を提供し、土筆ヶ岡養生園という結核専門病院を設立し、その運営を北里に委ねている。ツベルクリンは一八九〇年にコッホによって発見され、当時は、結核の治療薬として使われていた。北里のドイツにおける最後の研究は、ツベルクリンによる結核の治療であったし、帰国後もその研究を継続していた。その北里が率いる結核の病院であるということで、相当に繁盛した。福沢は、将来を見越し、伝染病研究所の経営基盤としてこの病院を作ったのであるが、さすがは独立自尊の人、けだし慧眼であった。

ペスト菌「発見」

黴菌を撒き散らすなどという住民の反対を乗り越えて、伝染病研究所は一八九四年二月、愛宕町の内務省の土地に移転する。同じ年の五月、香港でペストが発生し、日本への感染拡大を恐れた政府は、北里と青山胤通を派遣する。

青山は、北里よりも六歳年下であるが、一五歳で大学に入学したため卒業年度は一級上。ヨーロッパ留学後二九歳で日本人初の内科教授として就任し、後に二〇年近く東京帝国大学医科大学校長を務め、「帝大の青山か、青山の帝大か」と言われたという東大一直線の大先生である。

学生時代、教授の質問にうまく答えられなかった青山を少し笑った北里に腹を立て「手に持って居た大腿骨の頑頭で、振り向き乍ら、北里君の頭を打たんとしたことがあった」というエピソードが残されている。また、「其一旦憤怒あるや、虎豹の如く、殆ど近づくべからず」というから、たいがい恐ろしい人であったようだ。

青山が解剖、北里が細菌学的解析という分担で研究を行い、コッホの三原則を満たすペスト菌を発見し、英国の医学雑誌*Lancet*に報告する。六月一二日に香港到着、一四日に調査を開始、一八日には病原菌を確定、という超早業であった。数日遅れて、フランスから派遣された、コッホのライバルであるパスツールの弟子アレクサンドル・イェルサンもペスト菌の同定に成功した。

「今度は生きて還れぬかも知れないが、研究だけは立派になし遂げなければならないと非常な決心で出かけ」た青山はペストに罹患してしまい、文字通り生死の狭間をさまよう。福沢は「北里を殺してはならない、学問のために大切な男だ」と、内務省に帰国電報を打たせる。しかし、北里はその命に反して、青山が「快方に向かうまでの三週間、治療とその慰撫に努めた」のである。この間、森林太郎は、北里の業績ばかりが褒めそやされるのが気に入らなかったのか、北里を軽視し、ペスト菌の発見は青山あっての顚末であると論評している。

後に、このペスト菌同定をめぐって、北里の同定したペスト菌とイェルサンが同定したペスト菌が同じであるかどうかという真贋論争が持ち上がる。細菌分類の基本であるグラム染色の結果を、北里が明言していなかったことなどが原因である。

緒方正規、森林太郎や中浜東一郎らは、ここぞとばかり執拗に北里への攻撃を繰り返した。形態的な記述から、おそらく正しく同定していたと思われるのであるが、攻撃を受けた北里自身が「エルザンの言ふ所の原因が正しいものと云ふことを躊躇せずして同意を表するものであります」と表明し、ようやくおさまった。ペスト菌の真の発見者が北里かイェルサンか、というのは難しいところがあるが、ペスト菌は、イェルサンの名前をとって、*Yersinia pestis* と命名されている。

志賀潔

志賀潔は、ペスト菌発見の報告演説会に感動し、北里に入門し、最初の研究として、東京で大流行した赤痢の原因菌同定に取り組んだ。志賀の熱心さは、下宿を引き払い、研究所の片隅に自分用の寝床を作って実験に集中したというから、尋常ではない。

その努力が実り、一年足らずで赤痢菌を発見する。その結果は一八九七年、創刊すぐの日本細菌学会雑誌に、翌年にドイツの雑誌 *Zentralblatt für Bakteriologie* に報告された。「私のこの最初の赤痢研究は北里先生の懇切な指導の許に成されたものである。私は大学を出たばかりの若僧だったから、先生の協同研究者というより、むしろ研究助手というのが本当であった」「赤痢菌発見のてがらを若僧の助手一人にゆずって恬然として居られた先生を、私はまことにありがたきものと思うのである」[*3]と志賀自身が書いているように、共著の論文で当然であったが、志賀が単独著者として報告されている。北里は、研究者としての度量、人間の器量が違うのである。

赤痢菌すなわち *Shigella* に名を残す志賀は、いうまでもなく、日本の生物学でも突出した研究者の一人である。先の朝日新聞アンケートでも一五位にランキングされている。

一八七一年仙台に生まれた志賀潔は、中学校では「荒城の月」の作詞者・土井晩翠と共に学び、第一高等学校から東京帝国大学医学部へ進み、一八九六年、卒業後すぐ伝染病研究所に入所した。

一九〇一年には渡独してコッホの高弟パウル・エールリッヒに師事し、原虫であるトリパノゾーマの化学療法の研究に従事。再度の留学を経て、慶應義塾大学教授、京城帝国大学総長を歴任し、一九五七年に亡くなっている。

土門拳の『風貌』という写真集で、だれもの印象に残る写真の一つは、まちがいなく志賀潔の写真だ。数ある写真の中で、唯一、みすぼらしいのである。一九四九年、撮影に訪れた土門は、ぼろぼろの畳に、障子紙のかわりに新聞紙が貼られた部屋に住む、〝赤貧洗うが如き〟生活に驚きを隠さなかった。その写真がすごい。フレームを紙で修繕したメガネをかけた志賀の顔がページいっぱいに広がっている。

戦争中に妻と長男、三男を亡くし、空襲で一切の財産を失い、郷里に近い海岸の草屋で、研究とも社会ともほとんど没交渉な生活に陥っていた。偉大な学者なのにあまりの窮状である。「私の信条」、「若い人達に――吾が生涯を顧みて」、そして、運が良かったということがしつこいほどに繰り返されている「赤痢菌発見前後」、など、このころに志賀が書いた随筆をまとめた『或る細菌学者の回想』（日本図書センター）は、どの内容も謙虚にして煌めき、人生や科学に対する示唆に富んだ本である。控えめに言っても感動に値する。

「私の信条」では、「自分の仕事と社会との関係」について尋ねられ、「これに対する私の答はすこぶる単純である。自分の選んだ学問を通じて皇国の弥栄《いやさか》と人類の福祉とに貢献すること。それだけである。しかして自分の五十年の仕事は貧しいながらそのための捨石にはなり得たであろう。これが私の自らひそかに慰めとするところである」と答えている。貧しくとも、志賀の精神性はあくまで高かった。

紹介したくなる文章ばかりなのだが、もう一つだけ。「研究の途上でつまらぬ取り越し苦労は無用である。…（中略）…『この秋は風か嵐か知らねども今日の務めに田草とるなり』…（中略）…。ただこつこつと科学する事。これ自らに与えられた天職と心得るべし。先人の偉大な業績ももとをただせば、粒々辛苦の小さな仕事が積み重ねられて出来たものである。コッホ然り、エールリッヒ然り。北里柴三郎、野口英世また然り。自ら信ずるところ篤ければ、成果は自らに到るべし」何と素晴らしい言葉が、それを語るにふさわしい人によって語られていることか。

北里は、もちろん先に亡くなっており、志賀の晩年の貧困を知る由もなかったのであるが、貧困つながりで、北里の人柄を物語るエピソードがある。

明治時代、イギリス医学に傾きかけていた情勢をひっくりかえし、ドイツ医学の導入を決めた相良知安は、後に文部省医務局長まで務めたが、「妥協を知らぬ鋭角的な性格」が災いし、晩年は裏店で遊女相手の占い師に身をやつしていた。北里は、直接に恩恵を受けたわけではなかったが、その相良に恩義を感じており、年に何度かは金品を持って訪れ、無聊《ぶりょう》を慰めたという。恩義に篤い人情家である北里の性格をよく表している。

エピソードとスキャンダル

いまさらではあるが、伝記というのは、個人のエピソードを年次的あるいは項目別にまとめあげたものである。エピソードを『広辞苑』でひもとくと、「ある人や物事の、まだ世人に知られていない話。逸話」とある。『Cobuild英英辞典』でひくと、もう少し詳しくて、「if you want to suggest that it is important or unusual, or has some particular quality」とあって、なるほど、大事かとんでもないこと、または特別の価値を持つ話のことか、と、より納得させてくれる。

一方、スキャンダルとなると、『広辞苑』では「名誉を傷つけるような不道徳な事件。不名誉な噂。不祥事。醜聞」と、とりつくしまもないような定義であるが、『Cobuild』ではもうちょっと愛想があって「A scandal is a situation or event that is thought to be shocking and immoral and that everyone knows about」と、衝撃的で不道徳で、なおかつみんなが知っている出来事、と、わかりやすい。

世界中のスキャンダルをまとめた海野弘によると、「スキャンダルとはころぶこと」[*4]である、と、もっとわかりやすい。そして、スキャンダルの成立にはそれだけではだめで、第三の要素、「観客、すなわちスキャンダルを見ている人」、早い話が私のような下世話なことを好きな人、が必要である。

何と言われようと、好ましいエピソードばかりの伝記というのはちょっとばかり退屈なのであって、腰が抜けそうになるスキャンダルの一つや二つが盛り込まれて、それがあっても、やっぱり偉い人は偉いのだ、といった内容があらまほしい。

北里の科学的業績として刮目すべきことはすでに書いたとおりで、この後は、生物学とはあまり関係のない話になる。そこらは紹介せずに一巻の終わり、でもいいのだが、勝手にとはいえ、私的に日本最高の生命科学者と認定する北里の全貌を知るには、そのあたりのことも語っておきたい。ということで、二つのエピソード、コッホの来日と伝染病研究所の移管問題、そして、芸妓をめぐる二つのスキャンダル、について紹介していく。伝染病研究所移管問題は、北里にとってはエピソードだが、青山胤道をはじめとする東大側にとってはスキャンダル、あるいは、もしかすると北里によってスキャンダルに仕立てられてしまった出来事、と言えなくもない。

「終始一貫」をモットーとした北里であるが、これらの話をあわせて考えると、何とも言えぬつかみどころのなさが垣間見えてくる。一方で、北里の弟子たちを中心に、北里を神格化するベクトル、こちらは一直線でわかりやすいが立派すぎて面白みに欠ける、がある。この二つ、つかみどころのなさとあまりの立派さ、が渾然一体となってしまっているところが、北里の生きざまがいまひとつすっきりわからない、そして結果として、業績と人間的器量の割にはいまひとつ伝記に人気がない理由なのかと思う。

コッホの来日

世界一周旅行の途上、北里の師匠ロベルト・コッホが一九〇八年に来日した。志賀潔の『或る細菌学者の回想』に収録されている「コッホ来朝の憶い出」という文は短いながらも、志賀の人柄がよくにじみ出ている。なかなか面白い文章で、コッホ来日について、多くの北里の伝記がこれを下敷きにしているようだ。

二人の再会を見ていた志賀は、「サイベリア号の甲板上、師弟相擁して袂別以来十有五年の久濶を叙した和気靉々たる光景は今なお私の眼前に思い起される。久しく相見えなかった最愛の門弟北里先生と固く手を握った時彼の謹厳な、コッホも莞爾として暫し言葉がなかった」と述べている。まるで講釈師のようなテンポの良い語り口に、光景が目に浮かぶようだ。

二八もの学会が名を連ねて催された歓迎会は、コッホの講演会、立食の宴会、歌舞伎座での観劇、の三部構成で、稀代の名優と称される六代目尾上菊五郎も出演した歌舞伎の演目は「義経千本桜」に「二人道成寺」だった。幕間に「ワルキューレ」などが演奏された、というのが、明治の我が国の雰囲気をよく伝えている。

歌舞伎のパンフレットは、短期とはいえコッホの下で学んだことがある森林太郎が作製し、その素晴らしいドイツ語をコッホ夫人が絶賛した。森林太郎の日記にも、コッホ来日のことはしばしば書かれており、六月二二日には「朝北里柴三郎、青山胤道と帝国客館に会して Koch 師を訪い脚気調査の方針を聞く」とある。森林太郎の項で書いたように（第2章参照）、ここでコッホから、脚気の病因として細菌が関与している可能性もある、との言質をとったのだ。脚気菌の否定でひともんちゃくがあった北里、どのような気持ちでこれを聞いていたのだろうか。

講演会の演題として、結核あるいはコレラといった有名どころの病気についての話を多くの人は期待していた。しかし、コッホはそのころ学問的な興味を抱いていた睡眠病について話すことにした。せっかくの機会に落胆の向きもあったようだが、志賀は「俗受けや聴衆にこびるような事は眼中になく、日本訪問の機会に学界における新問題をとらえて自家創見の学説と研究方法を示さんとする学者的態度は、省みて我々の範とすべきものがある」と、あらためて感服する。

もう一つ、「自ら数年間研究知悉しているテーマに就て話されるにも拘わらず、講演の前日は来客を謝絶し終日室内にあって講演の準備にあたっていた」ことを挙げ、「このいささかも忽にせぬ慎重な態度こそ彼の一言一句が学界に重んぜられた所以であろう」と、絶賛する。確かに素晴らしい。素晴らしすぎる。

麗しき師弟愛

横浜港到着から離日までの七四日間、北里は一日たりとも師の脇を離れず、東京から日光、鎌倉、伊勢、奈良・京都、厳島神社へと至る旅行にも同行した。残念ながら、皇帝の命によって滞在が予定よりも短縮されたために、北里の故郷、熊本の小国への旅行は取りやめになったが、コッホは日本文化や食事も含めて日本滞在を満喫した。

国賓に近い扱いであったため、公費から現在の貨幣価値にしておおよそ一〇〇〇万円近くが支出されたが、さらに北里もほぼ同額を私的に遣ったという。「余ガ閣下ニ負フ所ノモノハ、余ノ終生深謝セザルベカラズ所ニシテ、閣下ガ余ノ郷国ニ来遊セラレテルヲ機トシ、喜デ余ガ微力ヲ尽シテ感謝ノ意ヲ表セントス」と歓迎の辞を述べた[*5]北里ではあるが、なかなかできることではない。

北里は、研究の進め方は言うにおよばず、その筆跡もコッホに酷似していた。コッホ夫人は北里の立ち居振る舞いがあまりにコッホにそっくりなのを見て驚き、睡眠病の講演を通訳したときの北里は、鞭の持ち方までほとんどコッホと同じだと感心した。負けず嫌いなところ、列車に乗るとすぐに高いびきで寝入るといったところなどは、いくら尊敬していても、まねすることもあるまいと思うが、ご愛敬といったところか。北里は、コッホを尊敬するあまり、おそらく、コッホその人になりたくてしかたなかったのだろう。

コッホは、来日の二年後、心臓病にて逝去する。その哀悼式でも、「先生の遺志を継いで先生の学問をして益々発達させるということは今日我々が哀悼式に当つて先生に尽くす所の義務、また先生に尽くす所の謝恩の一つと考へます」と述べ、最後に「Seine Exzellenz Robert Koch! Er lebt in meinem Herzen weiter!（偉大なるロベルト・コッホ！　彼はいつまでも我の心に生きたまう！）」と締めくくったように、どこまでもコッホあっての北里であった。後に、コッホの遺髪を神体とした祠を伝染病研究所に建立し、祥月命日には神式で例祭を行い続けた。ほんとうに心酔し尊敬すると、ここまでできる、というより、しなければいられなくなってしまうのか。

このときコッホが連れ添って来たのは、糟糠の妻を捨てて再婚した三〇歳年下の夫人である。宗教的にも社会的にもこの再婚は物議をかもしたようで、晩年のコッホがあまりベルリンにおらず、しばしば熱帯に研究探検に行った理由の一つとされている。

夫人の人柄にも問題があり、志賀には「大変高慢で虚栄心が強いように思われた」らしい。弟子として「コッホのためにはもとより犬馬の労も厭うものではない」が、「夫人が私を召使のように思って自分の私用にまで頤使することは余り愉快でなかった」という気持ちを抱いていた志賀は、同伴した旅行の途中で堪忍袋の緒が切れて東京に帰ってしまった。いいぞ、志賀潔！

四〇年も経った後でも「彼の謹厳そのもののようなコッホとこの憍慢なヘドウイッヒ

夫人とを並べ考えることは、今もって何だか割り切れないものがあるような思いがするのである」と書いているくらいだから、よほど気に入らなかったのであろう。

伝染病研究所の移管

一八九二年に設立された伝染病研究所は、大日本私立衛生会からの寄付という形で一八九九年に内務省の所轄となり、その所在地も芝から愛宕町、白金台へと移っていた。破傷風菌の研究とならんで、北里を語るときに必ず出てくるのが、一九一四年にふってわいた内務省から東京帝国大学への伝染病研究所の移管問題である。

この問題が起きるずいぶん前、一八九三年に文部省は伝染病研究所の設立を打診しているし、内務省の所轄になったころには、医科大学長の青山胤通が大学に戻って来ないかと誘っている。いずれにも首肯しなかった北里に業を煮やしたかのように、本人に知らされることなく移管が計画された。

一〇月五日、黒岩涙香が創刊し、そのスキャンダラスな社会記事で「三面記事」の語を生んだ新聞「萬朝報」に、まずその一報が出た。いまでいうところのリーク記事である。翌日には東京朝日新聞に同じ内容の記事が報道され、一四日、官報に勅令として移管が発表された。

まったく知らない間に事が進められていたことに北里は烈火の如く怒り、一九日に

「脳神経衰弱」の診断書を添えて辞表を提出。一一月五日には正式に辞職が認められ、翌日には移管が施行された。

この間、老獪な北里は手をこまねいていたわけではない。結核治療のための養生園などから貯めていた預金を元に、新しく北里研究所を設立することを決意し、辞職の日には早くも所長に就任した。また、新しい研究所の運営には抗血清を作製・販売することが必要であるため、電光石火の早業で、その認可も得た。そして、北里の辞職に伴い、部長、助手、事務長から畜丁に至るまでもが自発的に辞職し、北里研究所に移ることになったのである。

北里は、伝染病研究所にすべての物を残したが、唯一、これは個人のものであるとして、「コッホ神社」だけを持ち去った。新聞はこぞってこの出来事を取り上げたが、いずれもが、判官贔屓からか、北里支持、東大・文部省バッシングであった。

学生時代に大腿骨で北里になぐりかかったことに始まり、香港のペスト騒動では自分が倒れて手柄がすべて北里のものになったことまで、因縁浅からぬ青山が、北里の権勢が気に入らず、主治医として診ていた時の総理大隈重信に進言して企てた、というのが、巷間に広まっている伝染病研究所移管の「伝説」である。青山vs北里、文部省vs内務省、権威vs業績、など、いくつもの対立軸がある故、話がどんどんおもしろおかしくなっていったようだ。

しかし一方で、孫の北里一郎が「移管問題を後世の人がおもしろおかしく書いているが真実ではない」と述べているように、純粋に、政府の経費削減として移管が計画されただけなのかもしれない。次に述べるように、二人の公明正大にしてゆるぎない碩学の記録からも、青山陰謀説というのはどうやら作り話という可能性が高そうだ。

長與又郎日記

ときたま、大部であるから絶対に読まないとわかっていて、つい買ってしまう本というのがある。その一つが、東大医科研の教授をしておられた小高健先生が編集された『長與又郎日記』（学会出版センター）である。長與又郎は、北里が、学生時代から内務省時代、さらには伝染病研究所の設立においても世話になった長與専斎の三男であり、東京帝国大学医科大学出身の病理学者である。後に、伝染病研究所の教授、所長、東京帝国大学総長を歴任している。

父専斎を通じての仕事上の関係だけでなく、結婚の媒酌を執り行ってもらうなど長與又郎は個人的にも北里とつき合いが深かった。長與は移管騒動の記録をきちんと残しているが、小高によると、どういうわけか、日記全体を通して見ても、北里に関する内容は少ないらしい。

青山は、「民間に下りて新研究所を設立するの勇気と能力を有せざること、又民間に資力を供給するの有志者のなきこと、北里氏の人望は十年来既に著しく低落したること」などをあげ、北里が辞任するとしても、他の主要メンバーは伝染病研究所に残るし、北里にできることは限られている、と、たかをくっていた。

これに対して長與は、北里の人望や学問上の能力が低下していることは認めつつも、「北里氏の処世法は益《ますます》巧妙上達の域に達しおり、社会上の地位も交友も漸次に高く、且つ広く、自信は年の老ゆると共に加わることの一般なるが、北里氏の如き性格の人に於ては特にその甚だしきこと、又政府が突然この挙を断行するに於ては、氏の負けじ魂は決して之に屈するものに非ず、あらゆる方法を以て之に反抗するの態度に出ずべきこと」と意見した。また、所員たちがとるであろう行動についても「北里氏との関係は師弟主従の関係を超え、寧ろ封建時代に於ける君臣の関係にして、決して大学長と教授の関係の如き表面的のものに非ざること」と、親しいだけにきわめて正しく判断していた。一方で、このころ、北里に対する学者としての評価が以前よりかなり低くなっていたことのわかるのが面白い。

はたして、事態は長與の予想通りの進展を見せ、さらに新聞からの攻撃を受け、青山は困りはててしまう。青山は長與家と北里の関係から、北里を説得してもらおうと「その任に当らんことを懇請せられ」、長與も「単に青山学長の代理として北里氏を説くことは真平御免なれども、余一個人として、北里氏の採るべき手段如何によりては氏の後来に不得策の事件出来するが如きを看過する能わず」、無理とはわかりつつも「一時の感情に駆られて無謀の挙に出でざる様、忠告を試むべし」と、北里のもとへ向かう。

当然のように翻意はならず、面会の最後には、長與が「余は目下大学の一員なり。若し研究所の一度大学に附属する場合には、余は全力を尽して大学の為に尽力すべきことを予め貴下に明言し置くべし。但し個人としての交誼は従前の通りにあらんことを切望す」と伝えるという状況になった。

研究所は移管されたが、この言のとおり個人としての付き合いは以前のとおりに続け、後に長與は北里の次男の媒酌人となっているし、長與が伝染病研究所の所長に就任した際には北里がその祝賀会に快く出席している。君子の交わりというべきか、公私の区別かくありたい。

長與の日記には、青山の考えが甘かったことは書かれているが、青山が移管を画策したことなど少しも書かれていない。他の資料でも、行政改革の一貫として、大隈重信が「サイエンスは大学に委ねたほうが医政の常道であるのみならず、研究にも便利であると信じて決行した」とされている。

トップダウンであった証拠に、この案は、医学校の教授会では審議されておらず、大学レベルで決定されている。移管を秘密裏に進めたかったからそういう方策を青山がとらせたのだろうとか、下衆の勘ぐりもできないわけではないが、長與日記からごく素直に考えると、青山謀略説は作り話であったと考えてよさそうだ。

総長 山川健次郎

新聞などで猛烈な非難があったため、伝研を東京帝国大学の附属ではなく、文部省直轄の研究所へと移管させる、という妥協案が検討された。おそらくは北里の意を受けたらしきこの妥協案を文部省から持ち帰った東京帝国大学総長の山川健次郎は、青山、長與らに諮る。しかし、長與は、文部省・東大側が「一派の妨害の為に屈服することは到底忍ぶこと能わず」とし、返す刀で、もしこの案に乗るようであれば、北里は「主義の上に死せるもの」である、と断じ、このような中途半端な案は双方にとってありうべからざることで「妥協は絶対不可なり」と論じる（『長與又郎日記』）。

これを受けて、山川は原案通りに東京帝国大学への移管を決断する。後年、山川は、総長時代の難問の一つが、この伝研移管問題であったと述懐するとともに、「世間伝うるが如く青山氏が大隈内閣を煽動してこの挙に出たるには非ず」と明言している。

大河ドラマ「八重の桜」にちろっと登場したとはいえ、山川健次郎のことを知る人は多くないだろう。しかし、山川の人生は、明治維新から日本の近代化にいたる大いなるダイナミズムを感じさせてくれるものだ。

一八五四年、「ならぬものはならぬ」の会津藩に生まれた山川は、白虎隊の一員として戊辰戦争を迎え、一四歳のときに鶴ヶ城の籠城を経験し、多くの友人縁者を失う。そして、その経験が人柄に大きな影響を与えた、というよりも、人格そのものとなった。

謹慎先の猪苗代から越後に脱走し、文字通り死にもの狂いで勉強し、一八歳でアメリカに渡り、「物理学だけでなく、公正と正義も学んだ」[*6]山川は、エール大学を卒業して帰国、東京大学の教授を経て、四八歳の若さで総長に就任した。他の教授の政治的発言がもとで責任をとり総長を辞任するが、後に、九州帝国大学の初代総長を経て、東大総長に返り咲くという異例の経歴をもっている。

薩長政治の中、朝敵であった会津藩出身でこれだけ栄達したのであるから、いかにその能力と人物が高く評価されていたかがわかろうというものだ。「終生清廉潔白を旨とし」、「芸妓が出る宴会には出席せず、講演会に招かれても報酬は一切受け取らなかった」[*7]という山川である。青山の策謀ではなかった、というのは、所詮、東大側の責任者の書いたこと、という気がしないではないが、山川健次郎の言だけに信じたくなってしまう。

どこからそのような謀略説が作り上げられたかはわからない。自然発生的に生まれたのかもしれないが、北里本人が出所ではないか、という説もある。というのは、側近が「先生曰く今度行政整理の為（大学の青山が大隅を動かせるなり）研究所が文部省移管になりし」と日記にしたためているのである。

移管の被害者とも言える北里がこのような考えを抱いたことは当然の心理であろうし、長與又郎が言うように「あらゆる方法を以て之に反抗するの態度」（『長與又郎日記』）

をとったであろう北里が、自分に有利になるようにマスコミを煽った可能性も否定はできない。名人の域に達したともいえる処世術を弄しての北里の操作であったとすると、それはそれで実に見事なものではないか。

芸妓がらみスキャンダル二題

北里の伝記には、伝染病研究所の移管問題のような高尚なものだけではなく、うんと下世話なエピソードもある。字面からおおよそ想像がつくとはいうものの、〝畜妾〟というのは、なかなかにすごい言葉だ。フェミニストなど、見ただけで卒倒してしまいそうだ。もちろん今となってはまったくの死語であるが、明治時代は、元勲や総理もしていたし、高橋是清なんぞは妻と妾を同居させていたというのであるから、時代を勘案すると、さほど責められることではないのかもしれない。

しかし、「日本第一のお医者様が浮気の黴バチルス菌を発見するほどの心懸もなく一図にとん子の色香に迷ひ足を洗はせる事になった」と、「東京朝日新聞」におもしろおかしくその畜妾をすっぱぬかれた*8のはよろしくなかった。

一八九六年、時の宰相伊藤博文と競りあっての落籍――これも死語であるが――というのは、あっぱれ、というべきなのかもしれないけれども、「一夫一妻を唱導し、畜妾を唾棄していた福沢」に厳しく意見された。

後に黒岩涙香は、「弊風一斑　畜妾の実例」と題し、勝海舟、榎本武揚から、森林太郎、ベルツ、そして北里まで、四九〇例にも及ぶ畜妾を暴露し、「萬朝報」の売り上げを伸ばした。かの山本夏彦が論破したように、人は度しがたいほど醜聞が好きなのである。いわずもがな、〝無論私も好む〟のではあるが。

この程度なら、男の勲章、と太っ腹にやりすごすこともできたであろうが、一九二五年、長男俊太郎が芸者との心中事件を引き起こした末に自分だけ生き残ったのは、事が事だけに大スキャンダルになった。昔の畜妾歴を掘り起こされたのは当然、「とら子夫人は強度のヒステリーに罹り病床に親しみ勝ちになっているが父男爵のとら子夫人に対する態度は孝心深い俊太郎氏の胸を痛めしむる程であった」（とら子夫人とは柴三郎の夫人、乕《とら》）などとまで新聞に書き立てられたのであるから、たまったものではあるまい。

慶應大学医学科の設立と初代医学科長への就任、貴族院議員の拝命、日本医師会の設立と初代会長への就任、男爵位の叙爵と、並々ならぬ政治的手腕を発揮し、次々と事業を成功させ、堂々たる「セレブ」としての地位を確立していただけに、格好のターゲットになってしまったのである。

北里は、即日、北里研究所以外の公職からすべて身をひくことを決断する。「この親にしてこの子あり、俊太郎の罪は彼一人のものではない」と報道されたというから、北里のこともよほど悪く言われたのだろう。「この不始末は教育者として自決の外に途はない」と、慶應大学医学科長からの辞意は固かったが、「七百名に及ぶ連署の血判状」

を持参した学生の涙の訴えに翻意し、職を続けることになる。息子とはいえ大の大人なのであるから当然ではあるが、北里は最終的には説得を受け入れ、他の公職も留任ということになった。

しかし、報せを受けてすべての公職から辞することを即断するというのは、北里の男気を示す出来事である。このことの心労もあってか、乕は翌年に亡くなってしまう。北里は、「死ぬるとき人に知らざるようにコロリと逝きたいものだ」と述べていたとおり、前日までいつもどおりに研究所に通っていたが、眠っている間に脳溢血で息絶えた。享年七七。江戸末期、嘉永五年に生まれ、昭和六年まで、明治時代を赫然と駆け抜けた人生であった。

神格化

半世紀もの長きにわたる友人であった金杉英五郎の忌憚ない北里評がいちばん言いえているのではないか。

「大度量の人でもなく、学者肌の人でなく、寧ろ才智の人であり、策謀の人であり、精力旺盛にして、満身エネルギーであった」（『極到人物観』）

で始まるこの文章はなかなか格調高い。少し長くなるが引用すると、「或る時は開放主義となり、或る時は極秘主義となり、或る時は極端の官僚主義となり、或る時は極端の野人主義となり、或る時はその温情熱鉄の如く、或る時はその冷酷結氷の如く、或る時は豪放躍々たる大豪傑の如く、或る時は小心翼々たる小人の如く、或る時は陽気発揚して春草の如く、或る時は陰気鬱積して秋樹の如く、或る時は豪奢天下を驚かすものあり、或る時は節約見るに忍びざるものあり」とある。そして、「若し、一定不変の性格を有するものが凡人であるとすれば、北里さんは、まさに非凡の人であったに相違あるまい」と続き、「恐らくは北里さんの真の意思を知りたるものは一家、一族、一門、親友たりとも、一人もなかったのではあるまいか」とくくられている。

なるほど、やはりそうなのだ。あまりにわかりにくいから、面白い伝記が書かれなかったのである。門下生が、コッホ神社に隣接して北里神社を造ったくらいであるから、かつての野口英世の伝説がそうであったように、北里を神格化し伝記上の人物にしようという働きかけが行われたのは確実だ。

野口の場合は、渡辺淳一の『遠き落日』（集英社文庫）が世に出るまで、それが成功していたわけだが、北里の場合は、スキャンダル報道などもあったがために、野口ほどにはうまくいかなかったということなのだろう。かといって貶めるような伝記が書かれることもなく、結果として北里が生きている間も亡くなってからも、なかなか優れた伝記が書かれなかったのではないかと推測している。

北里と同じときにドイツへ留学した中浜東一郎は、恨みつらみもあったのだろうが、その日記に、罵詈雑言といえるほど北里の悪口を書いている。神格化系と罵詈雑言系、いずれもが生きているうちに聞き置かれてバランスのとれた伝記が書かれていたら、どれだけ面白いものができていただろう。もう、今となっては手遅れだが。誠に惜しい。

第1章の『ヒトゲノムを解読した男――クレイグ・ベンター自伝』や、アップルの創始者の人生を綴った『スティーブ・ジョブズ』（講談社）といったオリジナリティーある起業家の伝記は圧倒的に面白い。北里も、この二人に決してひけは取らない。考えてみれば、抗血清の販売など、いまでいうところのバイオベンチャーなのだから、そういった面からも当然のことかもしれない。

いずれも、凡人には同時に抱え込むことができそうもないことを平気で受け入れることができる器、そして、その器の大きさゆえに発生してしまう人生における不協和音の大きさが、その内容をとてつもなく面白くしている。北里についても、コッホとの関係や、移管事件において見せた決断と行動、そしてスキャンダル、と、複眼的に見つめてこそ、その器の本当の大きさというものをリアルに感じることができるのだ。

人間の器量

福田和也は『人間の器量』（新潮新書）という本の中で、「能力があるか、ないか。…

（中略）…いい人か、悪い奴か。その程度の事で、もて囃されたり、貶められたりすることを嘆く。器量というものが何を指すかは難しいが、「全人格的な魅力、迫力、実力があってはじめて器量があると認められる」とする。

昔、と言っても、それほどの昔ではなくて私の若いころであっても、何をしたのかよくわからないし、何だかようわからんが、偉い、と思わせる先生が結構おられたものである。ただ単にこちらが勘違いしていただけかという気もするが、何となく「器」を感じさせる人が身近にもおられたのだ。もしかすると、平成に入った頃から、人間を測定するための度量衡から「器量」という尺度がなくなってしまったのかもしれない。いまの政治家たちを見ていると、いっそう、そんな気持ちが強くなる。

北里は、間違いなく、素晴らしい器量人であった。科学的業績の大きさと社会に対する貢献、そして、優れた弟子の育成で、必要条件を満たしている。さらに、移管事件のときに弟子たちのとった行動や、金杉が書くような「わけのわからなさ」で、十分条件も満たしている。

まわりには理解不能な「わけのわからなさ」をふりまいて生きながら、自分としては終始一貫と言ってのける、というのは、器量の人ならではだ。残念ながら福田和也が選んだ「器量人十傑」には入ってないが、北里は間違いなく、日本の医学・生物学史上、燦然と輝く器量の最も大きな人である。千円札の顔には、野口よりもはるかに北里がふさわしい。

＊1　『生誕一五〇周年　北里柴三郎』北里柴三郎記念室編、二〇〇三年。
＊2　嫌気性菌
増殖に酸素を必要としない細菌。破傷風菌は偏性嫌気性菌であり、大気中の酸素に暴露されると死滅する。
＊3　『志賀潔——或る細菌学者の回想』志賀潔著、日本図書センター、一九九七年。本文中、志賀潔のことばの引用はすべて本書による。
＊4　『スキャンダルの世界史』海野弘著、文藝春秋、二〇〇九年
＊5　『北里柴三郎——雷《ドンネル》と呼ばれた男』山崎光夫著、中公文庫、二〇〇七年。
＊6　『明治を生きた会津人　山川健次郎の生涯——白虎隊士から帝大総長へ』星亮一著、ちくま文庫、二〇〇七年。
＊7　＊6に同じ。
＊8　＊5に同じ。

北里柴三郎

SHIBASABURO KITAZATO

1853 - 1931

1853　肥後国阿蘇郡小国郷北里村に生まれる。
1875　東京医学校に入学。
1883　東京帝国大学医学部卒業。内務省衛生局に勤務。
1886　ベルリン大学のコッホ研究室へ。
1889　破傷風菌の純粋培養に成功。
1890　抗毒素の研究。
1892　帰国、伝染病研究所の所長に。
1897　志賀潔、赤痢菌を発見。
1908　ロベルト・コッホ夫妻訪日。
1914　伝染病研究所の内務省から文部省への移管騒動。
1917　慶應義塾大学医学科（後に医学部）の創設、
初代科長に就任。
1923　日本医師会を創設、初代会長に就任。
1925　長男俊太郎、心中未遂事件。
1931　脳溢血により自邸にて死去。

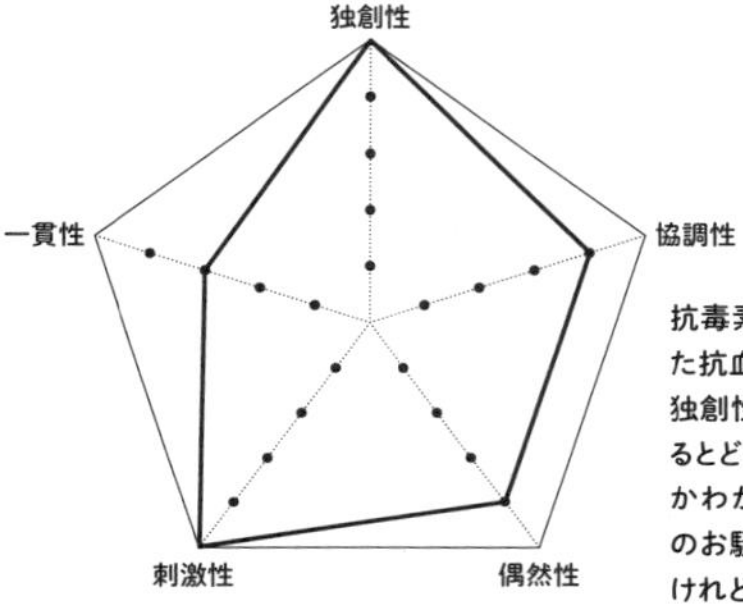

抗毒素の発見と、それに基づいた抗血清療法というぶっちぎりの独創性は、その波及効果を考えるとどこまで高得点を与えていいかわからないほどです。帰国後のお騒がせの刺激性も相当ですけれど。

番外編

読まずに死ねるか!

この一冊!

無人島へ流されることになった、三冊の本を持って行けるならどの本を持って行きますか、というベタな質問がある。決してなさそうなシチュエーションではあるが、考えてみると、なかなかに奥深いものであって、判断力とか性格とか知性とかの試金石みたいな気がしてくる。

一冊はやはり、無人島サバイバル本みたいなものを持って行かなければならんだろう。この答えは面白くなさ過ぎるかもしれないが、私の堅実性に基づく適切な判断力を示していると思っていただきたい。

次の一冊は、無人島では時間がたっぷりあるだろうから、忙しいという言い訳でなかなか勉強できんかった英語を性根入れてやりなおそう。ということで、意外に思われるかもしれないが勤勉な性格を漂わせながら、愛用の『Cobuild 英英辞典』を持参したい。これでみっちり勉強しておくと、無人島の近くを通りかかった船に拾ってもらったときに、丁寧な英語でお礼を言えそうだし。

問題は残る一冊。いよいよ知性が問われる一冊だ。ここで間違えて、愛読者であるからという甘っちょろい理由で町田康の本なんかを持って行ったりすると、見るものすべてから妄想がもこもことわいてきて、無人島みたいなところで珍毛なこと考えててもゃあないわ、サバイバルはどうでもええわもう、このまま朽ちて死んでええわもう、になるのではあるまいか、アルマイト。ということで、町田康は却下。

町田康には悪いが、別に知り合いでもないから悪くもないが、実は町田康が小説家としてデビューする前から、すでにこれを持って行こうと決めている本がある。爾来、これ以上の無人島本（というのか）は私の前にあらわれていない。それが、『分子生物学の夜明け――生命の秘密に挑んだ人たち』（東京化学同人）である。かつて「面白本のオススメ屋」としてならした内藤陳風にいうと「読まずに死ねるか！」の一冊だ。

原題は『The Eighth Day of Creation』、直訳すると「創造の八日目」。神様が世界を創って一日休んだ次の日の出来事。生命の構造的・機能的基盤が明らかにされていく分子生物学黎明期の物語である。もちろん個人の伝記ではないが、伝記がしたためられるにふさわしい研究者が何十人も登場するメタ伝記のようなもの、分子生物学殿の正史的伝記と言うにふさわしい本である。

著者のホレース・フリーランド・ジャドソンは「劇評をし、ロンドン駐在の書評家であり、科学の記事も書いていた」が、一九六八年、分子生物学の記事を書くためにマックス・ペルツにインタビューしたのをきっかけに、その夜明けに曙光をはなっていた科学者たちに会い、膨大な量のインタビューをもとに一冊の本をまとめあげた。

その科学的な内容が知的興味をかきたててくれるのはもちろん、ご当人たちの口うつしで時代の興奮が臨場感たっぷりに伝わってくる。日本語版は、小さな活字が二段組みにびっしりで、インタビューの日時などの詳細な注記も入れて上下巻あわせて八〇〇ページ強という大部な本である。しかし、感嘆のため息を何度もつきながら、一気に読める。大著であり、すべてを要約することなど不可能であるが、本の構成をごく簡単に紹介しながら面白く感じたことなどを書いていきたい。

エイブリーのDNA

「第一部　DNA——機能と構造」は、スイスの化学者フリードリッヒ・ミーシャーによるDNAの発見からワトソンとクリックによる二重らせんモデルへと至る物語で、「デオキシリボ核酸、遺伝物質の構造の解説（原典では〝elucidation〟なので、解説より解明の方が正しそうであるが）」と副題がつけられている。

この第一部には、すでに本書で紹介したエイブリー、ルリア、デルブリュック、そしてロザリンド・フランクリンが主役クラスで登場する。ジャドソンというのはよほど優れたインタビュアーだったのだろう、この本の面白いのは、メインストーリーにだけあるのではなく、思わぬ内容がインタビューから漏れてくるところにもある。

エイブリー（この本ではアベリーと書かれている）の、DNAが遺伝物質であるという発見が、デルブリュックをはじめとするファージ・グループにすんなりと受け入れられなかったことについて、ジャドソンはデルブリュックに迫る。

　エイブリーが弟にあてた手紙を読んだので、非常に早い段階からDNAによる形質転換のことは知っていたというデルブリュックであるが、ジャドソンに「表向きには知っていたという訳ですね」と聞かれて「うーん」とつぶやく。さらに「だけどまだ信じきれなかったという訳ですね」と尋ねられて、ようやく、「そうだよ。というのは、その結果を見た者、それを考えた者は全部矛盾に悩まされた」と答え始め、「そのときにはアベリーの発見をどう考えてよいか分からなかった」という自分としての結論を述べる。ルリアも「アベリーが仲間でなかったからとか、彼の発見がまだ充分なものでなかったからではなく、まだ充分な証拠だと考えられなかったから」と語っている。

　しかし、人の記憶など勝手なものであって、後付けでいくらでも変わっていく。この説明も本当に額面通りに受け取っていいのかどうかはわからない。

　その昔、デルブリュックはエイブリーのところへ行って「あなたは無駄なことに時間を使っています」と言ったことがあるという。エイブリーの研究は、それだけ時代に先駆けたオリジナリティーの高いものだったということである。そのとき、エイブリーは笑ってそれを聞いていたというから、よほど人柄がよくて自信があったのだろう、ほんとに偉い人は違う。

「エイブリーの論文のもっとも重要な効果」とまでいうのは少し言い過ぎだろうが、結果としてエイブリーは論文を通じて二人の研究者を核酸に向かわせた。その一人は細菌の接合を明らかにするレダバーグであり、もう一人は一五ヵ国語を理解できたという多才なるシニシスト、生化学者アーウィン・シャルガフであった。

記憶の勝手さ

エイブリーの研究に「私ほど強い影響を受けたものはあるまい」というシャルガフは、「異なるDNAが異なる生物学的性質を示すのなら、核酸の間に化学的に証明できる差がなければならないという信念」を持ち、研究室のテーマを核酸へと変更する。

余談であるが、そのあたりの経緯を詳しく書いてあるシャルガフの回想録『ヘラクレイトスの火』（岩波書店）は科学者の箴言録みたいなものであり、読むと身につまされてつらくなること請け合いの本である。

シャルガフは当時開発されたばかりの方法を駆使して、どの生物種においても、DNAのアデニン（A）とチミン（T）、グアニン（G）とシトシン（C）のモル比がおおよそ等しいという法則を導いた。ただ、この法則は一九五〇年にエクスペリエンチア誌に発表された「論文の雑然とした分析結果の中に潜んでいた」に過ぎず、その生物学的な意味合いはまったくわからなかった。

ワトソンはかなり早い段階からこのシャルガフの結果を知っていてクリックに話したと『二重らせん』に書いている。しかし、一方のクリックにはそのような記憶はないという。そして、こんなに重要な法則、後知恵で見れば明らかにＤＮＡの相補性を示唆する法則、なのだが、何ら役割が与えられず、二重らせんの構造決定がなされるその日、一九五三年二月二七日まで、モデル作成のために利用されることはなかった。しかし、シャルガフはそのような物語を信じようとはしない。

ジャドソンの本を読んで面白いと思うことの一つは、記憶というのは自分勝手というか、人によってかくも違うかということだ。ワトソンとクリックやジャコブとモノーのように四六時中ディスカッションをしていたような研究者同士であっても、きわめて重要な局面についての記憶ですらけっこう食い違っている。

クリックは運命の日である二七日の夜に「気がついたら模型ができていた。塩基は相補的になっていた。それでシャルガフの一対一の比が説明できた。次の日にジムは塩基対の図を描いて細かいところを詰めた」と記憶している。

しかし、ワトソンは違う。二七日は「打ちのめされた気持ちで帰宅し、映画を見に行った」、そして、翌日、ボール紙の塩基を取り出していじくるうちに水素結合による相補的結合を見いだしたと覚えている。生物学にとって二〇世紀最大と言われる発見であっても、これだけ記憶が違うのである。日々、記憶違いが蔓延するのもむべなるかな、というところだ。

記憶の選択性は、単なる記憶違いといったものではなく、それまでの経験や、そのときの状況、さらにはその後の経緯も入りこんでしまった結果だろう。記憶だけではなく、ものの見方についても同じようなことが言える。

著書『二重らせん』において競争を強調しすぎたのではないかと聞かれたワトソンは「私は強調し足りなかったと思っています。科学ではそれが一番強い動機です」と言う。それに対してクリックは「しかし実際のときにはそうではなかったのだ。…（中略）…競争だと思っていたただ一人がジムで、他の人は誰もそう思っていなかった」そして「もっと科学が生きていた。〝there was more science than the people realize.〟」と言う。同じような状況にあっても、たぶん、それぞれの人にとって世界の見え方というのはまったく違っている。

中心教義という「信仰」

この本の圧巻は、「第二部　RNA機能と構造——遺伝記号の解読、メッセンジャーの発見」と題された、DNAの遺伝情報がいかにしてタンパク質を作り出すのかが解き明かされていく過程、生命における情報という問題がモチーフをなす物語にある。副題は「機能と構造」となっているが、原著では「The Functions of Structure」であるから、構造の機能、あるいは、構造からの機能、とでもいったところであろうか。

ジャドソンは、第一部が「心情でも形式でも喜劇」であったのに対して、第二部は「豊富で豪奢なフーガ」であったという。そうすると、約一〇年におよぶ、DNAからタンパク質への情報の流れを主旋律にしたフーガは、第一部でも主役の一人であったクリックが指揮者、いや、作曲家兼指揮者を務めたことになる。むしろ私は、主題と応答が繰り返されるフーガよりも、奥義である「中心教義＝セントラルドグマ」をめぐる宗教劇、もちろんクリックが教祖として活躍する宗教劇、になぞらえたくなる。

クリックは、次々と預言を放ち、預言に沿って自ら仲間を導いていく。おそろしいほどに預言は的中し、違った宗派の人たちも続々となびいてくる。そして、最後に中心教義が極められ、信者たちは得度していく。

中心教義[*1]がどのようにしてできたかは、クリックにとってさえ記憶が定かでない。「仮説」ではなく「教義」という言葉をあてた理由もいまひとつはっきりしない。「教義というものは本当の信者は決して疑えないものだから」というような積極的な理由で使ったわけではなく、「私の考えでは教義というのは適当な理由のないこと」であったから使ったと語っている。

教義という「人の気をひく言葉を使ったので、この考えが異常なものだという感じを与えたのではないか」とたずねるジャドソンに、クリックは、「それはそうだ。そしてそれで良かった。一種の超仮説だったから。しかも否定的仮説なので、証明はとても難しい」と答えている。

私も含めて誤解している人が多いのではないかと思うが、中心教義は情報の流れが存在することを述べる考えではなく、ある種の移動、タンパク質からタンパク質へ、や、タンパク質からRNAへ、といった情報の移動は生じない、ということを示す否定論的な考えであったことが明瞭に述べられている。

クリックによると、そのような否定的仮説であるから、「証明は原理的にできないと言うべき」であるが、「その有用性については——全く疑いがない」ということになる。なぜならば、「これを信じないことにすれば、理論を、無限の理論を発明」できてしまうから。こう言われると、なんとなく採用されたらしい言葉であるが、「教義」の方が「仮説」よりもはるかにふさわしく思えてくる。ここらあたりでも、さすが教祖様は違うのだ。

アダプター仮説という預言

中心教義が思いつかれる前の段階において、DNAからタンパク質への情報伝達の分子機構を最初に提案してきたのは、トムキンスを主役にした啓蒙書でも知られる物理学者ジョージ・ガモフであった。

化学にも生物にも疎かったガモフが大胆にも提案したのは、DNAの二重らせんが作る構造的な「ポケット」にアミノ酸がはまりこむことによって配列が決定され、タンパク質が合成されていくというモデルであった。その仮説はアルフレッド・サンガーのインシュリンに始まり次々と明らかにされていたタンパク質のアミノ酸配列を証拠に用いた背理法から、あっという間に棄却される。

結果的には誤っていたのであるが、このガモフ仮説に対する反証を検討しながら、クリックは情報と構造と機能についての考えを研ぎ澄ましていった。科学哲学者カール・ポッパーが言うように、仮説というのは反証可能でありさえすれば、たとえ間違っていたとしても科学の進展に寄与することがあるのだ。

クリックが初期に出した「預言」に、タンパク質は基本的に二〇種のアミノ酸で作られ、DNAの塩基配列がそのアミノ酸の一時的配列を決定し、それ以外の情報は必要でない、というものがある。この「非情なほどの簡単化」で、「配列仮説（塩基配列こそが重要であるという仮説）で強い立場を取った」ことにより、研究の方向が鋭角的に決定づけられた。

さらにこの仮説に立脚した思考実験だけで、三つの連続した塩基で一つのアミノ酸がコードされるはずだ、核酸からタンパク質へ情報を移すには運搬係の分子――アダプター分子――が存在するに違いない、など、いくつもの預言が託されていく。そして、教祖と信者によって、これらの預言は次々に実存として顕示されていく。

アダプターについては、おそらく小さな核酸の断片のようなものだろうとまで言い当てていたというのであるから、実にありがたい預言者である。五六年三月にアダプター仮説が公表されるやいなや、DNA、RNA、ATPのエネルギーという「三つの別々の方向から生物化学者が、クリックのアダプターと非常に似た働きをする物に向かって攻撃を集中」し、はやくもその年末には、アミノ酸と結合する可溶性RNA――後に転移RNAに改名される――が同定されたのである。

これだけ明確に宝物のありかを指し示してくれれば、誰しもが預言者についていこうと思いたくもなるだろう。

メッセンジャーRNAの「発見」

リボソーム[*2]がタンパク質合成の場であることはいくつもの研究室で明らかにされていた。しかし、どのようにして核内のDNAにある遺伝情報が、細胞質にあるリボソームに伝達されるのかは謎であった。

DNAは核にしか存在しないのであるから、核と細胞質の両方に存在するRNAが中間体として機能するというのはしごく当然の推論である。しかし、リボソームRNAが非常に安定で大量に存在するために、遺伝情報を伝達する少量しか存在しないRNAはなかなか見つけることができなかった。

一方、第4章で紹介したパジャモ実験をしたばかりの五七~五八年ごろに、ジャコブ、モノーはオペロンの解析から、まったく独立に「中間体が何でも短命のものに違いないという結論」にたどり着いていた。しかし、モノーたちの思考はそこでストップしたままであった。

一九六〇年の春、後に線虫の研究でノーベル賞に輝くことになる南アフリカ出身のシドニー・ブレンナーの部屋に、ジャコブ、クリックを含む六、七人が集まり、それぞれの知識を持ち寄ってディスカッションを行った。リボソームの安定性などから考えると、タンパク質の合成には、「遺伝子が直接にいつも働いているか、不安定な媒体がいつも更新されて遺伝子作用がいつも伝えられるかでなければならない」という結論になった。

そこへ、ファージの感染後には、塩基組成がファージのDNAに類似しているRNAが合成されるという論文の解釈が加味された。すでに四年も前に報告されていた結果であるが、このRNAはDNAの前駆体であろうと誤って考えられていたのだ。教祖と複数の幹部信者による理論の正しい組み合わせにより、そのRNAこそが通信文、すなわち中間体に違いないという天啓がひらめいた。

クリックが言うように「伝令が発見されるまで我々は道に迷っていた」、そう、「もう伝令RNAは発見されていたのに、気がつかなかった」だけなのである。こうして、DNAの情報を伝達するメッセンジャー（伝令）RNA（mRNA）がブレンナーの部屋で「発見」された。

このアイデアは、ジャコブとモノーのオペロンについての大論文（第4章参照）の中で、メッセンジャーRNAの命名と共に発表された。この時期の「分子生物学者」たちの研究の進め方が凝縮されているのが、このエピソードだ。一見、関連のなさそうな成果をシャッフルし、新しいアイデアを生み出し、次の実験系を考えだしていったのだ。

比較的少数の研究室だけがプレイヤーであったが、それらの研究者の共同研究――それも単に材料の交換やデータのつきあわせといった共同研究だけではなく、研究室を訪れあって行う共同研究も含めて――は、驚くほど盛んであった。それも、固定した組み合わせではなく、合従連衡が繰り返されながら、知的ゲームが繰り広げられていった。その営みは、モノーが言うように、ゲームだからこそ「無邪気といえるほど夢中にならなくては」いられなかったのである。生命の根本原理を解くゲーム、どれだけ楽しかったことだろう。

コドンの発見

塩基が四種類でアミノ酸が二〇種類なのであるから、おそらく三連塩基がアミノ酸をコードするであろうということが早い段階から推定されていた。しかし、その証拠は存在しなかった。

この問題は、二つのアプローチ、一つはファージを使った分子生物学的アプローチ、もう一つは生化学的なアプローチ、によって解明された。前者は、第2章で紹介したようにベンザーが詳細な遺伝子地図を作成していたバクテリオファージのrⅡ領域を利用した実験である。なんと、とんでもなく不器用だったクリックが「ファージの教派に改宗して洗礼を受け」て六一年に自ら行ったものだ。rⅡ領域に変異を持ったファージ

れを抑制する変異ファージ、さらにそれを抑制する変異ファージなどを作成して掛け合わせ、三個の塩基がアミノ酸一個に対する記号であること、記号は重複しないこと、塩基の配列は一定の出発点から読まれること、を明らかにした。

mRNAの存在仮説を支持する成果があらわれ始めたものの、直接的な証明がなかったために、その存在が広く受け入れられたわけではなかった。しかし、NIHのジョシュア・ニーレンバーグ、分子生物学者のゲームサークルとはまったく関係がないためにmRNAの存在仮説など知らなかったニーレンバーグ、が決定的な証拠となる研究を一人で進めていた。

その研究とは、無細胞系を用いたタンパク質合成実験である。「私の表には二百ほどやらなければならない実験が書いてあった」というニーレンバーグは、そのうちの一つ、ウイルス由来のRNAを鋳型に使ったタンパク質合成実験において「アミノ酸の取込みでこれほどの活性が出たことはなかった」というほどの結果を得た。そして、ウイルスRNAから合成RNAを用いた実験へと研究を進めていった。

合成したポリU[*3]を鋳型にした実験をおこなったところ、ポリフェニルアラニンが合成されたことから、UUUの三連記号が二〇種のアミノ酸のうちフェニルアラニンをコードしていることが証明されたのである。この実験がうまくいったのは、マグネシウム濃度などニーレンバーグが使っていた無細胞系の実験条件が幸運に恵まれたためであり、この結果は、「驚くべき、同時に幸運な実験結果」ととらえられている。

幸運であろうがまぐれであろうが、結果は結果、勝てば官軍である。しかし、分子生物学のサークルに入っていなかったニーレンバーグであったために、その偉大な成果の伝達はきわめて遅かった。

最初に発表したのは、ルイセンコの影響がいまだ色濃く残るモスクワで六一年八月に開催された国際生物化学会議であった。「大腸菌の無細胞タンパク質合成の天然および合成鋳型RNAへの依存について（The Dependence of Cell-free Protein Synthesis in E. coli upon Naturally Occurring or Synthetic Template RNA）」という、大学院生が書いてきたら、こんなタイトルでは誰も聞きにこんだろうがと一喝されそうな平板なタイトルであったため、ほとんど聴衆はいなかった。しかし、その発表内容の重要性はすぐに認識され、特別な配慮により、最終日のセッションにおいて何百人という聴衆の前で二回目の発表が行われ、今度は「聴衆を電気にかけた」ほどの衝撃を与えた。

その年の末に*Nature*に発表されたクリック、ブレンナーらによるrⅡ変異を用いた研究の論文の最後には、ニーレンバーグらの結果もあわせて「もし記号の比が本当に三だとすると……そして記号が自然界全体で共通だとすると、遺伝の記号は一年くらいで解けるだろう」と推論されていた。

しかし、結果的にはニーレンバーグやニューヨーク大学のセベロ・オチョアを巻き込んだ熾烈なコドン解明競争は五年もの歳月を要した。クリックはそのころには実験をやめてしまっていたが、それでも「手紙を書いたり訪問したりして競争に参加している人たちを励ました」のである。さすがは教祖、後々までもその役割を果たしている。「誰も一人で分子生物学をつくることはできない。しかしフランシス・クリックは全分野を知的に支配していた。彼は誰よりも多く知っていて、誰よりも良く理解している」

遺伝情報の伝達と暗号解読の劇の中心にずっとクリックがいたことは、モノーによるこのコメントが何よりも雄弁に物語っている。

タンパク質　構造と機能

第三部は、第一部における「競争」、第二部における「協調」に比べると、やや地味な内容で、タンパク質をめぐる二つのトピックス、酸素を運搬するヘモグロビンの構造と酵素のアロステリック効果[*4]についてである。

前者、ヘモグロビンの構造解析は、ほとんどマックス・ペルツの一人芝居の様相をなしている。「タンパク質の結晶学は一九三四年のネーチュア誌に載ったバナールとクロフットの論文から始まった」と話すペルツは、結晶学で学位をとったころに、タンパク質の生理化学を専門としていた従姉の夫と話していて、たいした理由もなく「ヘモグロビンの構造を解こうと考え」て研究を開始する。

「その頃にヘモグロビンの構造変化を機能に結びつけようと考えていましたか」と尋ねられて、ペルツは「全然。そんなことは発見されていなかった」と答えている。タンパク質のような大きな分子の構造解析ができるかどうかすらまったく未知であった時代に研究は開始され、「最初のタンパク質分子が解けるまでには二十三年かかった」のである。今となっては信じられない。

その最初の例は、ペルツの弟子であったジョン・ケンドルーによるミオグロビンの構造解析であった。そしてその二年後、ペルツはついにヘモグロビンの構造を明らかにした。ヘモグロビンのサブユニットがミオグロビンときわめて類似しているということ[*5]すら大きな驚きを持って迎えられたというから、文字通り隔世の感がある。さらに、六一年には、酸素ヘモグロビンと脱酸素ヘモグロビンの構造変化が明らかにされ、タンパク質の分子構造と生理機能に連関のあることが明らかになっていった。

次のテーマ、アロステリック効果の主役の一人は第二部から引き続いて出演するジャック・モノー。もう一人は、モノーの大学院生からいきなりスターに躍り出たジャン＝ピエール・シャンジュー。

シャンジューは、ある酵素の研究から、基質とは関係のない構造を持った物質によってその酵素活性が阻害されること、そして、その阻害中心は酵素活性部位とは独立であること、を見つけて大抜擢された。この新しい発見はタンパク質の機能制御にまったく新しい概念をもたらすもので、六二年に「この機構を『アロステリック阻害』と呼ぶことを我々は提案する」と発表したモノーは、「私は生命の第二の秘密を発見した」という勝利宣言まで行ったほどだ。

よく知られているように、アロステリック効果の酵素反応曲線も、酸素のヘモグロビン結合曲線もシグモイドカーブを描く。アロステリック効果はおそらくタンパク質の構造変化によるものと推定されたが、もちろん、当時、そのような酵素の詳細な構造はまったくわかっていなかった。

一方、ヘモグロビンは酵素ではないが、モノーが言うところの「名誉酵素」であり、その構造変化がアロステリック効果を説明するための大いなる証左として用いられた。こうして、四半世紀前には想像もされなかった、タンパク質における構造と機能の研究が王道を歩み始めたのである。

生命の神秘

いろいろな定義はあるだろうが、つきつめれば、「分子生物学」の誕生というのは、ケンドルーの考え「『情報と形』と名付けた二つの流れの合流」というのが最もふさわしいだろう。

デルブリュックが述べているように「ワトソン－クリックの構造が出るまでは誰も、全く誰も、特異性が配列順序という簡単なもの、つまり記号になっているということを考えなかった」のであるから、分子生物学が生命から神秘というものを奪ってしまった、と考える人が出たのもやむをえまい。

「神秘が大好き」な生化学者であるシャルガフが「分子生物学が過剰単純化だと言って非難する」のも、ある程度は理解できる。しかし、「生物学の長い文明的伝統を終わりにしたから、分子生物学は文明の没落の徴候だ」とまで言うのは、いくらワトソンとクリックに苦汁を飲まされた経験があるとはいえ、ほとんど因縁だ。

新しい学問分野が出現する現場の記録である。古典的な科学が連鎖的に進展していく例はたくさんあるけれど、本当に新しい学問分野が一気に誕生したというのは、量子論と分子生物学くらいだろう。それぞれが、ニールス・ボーア、そして、デルブリュックにクリックという、タイプや役割は違うけれど、中心的な立場をとって活躍した科学者がいた、という共通性には何らかの意味がありそうだ。

科学の進歩についての哲学というのは、パラダイム転換のトーマス・クーンや反証可能性のポッパーをはじめいくつもあるけれど、科学の誕生についての論理、というのは見たことがない。しかし相当に面白そうだ。誰か書いてくれないだろうか。そのときには、このジャドソンの本が第一級の資料として活躍するはずだ。

知的文化遺産とでも言いたくなるような、本当にすごい本である。この伝記本で取り上げた伝記の主役が五人も登場するし、本流をなすエピソードだけでも一〇〇やそこらは紹介されているだろう。枝葉——といっても、動く遺伝子のバーバラ・マクリントックや物理学者レオ・シラード、それにフォン・ノイマンの情報理論やルイセンコ学説の歴史、といったとびっきりの小ネタも含まれている——となると、いったいいくつあるのかわからない。

万が一、この本を読んで少しも面白いと思えない生命科学者がいるようならば、即刻研究というゲームから去った方が身のためだ。教科書にまとめられてしまうと無味乾燥な事実になってしまうが、その裏側にはこれだけのドラマがあったかと思うとわくわくしてしまう。科学というものはこういうものなのか、そして、こうあるべきものなのかと、しみじみ感じさせてくれる。ファージやアロステリックという言葉にも愛情が感じられるようになってくる。昔をなつかしがるおじさん研究者だけでなく、若い人たちにもぜひ読んでもらいたい本である。

本稿は、何年も前に購入してあったハードカバーの原著版をちらちらと見やりながら書いたのであるが、翻訳よりも原文の方がビビッドで面白い。なによりも、原著では偉大な科学者が述べたままインタビューのコメントが記録されているのである。うまく翻訳してあるが、やはり生の声にはおよばない。

残念ながらこの本も絶版になっているが、原著はペーパーバックや電子書籍で手に入る。無人島へ行くときには、英英辞典も持って行くことであるし、ぜひ原著を携えていこう。かといって、島流しにはあいたくもないのだけれど。

＊1　中心教義（セントラルドグマ）
遺伝情報は、ＤＮＡからＲＮＡを経て、最終的に機能するタンパク質へと伝達されるという

考え。

＊2　リボソーム

細胞内の構造でありｍＲＮＡ（メッセンジャーＲＮＡ）の遺伝情報をタンパク質に翻訳する。リボソーム自体は、タンパク質とリボソームＲＮＡから構成される。

＊3　ポリＵ

ＤＮＡはＡＣＧＴという四つの塩基から構成されるが、ＲＮＡはＡＣＧＵから構成される。そのうちのＵ（ウラシル）が連続するＲＮＡをpoly Ｕ（ポリＵ）という。

＊4　アロステリック効果

酵素の機能が、その基質以外の化学物質であるエフェクターによって影響を受ける現象。一般には、基質とエフェクターは、酵素の異なった部位に結合する。

＊5　ミオグロビン

筋肉に存在し、酸素と結合するタンパクの名称。

おわりに

今日も伝記を読んでいる

おわりのはじめに

おわりのはじめに、まず、ここまで読んでいただけたことに心からお礼を申し上げたい。若き生命科学研究者に読んでもらいたいと始めた連載であったが、「面白く読んでいます」という反響の多くはおじさん研究者たちからであって、若い人にどれだけ読まれたのかは、よくわからなかった。単行本になって、研究者だけでなく、いろいろな人に読んでいただけていたら、本当にうれしいことである。

一路邁進の人もいれば紆余曲折の人もあり、順風満帆の人もいれば波瀾万丈の人もいる。この本に主人公として取り上げたのが一八名。それぞれから読み取れるテーマ的なものを抽出し、タイトルに凝縮させ、四つの章に振り分けたつもりである。

それぞれの科学者の人生は、そのように簡単に記号化できるようなものではないことは百も承知で、研究を進める上で重要と思えるいくつかの側面から、全くの独断で登場人物のことを、いま一度俯瞰的に眺めてみたい。長めのあとがきとして、いましばらくお付き合いいただけたら幸いである。

独創性

研究において大切な特性はいくつもあるが、最も重要視されるのは、なんといっても独創性だ。「独創」を広辞苑でひいてみると「模倣によらず、自分ひとりの考えで独特のものを作り出すこと」とある。生物学研究における独創性というのは、広辞苑の定義にあるような、プロセス的な独創性だけでなく、結果的な独創性、常識的な研究をしていたが独創的な成果にたどりついたといったものもあるから、もう少し幅広い。もちろん、結果的独創性にいたった過程を後付けでプロセス的独創性と解釈することも十分に可能であるから、明確に二分することは難しいかもしれないが。

プロセスの独創性と結果の独創性という両面で盤石なのは、アレキシス・カレルとオズワルド・エイブリーだろう。カレルは、故郷リヨンの刺しゅう職人仕込みの針技術から血管縫合を編みだして動静脈吻合による輸血を可能にしただけでなく、細胞は体外で培養できると考えてその方法論を確立した。一方のエイブリーは、全く治療法のなかった肺炎球菌の臨床的研究から、ＤＮＡが遺伝物質であることを発見した。

両者とも、独創的な着想、そして、とんでもなく器用であったカレルと、異常なまでに慎重であったエイブリー。どちらもが堅実な実績を積み重ね、最終的に得られた成果の有用性と重大さのいずれもが超弩級であった。予想とは違った結末ではあったが、北里柴三郎による抗血清の発見や、リタ・レーヴィ＝モンタルチーニによる成長因子の発見も、カレルとエイブリーにまさるとも劣らぬ独創的業績である。

これに対して、独創性というものをどうとらえるかにもよるが、ヒトゲノムのクレイグ・ベンターや、二重らせんのロザリンド・フランクリンの研究などは、少し違った印象を受ける。最先端の技術を駆使して、全ゲノム解析、ＤＮＡの構造、といった重要な課題に果敢に挑戦する姿勢、というのは、完璧なる独創性に匹敵するくらいすごいと考えるべきだろう。

しかし、このような研究は、着想としては、誰にでもといえば言い過ぎかもしれないが、多くの人に可能な訳であるから、必然的に競争は激烈になる。独創性をはかるには、得られた成果とその過程における競争の程度との両方を考える必要がありそうだ。

着想的な独創性としては、シーモア・ベンザーによる「行動の分子生物学」創始や、マックス・デルブリュックやサルバドール・ルリアによるファージ・グループの創設が好例だ。ベンザーがいなければ、行動の分子基盤解析という分野のスタートはうんと遅れたであろうし、ファージ・グループが設立されなければ、『分子生物学の夜明け』は、まったく異なったストーリーになったに違いない。もしその人がいなければ学問の歴史がどれくらい変わったか、は着想の独創度に依存する。

一貫性

どれだけ多様なテーマに取り組んだか、となると、時代の流れの影響が大きい。大ざっぱに言って、偉大な科学者は、昔ほどいろいろなテーマに取り組んだ。一八世紀に生きたジョン・ハンターやトーマス・ヤングなどは、自由奔放、縦横無尽、八面六臂の大活躍である。

ハンターは解剖学者・外科医として活躍しながら、いろいろな移植実験や性病の自己接種実験から、博物学者としてのコレクション蒐集まで。ヤングにいたっては、視覚の研究から光の波動、そして、エジプト古代文字の解読までという、物理、生物、文学、とんでもない守備範囲の広さであった。完成度という意味ではどれもやや中途半端なきらいは否めないが、これは、情報伝達や研究の方法論といった時代の影響が大きいからいたしかたあるまい。

少し下って一九世紀に活躍した細胞病理学の父ルドルフ・ウィルヒョウも、分野が細胞生物学と病理学に限られるとはいえ、守備範囲、というより、ウィルヒョウの場合は攻撃範囲と言いたくなるが、は相当なものである。ビスマルクとわたり合ったという経歴まで入れると、人生の振幅としては極大だ。

時代をさらに下って、二〇世紀の前半に活躍したセント゠ジェルジも、第二次世界大戦中にスパイ活動を行ってヒトラーを激怒させたというのであるから、ひけはとるまい。その研究内容の広範さも、ビタミンCの発見、筋肉の収縮、TCAサイクルと、ノーベル賞クラスの研究を三つも行ったのであるからたいしたものである。

多様性に対極するものとしては一貫性ということになる。研究というものの性格から考えると、多様性よりも一貫性の方が有利であることは言うまでもない。

エイブリーは、当時大きな脅威であった肺炎球菌を材料にした小さなグループで研究を続け、今でも炎症の指標として使われるCRP（C反応性タンパク）を発見、そして、不朽の業績、遺伝物質がDNAであることを同定した。

少し前の時代の細菌学者、野口英世や北里柴三郎といった「微生物の狩人」の時代は、病原微生物全般を研究のターゲットにしていたのであるから、そういった意味での一貫性はあるとはいうものの、各論的な意味での研究対象は多岐にわたっている。

少し話がそれるが、北里のように、周囲から見るとその生き方がわかりにくくとも、座右の銘として「終始一貫」をあげるのはなかなかのものである。また、森林太郎のように、脚気病原菌説に一貫して執着し、多くの軍人の命を失わせたとなると、悲劇である。一歩間違えばはた迷惑な偏屈になってしまうのであるから、偉い人にとって一貫性の使い方は難しい。

吉田富三は、自らの名を冠した肉腫細胞の研究に執念を燃やし、一生をかけたのであるから、典型的な一貫性研究者である。日本人は何でも「道」、ロードの道ではなくて華道や剣道の道、にしてしまう、という説がある。「道」というのは、到達する高みに精神性を置くことと、そこにいたる修行の過程を重視するところに特徴がある。

吉田富三を見ていると、細胞の維持にかける執念やその技術伝達など、まさに〝吉田肉腫道〟のような感じがする。そういった気持ちがなんとなくわいてしまうのは、我ながら日本人である。外国に比べて、本邦の研究者に研究テーマを大きく変える人が少ないのは、こういったメンタリティーも影響しているのだろう。

協調性

協調性を欠くコミュニケーション能力の低い医学生について、基礎研究でもやってもらったらどうか、などという暴言を吐く、何もわかっていない臨床の先生がいまだにいたりして、全くの時代錯誤に愕然とすることがある。一昔前ならいざしらず、現代の生命科学、少なくとも実験系では、孤高の研究者といった方策をとることは不可能だ。同僚とであれ、研究者コミュニティーとであれ、共同研究とまではいかなくとも、情報の交換や試料のやりとりをスムーズに行うためのコミュニケーション能力というのは、実験の技量と同じく、研究を進める上でなくてはならないものである。

いろいろなファクターが重なったとはいえ、ロザリンド・フランクリンには、十分な協調性、とりわけ残念なことに、ＤＮＡの結晶構造解析を行っていた当時の周囲との協調性に欠けていた。

まったく対照的なのが、ＨＬＡの巨大なジグソーパズルのルール作りから完成までリーダーシップをとったジャン・ドーセだ。はかりにくい能力ではあるが、相当に秀でた能力がなければ、多くの研究室のコンセンサスを得て、ＨＬＡの全貌を明らかにするというような仕事を成し遂げることはできなかっただろう。

特異なのはベンターである。国家プロジェクトとは衝突する、ベンチャー企業の出資者ともめにもめる、といったことからは協調性のかけらもないように思えるが、研究を進めるリーダーとしてグループをまとめあげる能力というのはすこぶる高い。

二人で仲良く研究できる協調能力というのも、猛烈に研究を促進することがある。言わずもがなのワトソンとクリック、オペロン説にいたったフランソワ・ジャコブとジャック・モノー、そして、ルリアとデルブリュック。二人の能力が核融合のような反応を起こして歴史に残る業績を上げたのだ。

思うに、バックグラウンドとか性質とかがあまり似ていなそうな組み合わせであることが、これらのコンビに共通している。考えてみれば、ディスカッションをするのに、自分と似たバックグラウンドや考え方の人としても、新たな着想というのは得にくいのは当然か。もう一つ、似たもの夫婦というのはあるが、似たもの親友というのは難しいというのを聞いたことがある。自分ではがまんできても、自分で気づいている自分の欠点がディスカッション中に相手の中に見えたらイヤでたまらない。

偶然性

「宇宙の中に存在するものは、すべて偶然と必然の果実である」というのは古代ギリシャの哲学者デモクリトスの言葉だ。生命科学というのは、生命現象における必然性、自然的なる必然性を追い求める学問と言うことができる。しかし、その発展過程には時に偶然性が影響する。

よく取り上げられるのは、ペニシリンの発見に代表されるようなセレンディピティーである。レーヴィ゠モンタルチーニによる神経成長因子の発見も、典型的なセレンディピティーの例だ。これもよく言われることであるが、ぼんやりとしていても偶然はとびこんでこない。パスツールの名言にあるように「偶然は準備された知性を好む」ことは、肝に銘じておかなければならない。

伝記を読んでいて面白いのは、そのような準備された知性を好むような高いレベルの偶然性でなく、ほんとに、ふってわいたような偶然がなかったら、その後の研究の歴史が大きく変わったであろうというような出来事である。

停電で市電が止まらずに、赤痢菌のファージ研究者と話をする機会がなければ、ルリアはファージの研究に飛び込むことはなく、ファージ・グループができなかったかもしれない。レーヴィ゠モンタルチーニが落ち込んでいるときに、あまり親しくない友人が励ましてくれなければ、研究をやめてしまって、成長因子の発見は何年も遅れたかもしれない。ベンターが衛生兵として生き延びることができなければ、ヒトゲノム計画の完成は何年も後になっていただろう。そして、ビタミンCの研究経験のある若者が研究室にやってこなかったらセント＝ジェルジにノーベル賞が与えられることはなく、他の研究業績とあわせて、ノーベル賞に最も近かった研究者の一人としてエイブリーに並んで列せられていたことだろう。

研究にかぎらず、ちょっとした偶然がその後のことを大きく左右することはいくらでもある。ひょっとしたら、それをつかんでいたらうんと幸せになるような偶然を、毎日のように見過ごしているのかもしれない。しかし、世の中、そんなに甘いものではないような気もする。

伝記というものには、成功バイアスがものすごくかかっていることを決して忘れてはいけない。隣の芝生が青く見えるどころでなく、伝記の主人公の庭には金鉱が隠されているように見えてしまう。しかし、ほんとのところどうなのだろう。

「偶然の出来事がだれかにとって決定的な意味をもったとき、ひとはそれを運命とよぶ」（鷲田清一『ことばの顔』）とすると、偶然が運命を導く確率というのはどれくらいあるのだろう。こんなもの神様でなければわからないだろうし、そんなときには神様だってサイコロを振っているかもしれないのではあるが。

ジャコブのように、研究さえできればなんでもいいという形でテーマを与えられる人もいる。吉田富三のように、何もわからず研究を始めさせられる人もいる。しかし、誰しもが、最初に研究テーマを決めるときには、何らかの偶然性に左右されている。

人は何かをしたことによって後悔するよりは、何かをしなかったことによってより大きく後悔する。内田樹先生がおっしゃるように、後悔は先に立たないだけでなく、後になっても立たないのだ。研究に興味があるのなら、まずは研究を始めることが大事である。チャンスの神様には後ろ髪がないというが、先見性などというのは、しょせん後付けにすぎない。運命的偶然など気にはせず、納得いくまで考えたら、えいやっと決めて、あとは振り向かずに精進、という以外、正しい進み方などありはしない。

人間性

生身の人間と付き合っていると、それがあっているかどうかは別として、これはこういう人なのだという印象を持つものだ。いろいろな伝記を読んでいて、そういった判断力があがるかというと、そうでもない。ある人をめぐって、周りの人の見方はいろいろであるのだから、一つの観念として記述するというのは難しいということなのだと勝手に結論づけている。

伝記に客観性を持たせようとすればするほど多面的な書き方になってしまうし、反対に、自伝となれば主観的すぎてあまり参考にならないことも多い。考えてみれば、人との付き合いであっても、その時々によって印象が違うことがままあるのだから、伝記作家あるいは本人が、ある人がどのような人物であるかを短くまとめるというのは、難しいというより不可能だろう。

一方、研究には、人生観とか性格というものがかなり色濃く反映される。とどのつまり、生き方は大きくは二通りであって、享楽的に生きるかストイックに生きるかしかないような気がする。もちろん享楽的に生きられたらそれにこしたことはなかろうが、財力には限りがあるのに対して、享楽的欲望などというものには限りがないのであるから、よほどの能力と幸運がなければ、キリギリスで生き抜くのは難しい。

一方で、ストイックさを心から受け入れることができれば、かなり楽しく生きていけそうな気がする。ただ、ストイックな生き方というのは、半ひねりが入っている倒錯した享楽的生き方とも言えるから、これとて限度というものがあるに違いない。

カレル、ルリア、どちらも客観的には相当にストイックな生き方であるが、ルリアはストイックさを生きざまとして選んだのに対して、カレルは余儀なくされたようなところがあって、受け入れ方が違っている。エイブリーの禁欲的な生活もルリアと似たところだろうか。ベンターは仕事ではきわめてストイックな感じがするが、ヨット競技などは享楽的であって、この落差がたまらない。

セント＝ジェルジは享楽派ではあるけれど、臨界点を超えてしまったのか、晩年は研究でも私生活でもあまり幸せそうではなくて、ちょっと気の毒なじいちゃんになってしまっている。ドーセやレーヴィ＝モンタルチーニなんかは決して享楽的というわけではないけれど、人生を楽しんでいるさまがひしひしと伝わってきて、素直にうらやましい。

伝記の読み方、読まれ方

伝記の人気にも時代が色濃く反映されるようで、二〇一〇年秋の朝日新聞の記事「偉人伝記　変わる顔ぶれ」によると、過去三年間の伝記人気ベスト3は、ヘレン・ケラー、ナイチンゲール、マザー・テレサ。それに対して三〇年前は、野口英世、エジソン、ヘレン・ケラー。努力、海外雄飛、出世、といった民族伝説的なメッセージが時代にそぐわないのだろうか、野口の凋落は著しく、今やベスト10にも入っていない。

一方で、ヘレン・ケラーのような人生に対して感動したいというのは、本能とでも言うべきか、大きな普遍性があるのだろう。三〇年間ずっとベスト10に入っている科学者はキュリー夫人だけである。キュリー夫人のランクを見ても二〇一〇年のベスト3を見ても、世の中で女性の力が強くなってきていることと関係ありそうだ。これも時代である。

技術系では、二位から五位に落ちたとはいえ、エジソンがベスト10にふみとどまっている。これとて、「蓄音機」がなくなって、電球がＬＥＤになっていったら、きっと脱落する日がやってくる。

いまさら言うのも何なのではあるが、他人の人生から記号化されたメッセージを読み取ろうというのは、伝記の楽しみ方として正しくない。成功バイアスがかかっている個別的な例からメッセージを得ようとすると、どう注意深くしても深読みしすぎてしまう。心静かに、ほぉ、こんなことがこういったことにつながっていくのか、運命っちゅうのはおもろいもんやなぁ、と素直に感心するのがよかろう、というのが私の結論である。

教養というのは自己を相対化するためのツールであるという考えを読んだことがある。教養を身につけるのは難しいが、伝記をただあるがままに楽しんで読みながら、自己を相対化していく、というのはうんとたやすい。一度きりの人生、いかに楽しむか、いかに有意義に過ごしていくか、には、そういった相対化が役立つに違いないと信じて、今日も伝記を読んでいる。

文庫版特典 「超二流」研究者の自叙伝

一流ではない研究者の伝記がおもしろいかどうかというのは、どう考えても微妙です。それも、正しく記録されておらず、あいまいな記憶に基づいた自伝です。誰かが書こうとしていたら、誰がそんなもん読むねん、やめとけアホ、と呆れるところです。と言いながらも、書きます。

いってみれば、文庫化にあたるボーナストラックみたいなもんでしょうか。そんなもんボーナスになるかっ！　という声も聞こえてきそうですが、編集さんに頼まれてのことです。堪忍してやってください。

研究室をどのように渡り歩いたか、そして、どんな状況でどんな研究をしてきたか。そういったことを中心に書いていきます。一流ではないにしても、けっこう頑張ってそこそこの業績をあげたので、野村克也いうところの超二流くらいは名乗ってもいいかと自負しています。そんな研究者の自伝、楽しんでもらえたらええのですが。

基礎研究ことはじめ

一九八一（昭和五六）年に大阪大学医学部を卒業して、三年間、内科医として働いた。一年半は大学の附属病院での研修医、あとの一年半は堺市の市民病院での勤務であった。その間に結婚もしたし、仕事も楽しくて、なんら不満のない生活であった。しかし、市中病院での生活をいつまでも続けるつもりはなかった。とんでもなく飽きっぽい性格なので、ルーチンの医業は遠からずイヤになってしまうことがわかっていた。それに、子どものころから、研究に対する漠然としたあこがれがあった。

当時は、研修医を終えて入局。関連病院で二～三年をすごし、大学の医局に戻って臨床教室で研究するのがごく普通で、おそらく半分以上の同級生がそのキャリアパスをたどっていた。研修医時代、三つの教室を渡り歩いたのだが、どこにも入局しなかった。市中病院へ出るときも、個人のつてで誘われての採用だった。

医局制度などというのはちょっと馬鹿げていると考えていた。いずれそんなものはなくなるはずだ、わざわざ自ら縛られにいくこともなかろうと思っていた。えらく態度のでかい若者だった。しかし、大学に戻るとなると、どこかに入局しなければならない。同級生に比べると二年の遅れである。雑巾掛けが重視される医局制度では、バカにならない年数だ。

何を研究したいかは決まっていた。血液学だ。医学生時代の臨床実習で再生不良性貧血の患者さんを受け持った。造血幹細胞の異常により、すべての種類の血液細胞がうまく作られなくなる病気である。その時に読んだ造血幹細胞とはどういうものかという総説論文がやたらと面白かった。それ以来、できれば造血幹細胞の研究をしたいと思っていた。

そんな時、とんでもない幸運が舞い込んだ。研究歴がまったくないのに、助手として来ないかというオファーである。それも、研究テーマは造血だ。いやぁ、世の中にはこんなラッキーが起きることもあるのだ。

研修医時代にお世話になっていた先生を通じてのお話だった。直接に指導していただいた先生ではなかったのだが、何度か飲みに連れていっていただいたことがあった。たぶん、その時に、いつか造血関係の研究をしたいと話していたのだと思う。

一人めの師匠となる大阪大学医学部教授の北村幸彦先生が血液学に興味がある人を探しておられる、と知って、真っ先に私のことを思い出してくださったのだ。自分のやりたいことや夢は、できるだけ周囲に話しておいた方がいい。もちろん、ほとんどが梨の礫である。しかし、時には、とんでもない幸運につながることもあったりする。このきっかけがなかったら、基礎研究の道に進んでいたかどうかすらわからない。

研究内容はドンピシャリ。血液細胞の分化についての研究だった。何千匹ものマウスを使っての移植実験。地味な古典的生物学の研究だったが、着実にデータを出すことができた。それほど多くのデータがなくても論文にまとめることができた時代だったとはいえ、四年半の間に筆頭著者として八つの英文原著論文を出せたのは、我ながら立派だと思う。すんません、いきなり自己肯定的な性格が出てしまいました。

この本の校正中に、その紹介くださった先生、佐藤文三先生に偶然お目にかかる機会があった。「いま、あつかましくも自伝を書いているのですが、先生のご紹介がなかったら、自分の一生はまったく違ったものになっておりました。そのことに気づいて、あらためて感謝いたしております」と、殊勝にお礼を申し上げた。

すると、佐藤先生、「あの時、北村さんが何て言うて人を探してたか知ってるか?」とおっしゃる。「そら、あれでしょう。血液学に興味があって優秀な若者を、とか」とこたえたら、「あはは、ちがうちがう。ちょっと変わってて人の言うことをあんまり聞かなくてもいいから、研究に向いてるような奴はおらんか、と頼まれたんや」が〜ん。そうやったんですか……。ずっと勘違いしてた。聞かなきゃよかったなぁ。

ドイツ留学へ

先にも書いたように、やたらと飽きっぽい性格である。順調に研究が進んで論文を出せてはいたけれど、移植実験にも飽きてきた。一九八〇年代の後半、分子生物学が猛烈な勢いで進み始めたころだ。古くさい移植実験ばかりしていても埒があかない。造血を分子レベルで解明してみたいと強く思い始めた。

　北村先生にそんな希望を伝えたら、懇意にしておられたサウスカロライナ医科大学の小川真紀雄先生にどの研究室がいいかを尋ねていただけることになった。小川先生は、阪大医学部の大先輩で、ずっと北米で造血研究をしておられた造血分野における大家中の大家である。国際学会の折に二、三度お目にかかったことがあるだけだったが、快く紹介していただけた。

　まったく面識がない人を紹介するのは難しい。忘れられてもかまわないから、学会などでは遠慮せず、大先生にお話をしておくのも大事だと痛感した。かのジェームズ・ワトソンも、科学者として成功するための条件のひとつに、直接の利害関係者ではないが、いざというときに頼りになる知り合いを作っておくべきだと書いている。

　今となっては信じられないが、当時、血液細胞の分化を分子レベルで解析している研究室は、世界中にたかだか一〇くらいしかなかったはずだ。その中から、三つの研究室を紹介してもらえた。場所は、ボストン、トロント、そしてハイデルベルク。受け入れお願いの手紙を書いた。電子メールはおろか、ファックスさえあまり普及していなかった時代である。航空便での往復だから、返事がくるとしても一ヵ月ほども先かと思っていた。

　ところが、一週間ほどたったある日、帰宅した途端に、国際電話がかかってきた。ハイデルベルクにあるヨーロッパ分子生物学研究所（ＥＭＢＬ）のトーマス・グラフ先生からである。心底驚いた。英語で電話するような経験すらほとんどなかったのだから当然だ。

いきなり、受け入れるから来なさいという。さすがに、もっと驚いた。論文がけっこうあったとはいえ、分子生物学の実験経験はまったくのゼロである。他の二ヵ所からの返事を待とうかという考えが浮かぶ間もなく、オッケー、サンキュー、と答えるしかなかった。その時のシーンは映画のようによく覚えている。不思議なことに、書斎で黒電話に向かってお辞儀している自分の姿なのであるが。

北村先生の研究室に参加した時もそうだったが、ほとんど自動的に進路が決まるような感じだった。いまから思えば、もっと悩んで決めてみたかったような気がするのだが、それは贅沢というものだろう。

昭和六三年の大晦日、ハイデルベルクへと旅立った。最初の三ヵ月は一人住まいだったが、以後、妻と二人の娘が合流し、夢のようなヨーロッパ生活が始まった。

夢のヨーロッパ生活

ドイツでの研究生活は楽ちんだった。ＥＭＢＬには、超一流雑誌にコンスタントに論文を出すような研究室がごろごろあったけれど、長時間働く人などほとんどいない。ボスのトーマスも、家で仕事をしていたのかもしれないが、平均したら半日くらいしか研究室にいなかった。

トオルは家庭があるのだから早く帰りなさいと何度言われたかわからない。夏休みを一〇日しか（！）とらなかったので、もっと休まないとダメだと言われた。ドイツ人は四週間も夏休みをとったりする。なんでも、一週間かけて仕事のことを忘れて、それからが本当の休暇らしい。そして二週間リフレッシュして、最後の一週間で仕事のことを思い出すのが正しい夏休みだと言われた。

そんなことは日本ではほぼ不可能だ。それでも、以来、できるだけ夏休みは長くとることにしている。出典がどうにもわからないのだが、あるフランス人ジャーナリストが、「わたしは、一年間の仕事を一一ヵ月かけたらできるが、一二ヵ月かけたらできない」といったようなことを書いていた。それほどヨーロッパではバケーションが大事なのである。

そんなボスだから、いつも「自分を客観的に見つめる癖をつけなさい」と繰り返し言っていた。それには、長期休暇がいちばんらしい。日常的にも、「何週間かに一度は立ち止まって、自分の姿を斜め後ろから眺めてみる」ことが大事だと説いていた。

実験が思い通りにいかなかったときには、いつも「Result is result.」と言われた。結果は結果だ、とでも訳せばいいのだろうか。うまくいかなくとも現実を受け入れなければ仕方がないという教えだ。もうひとつ、科学の最前線ではすべての人が平等だ、という考えもたたき込まれた。

トーマスのような研究者はあまり見たことがない。英語でいうところの intuitive な研究者である。知識とかではなく、感覚であたらしいアイデアを次々と生み出していくタイプだ。真の科学者というのはこういう人をいうのだろうと思った。

かといって、堅物ではない。うけもしないしょうもない冗談を言ったり、大の大人がそんなことをするか、というようなイタズラを時々していた。すでに七〇代なかばであるが、いまでも intuitive な論文を出し続けているのには感心する。

研究テーマは、いまではそんな研究をしている人はほとんどいないが、ニワトリの白血病ウイルスだった。見よう見まねで分子生物学を勉強しながら、自分なりに一生懸命やっていた。働く時間だけは、周りの仲間たちよりも長かった。

楽しくはあったのだが、どうにも大きな仕事にはなりそうになかった。ひと山あてるには、新しいテーマにチャレンジせねばならない。そうなると、トータルで四〜五年はいなければなるまい。それも、うまくいけば、の話である。すこしリスキーだし、娘のことなど家庭の状況を考えると、かなり難しい。

そんな感じで悩んではいたが、生活は本当に楽しかった。ヨーロッパは思いのほか小さい。ハイデルベルクからだと、車で半日もかければパリやヨーロッパアルプスまで行ける。二人の娘を連れて家族旅行にもたくさん出かけた。かといって、いつまでもそんな安楽なことをしている訳にもいかない。

どうするべきか。もう研究はやめて、帰国して内科のお医者さんに戻ろうかと真剣に考えたりもしていた。そんなところへ、まったく考えもしていなかったオファーが舞い込んだ。

本庶先生からの連絡

なにかとお世話になっていた西川伸一先生（当時は熊本大学教授、現・生命誌研究館顧問）からファックスが送られてきた。京都大学医化学教室の本庶佑教授が助手（いまでいうところの助教）を探しておられるので推薦しておいた。先方は乗り気なようだから帰国するつもりはないか、という内容だった。

腰が抜けるほど驚いた。何よりも、本庶先生といえば日本を代表する研究者である。まったくの雲の上の人だ。一、二度お目にかかったことがあるとはいえ、挨拶をさせていただいただけである。覚えていただけているかどうかも心許ない。まさか、そんな研究室にお誘いいただけるとは、本当に夢のようだった。近々、ドイツに出張においでになるということで、面接を受けることになった。

ハイデルベルクの旧市街地にあるホテルのラウンジでお目にかかった時のことは、いまでもありありと思い出すことができる。あつかましい誤解かもしれないが、よほど強く推薦していただいていたのか、採用するかどうかを値踏みする、というよりは、採用が前提であるような印象だった。

本庶先生がどのような研究をしてこられたか、どういうお考えを持っておられるのか、一時間以上もお話しいただいた。いまでもいちばん印象に残っているのは、米国留学から帰国される際に、当時はまだどのように展開するかよくわからなかった免疫グロブリンの研究に賭けようと思った、というお話だった。

留学される以前にやっておられた研究も面白い内容だったので、帰国後はその研究に戻るようにと諭す先生もおられたそうだ。しかし、どうなるかわからなくとも、免疫グロブリンの研究に惚れ込んでいたから、そのような話は断ったと。

「研究がうまくいかなかったら、田舎に引っこんで釣りでもしながら町医者でもするつもりだった」というお言葉に、心底感動した。一生、この先生についていこうと思った。そして、二年間の予定だったドイツ留学を三ヵ月早めて切り上げ、平成二年の秋、本庶研究室の助手になるべく帰国した。

その時、苦悩の日々が待っていようとは、まったく予想していなかった。

ストレスの始まり

一流の研究室とは、言うまでもなく、トップレベルの研究をおこなう研究室である。もう少しわかりやすく、一流雑誌にコンスタントに論文を出し続ける研究室、と言い換えることもできる。もちろん本庶研究室はそのような研究室のひとつだった。

いい研究をするために、優れた研究室に所属することは必須ではないにしても、かなり重要なことだ。しかし、そんな研究室の一員になったからといって、一流雑誌に論文を書けるとは限らない。精一杯の努力はもちろん、幸運に恵まれることも必要である。

生命科学には、*Cell*、*Nature*、*Science* という、俗に三大誌と呼ばれる雑誌がある。掲載された論文の被引用回数の多い雑誌である。そんなブランド志向はよろしくないという意見もあって、ある意味では正しいのだが、それは建前論でしかない。

予想以上に厳しい研究室だった。本庶先生が激しくお怒りになられる、という訳ではない。世界に響き渡るような研究をしたいと全国から集まってきた若者たちである。全員が優秀であったかどうかはさておき、意識だけはやたらと高かった。

三大誌に筆頭著者での論文掲載経験がなければ、廊下の真ん中を歩いてはいけないような雰囲気まで感じた。そんな中に、これといった論文もなく、三三歳にしての中途採用である。知り合いは一人もいない。それだけで、けっこうなストレスだった。

研究するうえで最も重要なことは、研究テーマの設定である。うまくいくとわかっているような研究は、成功率は高いが、大きな研究にならない可能性が高い。逆に、あたれば大きいけれど、玉砕する可能性が高い研究もある。そのあたりの塩梅というか判断がかなり難しい。

命じられた研究を始めたけれど、どうにもうまくいかない。自分で選んだテーマではないので、いまひとつ興味もわかない。いろいろ調べてみると、かなり難度が高い割に、できたところでそう面白くなさそうだということがわかってきた。

その研究を何ヵ月か続けたけれど、勇気を持ってやめることにした。埒があきそうにない研究を続けるほどバカらしいことはない。しかし、次のテーマの決定は難航した。そこそこの年齢である。ここでいい研究をしなければ、せっかく本庶研に参加させてもらえた意味がない。それに、先に書いたような状況だ。強烈なプレッシャーの中、悶々とした日々が続いた。

トロントの休日

その頃、ドイツ時代の師匠トーマス・グラフ先生が来日された。奈良を観光しながら、帰国してからのことをぼやきまくった。せっかくの休日だったのに悪いことをしたと思う。しかし、それくらい鬱々としていたのである。

たぶん、トーマスも面白くなかったのだろう。その日の最後、トオル、お前はいったいなにをやりたいのかと、少し不機嫌に尋ねられた。自分の中で、それだけは確固たるものがあった。血液細胞の産生機構を分子レベルで解析したい。そう言うと、ご託宣のように、マウスのES細胞を使った研究以外はありえない、と返された。

やっぱりそれしかないか、という気がした。ES細胞というのは、初期胚から樹立された、どんな細胞にも分化できる能力をもった細胞である。その細胞を用いて、遺伝子を破壊したマウスを作るという方法論がようやく確立されたころだった。将来性は十分にある。しかし、当時は、世界中で数ヵ所の研究室でしかうまくできないという高度な実験だった。

新しく始める研究テーマの候補に入れてはいたが、どこから手をつけていいかもわからない。難しすぎると判断していたのだ。トーマスとのディスカッションの後、さてどうしたものか、と思っていたところに、また僥倖が舞い込んだ。

そのころ、本庶研のメインテーマのひとつはRBP-Jkという遺伝子だった。機能がなかなかわからないので、その遺伝子を破壊して調べるというプロジェクトが開始されていた。ES細胞の培養が非常に難しいので、トロントのタック・マック先生のところへ何ヵ月か誰かを送らねばならないという。

その希望者が募られた時、まったく迷うことなくノータイムで手をあげた。自分の仕事を中断されるのがイヤだから、他は誰も手をあげない。希望者が一人だけだったので、難なく自分に決定した。これが後の仕事につながったのだから、本当に幸運だったとしか言いようがない。そして、トロントに向かった。

平成三年の夏、生涯のうち、まごうことなく最も暇な三ヵ月間だった。培養細胞の世話など、毎日一時間もあれば終わる。あと、一週間に一度くらい、実験がうまくいっているかどうかをチェックするのだが、それも半日程度だ。まだE-mailもない時代、他にやらなければならないことはほとんどない。

同じ研究室に在籍しておられた日本からの先生たちと、夕食に何を食べに行くかを相談するのが最大の興味であった。いまだから言えるが、昼間からゴルフにいったりもした。一度は、ゴルフ場で雷にあい、地面にはいつくばりながら「雷にうたれたら、外国出張中なんで労災扱いになりますやろか」としょうもない話をしていた。そんな暮らしだったが、研究は無事に終了。

タック・マック先生というのは、血液細胞の研究から始められ、T細胞受容体のクローニングなどを成し遂げられた超有名研究者である。研究室を去るにあたり、帰国したらふたたび悩むであろうことについて、ひとつ質問をした。

「What is the most important factor to succeed in science?」科学で成功するために最も重要なことは何かと。きっといい答えをしてくれるだろうと期待した。間髪を入れずに発せられた言葉は、「Science is luck!」（それは幸運である）だった。それも、右手の中指を人差し指に交叉させた幸せのおまじないをしながら。あまりのことに腰が抜けそうになった。けど、ありがたかった。そうや、あまり悩んだらあかんのや、幸運を待つことも大事なんや、と肝に銘じた。

苦悩の日々

RBP-Jk遺伝子の破壊実験は順調に進んだが、それは自分の研究テーマではない。トロントで暇にあかせて勉強し、ES細胞から血液細胞への試験管内分化誘導を自分の研究テーマにしようと決めた。

血液細胞はおおまかに、骨髄系の細胞とリンパ系の細胞に分けられる。骨髄系の細胞とは、赤血球、血小板、それから白血球のうち顆粒球やマクロファージといった細胞で、リンパ系の細胞とはT細胞、B細胞をはじめとしたリンパ球などの細胞である。

それまでにも、ES細胞から血液細胞への分化誘導系は報告されていたのだが、骨髄系の細胞しかできないとされていた。造血学の常識からいくと、適当な条件さえ整えば、絶対に両方の系統の細胞をES細胞から作り出せるに違いない。そのような培養法を確立できれば、血液細胞分化研究において画期的なツールになる。そう考えて研究に取り組んだ。可能性は高くないかもしれないが、うまくいけばリターンが大きい研究になるはずだ。

そのために選んだのはストロマ細胞である。造血系の細胞を長期間にわたって試験管内で維持するには、ストロマ細胞の上で培養する必要がある。そのストロマ細胞の上でES細胞を培養すれば骨髄系、リンパ系、両方の細胞ができるのではないかと考えたのだ。いくつもの種類のストロマ細胞があるので、手に入る限り調べてみた。しかし、ダメだった。マクロファージのような細胞はできてくるのだが、それ以外の血液細胞はできてこないのである。

あぁ、もうダメかと思った。本庶先生の下にやってきて二年、ES細胞から血液細胞への分化誘導実験を始めて一年。ほとんど鬱状態であった。大阪から京都へ通っていたが、往復の京阪特急の中でも、頭の中は研究のことでいっぱい。土日はおろか、お正月も祖父の葬式の日も、データはでないのに研究室へ行って実験しないと落ち着かないような状態だった。今から思えば、ほとんど精神を病んでいたような気さえする。そんなある日、新しいストロマ細胞OP9が樹立されたという話を耳にはさんだ。

最後の賭け

血液細胞の産生には成長因子が必要であり、マクロファージの産生は、マクロファージ刺激因子（M-CSF）と呼ばれる因子が刺激する。その新しいストロマ細胞OP9は、そのM-CSFを産生できない変異マウス（*op/op*マウス）から作られた細胞である。ちなみに、この変異マウスがM-CSFを産生しないことを報告されたのは、本庶研に口利きしてくださった西川先生らのグループである。

正常なマウスから作られたストロマ細胞は、すべてM-CSFを産生している。私の考えはシンプルであった。M-CSFがあれば、マクロファージみたいな細胞がでてくるのであるから、M-CSFを作らないストロマ細胞であれば、マクロファージにじゃまされずに他の血液細胞もできてくるのではないか。

忘れもしない、一九九二年一二月九日の朝、OP9細胞を京都全日空ホテルまで受け取りにいった。どうしてそんなことを鮮明に覚えているのだろうかと思う。この細胞でだめなら、もう打つ手はないと思っていたからかもしれない。

そのころ、ある論文——ES細胞を、とあるストロマ細胞の上で培養するとリンパ系の細胞を作ることができるという論文——が出た。愕然とした。同じような方法で先を越されたのである。どうしようもなかったけれど、どういう訳か、その方法では骨髄系の細胞は出てこないという。

骨髄系の細胞とリンパ系の細胞の両方を同時に作ることができれば、まだチャンスはある。そう考えて実験を続けるしかなかった。あとになって、その論文の内容は再現が極めて困難であることがわかるのだが、そのようなことは知るはずもなかった。

なかなかうまくいかなかった。血液細胞のような集団（コロニー）ができてくるのではあるが、大きく育たない。自慢ではないが、私はあきらめがいい。といえば聞こえがいいが、実に投げやりである。ある実験がうまくいかないと、すぐに投げ出すタイプだ。しかし、この時だけは違った。もう後がないのであるから、ねばった、というより、ねばるしかなかった。しかし、万策ほぼつきていた。先行きは明るくなかった。

最初の師匠である北村幸彦先生から厳しく指導された、ある実験がうまくいかなかった時にどうするかについての格言がある。「毎日やる」ということである。どう考えても非科学的だ。なにしろ、だめでも毎日繰り返せ、というのであるから、ほとんど精神論にすぎない。しかし、不思議なことに、毎日やっているうちに、できない実験ができるようになることもままある。スポーツの上達みたいなものだろうか。

ふたつのちいさなできごと

父親が三五歳で亡くなっているので、若い頃から、なんとなく三五歳で死ぬのではないかという思いにとりつかれていた。アホなことを、と思われるかもしれないけれど、井上ひさしも中井貴一も同じように思っていたようだから、父親に早死にされた息子の宿命のようなものかもしれない。中井貴一などは、その年齢に達するまで結婚しなかったと何かで読んだことがある。

本庶研に来てから、なんど研究を投げ出して医者にもどろうかと思ったことかわからない。しかし、三五歳で死ぬかもしれんのだから、とりあえずそれまではがんばろうとふんばっていた。そうして迎えた三五歳の誕生日。あぁ、いよいよやめるべき日がきたかと思ったけれど、いざとなると、精神は弱く慣性は強し。いや三五歳はまだ三六四日ある、と言い訳をしながら続けることに。

日本医事新報の医師求人欄をボンヤリと眺めたり、まったく頭を使わないでいい仕事をしてみたいとまで思ったりしていた。家ではしょっちゅう、もう研究をやめたいとこぼしていた。ふつうの妻なら、もう少しがんばったら、と励ますところだろう。しかし、我が家の妻はちょっと違う。嫌やったらやめたらええやん、という。そのたびに、おまえにやめたらええと言われてやめたら男がすたる、と思っていた。うまい具合に操られていたのかもしれないが、そこはいまだによくわからない。

そしていよいよ自らが設けた二回目の仕切り、三六歳の誕生日が目前にせまったころ、二つの、小さいけれど忘れられないできごとがあった。OP9細胞をもらい、最後の実験になるかもしれないと苦闘していたころである。

ひとつは、お風呂でシャワーを浴びていた時に、悲しくもなんともないのに、涙がぼろぼろこぼれてきたことだ。あとにもさきにもない、ものすごく不思議な経験であった。しかし、なぜか「あぁこれがボトムなんや」という気がした。そして、これが最悪の状態やったらどうということはない、と、ずいぶん楽になった。かといって研究は進まず、いよいよやめんとあかんかなぁ、という気持ちはつのる一方であった。

京都大学というのは、ちょっと特殊事情があって、私のように大阪のような離れたところから通ってくるのは少数派で、多くの人は大学の近辺に住んでいる。だから、研究時間はかなりフレキシブルで、夜中に実験する人もけっこういる。私も、実験で遅くなった時のために大学の近くに部屋を借りていたのであるが、その涙の日から何日か経った眠れぬ夜、午前二時頃にふらっと研究室に出かけた時、二つめのできごとに遭遇した。

当時講師であった私は、「六研」という大きな研究室を一つまかされ、七、八人の大学院生たちを指導していた。その日、夜中の二時というのに、なんと、六研の全員が実験をしていたのである。めったにあることではない。心底おどろき、我が目を疑った。

やめるということは、この子らの研究指導を途中でほうりだすことなのだ。こんなにがんばってくれているのに、そんなわけにはいくまい。三六歳の誕生日をすぎても、もうすこしがんばる決意をした。単にふんぎりがつかなかっただけ、という気もするのだが、ともかく自分への言い訳が見つかった。

こうやって、（たぶん）神様に励まされながら、一九九三年三月、三六歳の誕生日をすぎても、同じ実験を毎日繰り返していた。そして一ヵ月あまり。それまでもやもやしていた研究が劇的に進み、ゴールデンウィークあけに目が覚めるほど素晴らしいデータが出た。いまでもそのデータを見た時の興奮は昨日のことのように思い出せる。うれしくてうれしくて、キャンパスのまわりを、意味もなく、一時間も二時間も自転車で走り回った。

いいデータが出てしばらくしたある日、鼻歌を歌っている自分を発見して、あぁ鼻歌を歌うのはどれくらいぶりだろうか、と驚いた。後から振り返ってみると、限界まで追い詰められていたのかとわかるけれど、追い詰められている時というのは、そこまでとは思っていなかった。

そうして確立できたOP9システムという方法は難易度の高い実験法である。最初のうちは、なかなか他の研究室で追試がきかず、一部では仲野の論文は怪しいのではないかと言われたことさえある。しかし、後に、すぐれた方法として、造血研究をおこなっている研究者にあまねく知られるようになった。自慢するようだが、できるとわかっていてもなかなか難しいような方法論を、できるかどうかわからないのに、よく確立できたものだと思う。

カタルシスのような涙がなかったら、そして、午前二時の研究室全員集合状態がなかったら、三六歳の誕生日を契機に研究をやめていただろうと思う。ひょっとしたら、あのころは、私の近くに神様がいて、あと一歩だからもうちょっと続けなさいと励ましてくれていたのかもしれない。

三六歳の誕生日の少し後、神様は、与えてやったチャンスを一生懸命活かそうとしているのだから、そろそろ微笑んでやろう、と決心してくれたに違いない。もちろん、単なる偶然であることはわかっている。しかし、これ以来、しっかり考えて、一生懸命研究すれば必ずうまくいくと思うようになった。

同時に、一生懸命やらなければ、神様は振り向いてくれない、という考えも抱くようになった。教授になってからは、そういった気持ちで研究の指導をおこなってきた。こんな考えは、スタッフや大学院生たちにとっては迷惑なことかもしれないのだけれど。

されど楽しき日々

暗くぼやきながら研究していた頃、ある先生に、「今はぼやいてばっかりいてるけど、いずれ、あの頃は楽しかったと思い出せる日がくるんやで」と言われたことがある。そんなこと絶対にない、と思っていたのだけれど、今となっては、その先生のお言葉の方が正しかったような気がしている。まぁ、思い出が美化されているだけのことかもしれないが。

OP9の研究がうまくいきだして、最初に発表した時のこともよく覚えている。ずいぶんとお世話になった故・井川洋二先生（東京医科歯科大学教授）がお世話をされていた箱根でのシンポジウムである。まる三年ほどの間、満足なデータがなく、まともに研究発表する機会すらなかったのだ。三五年以上の研究歴だが、その時のプレゼンがいちばん印象に残っている。研究内容も冗談も、馬鹿ほどうけた。

当時は、若い大学院生を連れてよく飲みに行っていた。夕食をとってから実験を、というスケジュールを立てることもよくあった。ついビールが飲みたくなる。そんな時は、オーダーする品物が「食事系」であることをできるだけ確認していた。「おつまみ系」はずるずるとビールを飲んでしまいそうだから頼んではダメ、という理屈だ。もちろん、食事系からおつまみ系へと移行し、そのまま実験なんかもうええわ、となることもしばしばであった。

借りていた京都の部屋は、元病院の建物で、院長先生が亡くなられた後、病室を間貸しされていた。朝になったら、東山のお寺の鐘が鳴り響き、隣の八ッ橋屋さんからニッキのいい香りが漂ってきて自然と目が覚める。

と書くと優雅なのだが、寝ているのは、昔の病院時代から使われていたパイプベッド。

実験がうまくいかなくてうなされた時など、ひょっとして、このベッドで亡くなられた方がおられて、その霊が、とか思ったりしたものである。しかし、そんなのはまだましで、窓のないレントゲン室に仮住まいしていた先生もおられた。

ある朝、パイプベッドであまり眠れず、六時前に研究室へ行ったことがある。そしたら、なんと電気がついている。おぉ、朝まで実験してたのか、偉いなぁ、自分もやっぱりがんばらなあかんなぁ、と思ってドアを開けると、酒の匂いがプンプンする。

なんと、大学院生三人が酒盛りをしていたのだ。一人が、やぁ先生も飲みましょう、とか言いながら絡んでくる。褒めてやろうと思っていたのに、あまりの落差に激怒。ばかもぉ～ん、と大声でどなって振り払った。目撃者によると、その大学院生は三メートルほど吹っ飛んだらしい。いまでも会うたびに話題になるエピソードだ。その三人のうち二人が教授になっているのだから、世の中はわからない。

そして教授に

OP9システムの論文は、無事、*Science* 誌に掲載された。と言いたいところだが、すんなりとはいかなかった。論文を投稿すると専門家のレビューにまわされ、掲載されるかどうかが決定される。即座に却下されることは結構あるのだが、一発で掲載されることは稀である。掲載にいたる場合でも、ここを直しなさいと改訂が要求される。

この論文の時もそうだった。ほぼ完全に改訂ができたので、採択の返事が来るとばかり思っていた。なのに、なんと却下。目の前が真っ暗になった。どう考えても理不尽である。本庶先生も同じように考えてくださり、再交渉をすることに。通常、決定がひっくり返ることは少ないのだが、この時はうまくいった。どういった経緯で判断されたのかはわからないが、Tasuku Honjo というビッグネームが後ろについていなければ、どうなっていたかはわからない。

二〇一八年に本庶先生のノーベル賞が決定した時、たくさんのマスコミから取材があった。どのお弟子さんからも厳しかったといったコメントばかりなのですが、なんとかなりませんかという。確かに厳しかった。けれど、いろいろと思い出してみると、はげしく叱責されるという厳しさではなかった。そうではなくて、研究室の皆が頑張らねばならないという気持ちを持たざるをえなくなるような厳しさだった。

日経新聞に掲載された私のコメントは「とにかく厳しい。弟子はみな『一日も早く辞めたい』と思っていた」というものだった。研究室の同窓会では、OBの先生方がのびのびとお話をされるのがとても印象的だった。きっと、本庶研に在籍している間は苦しいけれど、独立したら楽しく思い出せるようになるのだろうと想像していた。そして、実際にそのとおりだった。

いい研究をしなければ、研究室を出て独立できない。そのために一生懸命研究する。それがプレッシャーだったのだが、独立してからは、本庶先生に一人前の研究者として扱っていただけたのがとても嬉しかった。そういった説明もした上で、一日も早く辞めたい、というのは研究のモチベーションになった、と記者さんに話したつもりなのだが、記事にはそんなニュアンスはどこにもなかった。

う～ん、こんなコメント載せるんか、と思ったけれど、後の祭り。まぁ、一応はバランスをとるかのように、ラストには「面倒見がよく、弟子から慕われる存在だった」というコメントもついてはいたのだが。

京都の夏は祇園祭と大文字の送り火だ。京大は大文字山に近く、その頃は研究室のある建物の屋上で送り火を見る楽しいパーティーがあった。*Science* 誌に論文が掲載されたのはちょうど送り火の頃だった。いい研究ができて一流雑誌に掲載されたのだから、本庶研を出て独立できる可能性が飛躍的に高まった。もう一報、これは自分で実験したのではなくて指導しただけだが、も、*Science* 誌に掲載されていたからなおさらだ。

送り火では願い事を書いた護摩木を奉納することができる。これはもう神頼みしかあるまいと、かんかん照りの中、そう遠くはない銀閣寺前の受付まで自転車で走っていった。もちろん護摩木に書いたのは「一日も早く辞められますように」である。あかん、やっぱり自分で言うてたんや。

独立できるポストがあれば全国どこへでも行くつもりだった。しかし、タイミングよく、母校・大阪大学の微生物病研究所に新設される遺伝子動態研究分野での公募があった。研究分野としてはドンピシャリである。応募しようと思った。が、業績ではかなわない知り合いの先生が応募されているということがわかった。

勝ち目はなさそうだ。最後までどうするか迷ったのだが、ダメ元だと考えて書類を提出した。通常、そういった書類は郵便か宅配便で送るのだが、ギリギリになったので、研究所まで持参した。おかしな応募者だと思われたかもしれない。

結局、その有力候補は、先に決定した他の大学に赴任されることになった。応募しておいてよかった。最終的には一票差で教授に選んでいただけたと聞きおよんでいる。採用が決まったのは、OP9システムで大きな血液細胞コロニーができてちょうど二年たったころだった。

決定の電話を受け取って、本庶先生の教授室に駆け込んだ。本当に嬉しそうに、大きな手でがっちりと握手をしてくださった。死ぬ直前に思い出が走馬灯のように巡るならば、このシーンは絶対に出てくるはずだ。

教授になってからの三〜四年は、人も集まらず、研究も思うにまかせず、かなりしんどい時期をすごした。しかし、本庶研での厳しさに比べるとたいしたことではなかった。

苦労を売りにするようでは、人間、おしまいである、と常々思っている。人間、苦労をしたほうがいいという人もいるが、どう考えてもしないに越したことはない。もちろん、苦労を乗り越えて立派になった方がたくさんおられるのはわかっている。しかし、苦労によってダメになった人の方が絶対に多数派だ。

本庶研での厳しい日々が苦労であったかというと、よくわからない。歳をとってから考えると、あの頃どうしてあんなに思い悩んでいたのかがよくわからないのだ。辛くはあったけれど、楽しかった思い出もたくさんあるし。

苦労であったかどうかは別として、本庶研での日々がなかったら、決して今の自分はなかったことは間違いない。本庶先生が喜寿を迎えられた時のパーティーで、出席者は皆、同じようなことを言っていた。一流の研究をしなければ意味がないということをたたき込まれたと。その教えは何よりも大きい。

おわりのつぶやき

……こうやって書いてみると、教授になるまでの道筋は幸運に恵まれたとしか言いようがありません。まず、研究者人生のスタートは、大学院にも行かず、いきなり助手での採用でした。留学先も、あれよあれよという間に決まりましたし、本庶研への参加は迷うことすらありませんでした。微生物病研究所の教授になれたのも、首の皮一枚の幸運でした。

本庶研時代の同僚に、私から見て、世界でいちばん幸運ではないかと思える奴がいました。教授になることが決定した日、その男に、先生ほど幸運な人には会ったことがない、と言われて、腰が抜けそうになったことをよく覚えています。しかし、そう言われても不思議ではないような気がします。

立場上、進路の相談を受けることもけっこうあります。そんな時は、まず、迷うというのは若さの特権だから、迷うことを楽しむべきだと言うことにしています。歳をとると迷うことすらなくなってくると思っているのが最大の理由ですが、もしかすると、自分自身があまり迷うことがなかったので、迷うという行為にうらやましさがあるからかもしれません。

僭越ながら、若者たちのキャリアパス講演を頼まれることもあります。そんな時にお話しするのはふたつのことです。まずひとつは、多くの引き出しを作っておくこと。若い頃の頭脳は柔軟です。そんな時に、できるだけ多くのことに興味をもつようにすることが大切です。興味を限定してしまうと、何かを見たり聞いたりしても、新しいことに注意が向かなくなってしまいます。それを避けるためには、空っぽでもいいから、引き出しをできるだけたくさん作っておくことです。

もうひとつ強調することは、複数の師匠につくこと。どうしても、弟子は師匠の考え方に影響されます。しかし、ひとりの師匠の真似をするだけでは縮小再生産にならざるをえません。それに、ある人の優れたところというのは、その人の個性であって、そっくり真似をするのは難しい、というより不可能です。

振り返ってみると、三人の、それぞれに特徴のある優れた科学者の下で修行を積むことができたのが、何よりも幸運なことでした。弟子たちに、仲野先生の研究室に来てよかった、と、少しでも思われていたら嬉しいのですけれど、それはようわかりません。

教授になってからもいろいろなことがあったとはいえ、それまでのことに比べるとかなり平板です。歳をとるというのは、あるいは、終身ポストにつくというのは、そういうことなのでしょう。

ここまでお読みいただき、本当にありがとうございました。ちょっとでも、おもしろい、あるいは、役に立った、と思っていただければ、何よりの幸いです。ということで、つたない自伝、一巻の終わりであります。お粗末さまでした。

文庫版　おわりに

　生命科学者の伝記、お楽しみいただけましたでしょうか。単行本を出版するとき、あまり売れそうな気がしなかったので、武道家にして思想家の内田樹先生に帯をお願いしました。「才能豊かな科学者たちには共通する特徴があります」とあって、

「一、豊かな鉱脈に対する嗅覚がすぐれている」
「二、他人と同じものを見ても、見えるものが違う」
「三、虎の尾があるとつい踏む」

という三つの要約をいただき、さすがは内田先生と感心しました。この三つのセンテンスから、この本に登場した研究者の名前や、研究の内容を思い浮かべることができると思います。

　そのあとに「仲野先生もこの三条件をクリアーしてますね」という、すごいお褒めの

おことばもいただいたのは汗顔の至りです。まぁ、三つ目はかなり自信がありますが他の二つはちょっと……。

その赤い帯には「内田樹氏絶賛」とあったのですが、「内田樹」の文字が、著者である私の名前はおろか、タイトルよりも大きいものでした。中には、内田先生の本かと勘違いして買われた人がおられるかもしれません。もしおられたら、ここにお詫び申しあげます。

読売新聞で、池谷裕二先生（東京大学薬学系研究科・教授）に書評を書いていただいたこともあり、何回か増刷するところまでいきました。とはいえ、まさか文庫化していただけるとは思ってもいませんでした。その文庫化にあたっては、河出書房新社の朝田明子さんにひとかたならぬお世話になりました。ありがとうございます。

もちろん、こうして再び多くの人が手にとってくださるかと思うと、望外のよろこびです。自伝など書いてしまったので、周りの人たちから、やっぱり仲野は自己肯定感が強いと思われそうなのが少し心配ではありますが……。

この本をきっかけに、生命科学者のものに限らず、伝記を読む面白さを知っていただけたら何よりだと考えています。必ず人生の糧になるはずです。

ここまでお読みいただき、本当にありがとうございました。

二〇一九年六月　仲野　徹

〔ちょっと気になる人名索引〕

引用・参考文献一覧

本文中の引用箇所は、＊印の書籍にしたがった。

第1章

＊『野口英世』イザベル・R・プレセット著、中井久夫・枡矢好弘訳、星和書店、一九八七年。
＊『ヒトゲノムを解読した男――クレイグ・ベンター自伝』J・クレイグ・ベンター著、野中香方子訳、化学同人、二〇〇八年。
＊『朝からキャビアを――科学者セント＝ジェルジの冒険』ラルフ・W・モス著、丸山工作訳、岩波書店、一九八九年。
『異星人伝説――二〇世紀を創ったハンガリー人』ジョルジュ・マルクス著、盛田常夫訳、日本評論社、二〇〇一年。

『逃走論――スキゾ・キッズの冒険』浅田彰著、筑摩書房、一九八四年（のちに文庫）。

『囚人のジレンマ――フォン・ノイマンとゲームの理論』ウィリアム・パウンドストーン著、松浦俊輔訳、青土社、一九九五年。

『フォン・ノイマンの生涯』ノーマン・マクレイ著、渡辺正他訳、朝日新聞社、一九九八年。

『放浪の天才数学者エルデシュ』ポール・ホフマン著、平石律子訳、草思社、二〇〇〇年（のちに文庫）。

『My Brain is Open――20世紀数学界の異才ポール・エルデシュ放浪記』ブルース・シェクター著、グラベルロード訳、共立出版、二〇〇三年。

＊『ウィルヒョウの生涯――19世紀の巨人＝医師・政治家・人類学者』Ｅ・Ｈ・アッカークネヒト著、舘野之男・村上陽一郎・河本英夫・溝口元訳、サイエンス社、一九八四年。

第2章

＊『解剖医ジョン・ハンターの数奇な生涯』ウェンディ・ムーア著、矢野真千子訳、河出書房新社、二〇〇七年（のちに文庫）。
『フルハウス　生命の全容――四割打者の絶滅と進化の逆説』スティーヴン・ジェイ・グールド著、渡辺政隆訳、早川書房、一九九八年（のちに文庫）。

『死体はみんな生きている』メアリー・ローチ著、殿村直子訳、ＮＨＫ出版、二〇〇五年。
＊『The Last Man Who Knew Everything』Andrew Robinson, Basic Books, 2006.
『ロゼッタストーン解読』レスリー・アドキンズ、ロイ・アドキンズ著、木原武一訳、新潮社、二〇〇二年（のちに文庫）。

『ヒエログリフ解読史』ジョン・レイ著、田口未和訳、原書房、二〇〇八年。

『完全なる証明――１００万ドルを拒否した天才数学者』マーシャ・ガッセン著、青木薫訳、文藝春秋、二〇〇九年（のちに文庫）。

『暗号解読　上下』サイモン・シン著、青木薫訳、新潮社、二〇〇一年（のちに文庫）。
＊『鷗外最大の悲劇』坂内正著、新潮選書、二〇〇一年。
『見習いドクター、患者に学ぶ――ロンドン医学校の日々』林大地著、集英社新書、二〇〇八年。

『鷗外──闘う家長』山崎正和著、新潮社、一九七二年（のちに文庫）。

『白い航跡　上下』吉村昭著、講談社、一九九一年（のちに文庫）。

『鷗外　森林太郎と脚気紛争』山下政三著、日本評論社、二〇〇八年。

『鴎外は何故袴をはいて死んだのか──「非医」鴎外・森林太郎と脚気論争』志田信男著、公人の友社、二〇〇九年。

『生命科学クライシス──新薬開発の危ない現場』リチャード・ハリス著、寺町朋子訳、白揚社、二〇一九年。
＊『時間　愛　記憶の遺伝子を求めて──生物学者シーモア・ベンザーの軌跡』ジョナサン・ワイナー著、垂水雄二訳、早川書房、二〇〇一年。
『ドクター・アロースミス』シンクレア・ルイス著、内野儀訳、小学館、一九九七年。

『フィンチの嘴──ガラパゴスで起きている種の変貌』ジョナサン・ワイナー著、樋口広芳他訳、早川書房、一九九五年（のちに文庫）。

『命の番人──難病の弟を救うため最先端医療に挑んだ男』ジョナサン・ワイナー著、垂水雄二訳、早川書房、二〇〇六年。

『ウェクスラー家の選択──遺伝子診断と向きあった家族』アリス・ウェクスラー著、額賀淑郎他訳、新潮社、二〇〇三年。

『分子生物学の夜明け──生命の秘密に挑んだ人たち　上下』H・F・ジャドソン著、野田春彦訳、東京化学同人、一九八二年。

『微生物の狩人　上下』ポール・ド・クライフ著、秋元寿恵夫訳、岩波文庫、一九八〇年。

第3章

＊『カレル　この未知なる人』J－J・アンチエ著、中條忍訳、春秋社、一九八二年。
『人間　この未知なるもの』アレキシス・カレル著、渡部昇一訳、三笠書房、一九八六年（のちに文庫）。
『血液の物語』ダグラス・スター著、山下篤子訳、河出書房新社、一九九九年。
Carrels Man *Time*, September 16, 1935.
Men in Black *Time*, June 13, 1938.
『ノーベル賞講演　生理学・医学3』ノーベル財団著、講談社、一九八五年。
＊『生命科学への道――エイブリー教授とＤＮＡ』Ｒ・Ｊ・デュボス著、柳沢嘉一郎訳、岩波現代選書、一九七九年。
Avery OT, Macleod CM, McCarty M: Studies on the Chemical Nature of the Substance Inducing Transformation of Pneumococcal Types. Induction of Transformation by a Desoxyribonucleic acid Fraction Isolated from Pneumococcus Type III. *J Exp Med* 79 : 137-158,1944.
『遺伝子発見伝』Ｒ・Ｊ・デュボス著、田沼靖一訳、小学館、一九九八年。
『地頭力を鍛える――問題解決に活かす「フェルミ推定」』細谷功著、東洋経済新報社、二〇〇七年。
＊『分子生物学への道』サルバドール・Ｅ・ルリア著、石館康平・石館三枝子訳、晶文社、一九九一年。
＊『ダークレディと呼ばれて――二重らせん発見とロザリンド・フランクリンの真実』ブレン

ダ・マドックス著、福岡伸一監訳、鹿田昌美訳、化学同人、二〇〇五年。

『二重らせん』ジェームス・D・ワトソン著、江上不二夫・中村桂子訳、タイムライフインターナショナル、一九六八年（のちに講談社文庫、ブルーバックス）。

『ロザリンド・フランクリンとDNA――ぬすまれた栄光』アン・セイヤー著、深町真理子訳、草思社、一九七九年。

『二重らせん　第三の男』モーリス・ウィルキンズ著、長野敬・丸山敬訳、岩波書店、二〇〇五年。

『歴史は「べき乗則」で動く――種の絶滅から戦争までを読み解く複雑系科学』マーク・ブキャナン著、水谷淳訳、早川文庫、二〇〇九年。

*『癌細胞はこう語った――私伝・吉田富三』吉田直哉著、文藝春秋、一九九二年（のちに文庫）。

『流動する癌細胞――吉田富三伝』永田孝一著、佐藤春郎監修、講談社、一九九二年。

『科学の終焉』ジョン・ホーガン著、竹内薫訳、筒井康隆監修、徳間書店、一九九七年（のちに文庫）。

『巨人の肩に乗って――現代科学の気鋭、偉大なる先人を語る』メルヴィン・ブラッグ著、熊谷千寿訳、翔泳社、一九九九年。

第4章

*『美しき未完成――ノーベル賞女性科学者の回想』リタ・レーヴィ゠モンタルチーニ著、藤

田恒夫・曾我津也子・赤沼のぞみ訳、平凡社、一九九〇年。

『先生はえらい』内田樹著、ちくまプリマー新書、二〇〇五年。
＊『分子生物学の誕生——マックス・デルブリュックの生涯』Ｅ・Ｐ・フィッシャー、Ｃ・リプソン著、石館三枝子・石館康平訳、朝日新聞社、一九九三年。
『哲学個人授業——〈殺し文句〉から入る哲学入門』鷲田清一×永江朗著、バジリコ、二〇〇八年（のちに文庫）。

『生命とは何か——物理的にみた生細胞』Ｅ・シュレーディンガー著、岡小天他訳、岩波文庫、二〇〇八年。

『毒ガス開発の父ハーバー——愛国心を裏切られた科学者』宮田親平著、朝日選書、二〇〇七年。

『そして世界に不確定性がもたらされた——ハイゼンベルクの物理学革命』デイヴィッド・リンドリー著、阪本芳久訳、早川書房、二〇〇七年。
＊『内なる肖像——一生物学者のオデュッセイア』フランソワ・ジャコブ著、辻由美訳、みすず書房、一九八九年。
＊『生命のつぶやき——ＨＬＡへの大いなる旅』ジャン・ドーセ著、鈴村靖爾訳、集英社、二〇〇四年。
『セレンディピティと近代医学——独創、偶然、発見の一〇〇年』モートン・マイヤーズ著、小林力訳、中央公論新社、二〇一〇年。

『ハエ、マウス、ヒト——一生物学者による未来への証言』フランソワ・ジャコブ著、原章二訳、みすず書房、二〇〇〇年。
『偶然と必然――現代生物学の思想的問いかけ』ジャック・モノー著、渡辺格他訳、みすず書房、一九七二年
『血液の物語』ダグラス・スター著、山下篤子訳、河出書房新社、一九九九年。
『免疫の意味論』多田富雄、青土社、一九九三年。
＊
『北里柴三郎――熱と誠があれば』福田眞人著、ミネルヴァ書房、二〇〇八年。

『生誕一五〇周年　北里柴三郎』北里柴三郎記念室編、二〇〇三年。

『志賀潔――或る細菌学者の回想』志賀潔著、日本図書センター、一九九七年。

『北里柴三郎――雷《ドンネル》と呼ばれた男』山崎光夫著、中公文庫、二〇〇七年。

『北里柴三郎の生涯――第一回ノーベル賞候補』砂川幸雄著、NTT出版、二〇〇三年。

『闘う医魂――小説・北里柴三郎』篠田達明著、文藝春秋、一九九四年（のちに文庫）。

『北里柴三郎』長木大三著、慶應通信、一九八六年。

『スキャンダルの世界史』海野弘著、文藝春秋、二〇〇九年（のちに文庫）。

『長與又郎日記　近代化を推進した医学者の記録　上下』小高健編、学会出版センター、二〇〇一年。

『明治を生きた会津人　山川健次郎の生涯――白虎隊士から帝大総長へ』星亮一著、平凡社、二〇〇三年（のちにちくま文庫）。

『人間の器量』福田和也著、新潮新書、二〇〇九年。

『伝染病研究所――近代医学開拓の道のり』小高健著、学会出版センター、一九九二年。

『極到人物観』金杉英五郎著、宮越太陽堂、一九四一年。

番外編

＊『分子生物学の夜明け——生命の秘密に挑んだ人たち　上下』H・F・ジャドソン著、野田春彦訳、東京化学同人、一九八二年。
『ヘラクレイトスの火——自然科学者の回想的文明批判』E・シャルガフ著、村上陽一郎訳、岩波書店、一九八〇年（のちに新書）。

おわりに

『ことばの顔』鷲田清一著、中央公論新社、二〇〇〇年（のちに文庫）。

本書は、二〇一一年に刊行された『なかのとおるの生命科学者の伝記を読む』（学研メディカル秀潤社）に加筆し、文庫化したものです。

生命科学者《せいめいかがくしゃ》たちの
むこうみずな日常《にちじょう》と
華麗《かれい》なる研究《けんきゅう》

二〇一九年 八 月一〇日 初版印刷
二〇一九年 八 月二〇日 初版発行

著　者　仲野徹《なかのとおる》
発行者　小野寺優
発行所　株式会社河出書房新社
〒一五一-〇〇五一
東京都渋谷区千駄ヶ谷二-三二-二
電話〇三-三四〇四-八六一一（編集）
〇三-三四〇四-一二〇一（営業）
http://www.kawade.co.jp/

ロゴ・表紙デザイン　粟津潔
本文フォーマット　佐々木暁
印刷・製本　中央精版印刷株式会社

Printed in Japan　ISBN978-4-309-41698-4

解剖医ジョン・ハンターの数奇な生涯

ウェンディ・ムーア　矢野真千子〔訳〕　46389-6

『ドリトル先生』や『ジキル博士とハイド氏』のモデルにして近代外科医学の父ハンターは、群を抜いた奇人であった。遺体の盗掘や売買、膨大な標本……その波瀾の生涯を描く傑作！　山形浩生解説。

人間の測りまちがい　上・下　差別の科学史

S・J・グールド　鈴木善次／森脇靖子〔訳〕　46305-6 46306-3

人種、階級、性別などによる社会的差別を自然の反映とみなす「生物学的決定論」の論拠を、歴史的展望をふまえつつ全面的に批判したグールド渾身の力作。

科学を生きる

湯川秀樹　池内了〔編〕　41372-3

“物理学界の詩人”とうたわれ、平易な言葉で自然の姿から現代物理学の物質観までを詩情豊かに綴った湯川秀樹。「詩と科学」「思考とイメージ」など文人の素質にあふれた魅力を堪能できる28篇を収録。

感染地図

スティーヴン・ジョンソン　矢野真千子〔訳〕　46458-9

150年前のロンドンを「見えない敵」が襲った！　大疫病禍の感染源究明に挑む壮大で壮絶な実験は、やがて独創的な「地図」に結実する。スリルあふれる医学＝歴史ノンフィクション。

この世界が消えたあとの　科学文明のつくりかた

ルイス・ダートネル　東郷えりか〔訳〕　46480-0

ゼロからどうすれば文明を再建できるのか？　穀物の栽培や紡績、製鉄、発電、電気通信など、生活を取り巻く科学技術について知り、「科学とは何か？」を考える、世界十五カ国で刊行のベストセラー！

生物学個人授業

岡田節人／南伸坊　41308-2

「体細胞と生殖細胞の違いは？」「DNAって？」「プラナリアの寿命は千年？」……生物学の大家・岡田先生と生徒のシンボーさんが、奔放かつ自由に謎に迫る。なにかと話題の生物学は、やっぱりスリリング！

解剖学個人授業

養老孟司／南伸坊　41314-3

「目玉にも筋肉がある？」「大腸と小腸、実は同じ!!」「脳にとって冗談とは？」「人はなぜ解剖するの？」……人体の不思議に始まり解剖学の基礎、最先端までをオモシロわかりやすく学べる名・講義録！

「科学者の楽園」をつくった男

宮田親平　41294-8

所長大河内正敏の型破りな采配のもと、仁科芳雄、朝永振一郎、寺田寅彦ら傑出した才能が集い、「科学者の自由な楽園」と呼ばれた理化学研究所。その栄光と苦難の道のりを描き上げる傑作ノンフィクション。

人間はどこまで耐えられるのか

フランセス・アッシュクロフト　矢羽野薫〔訳〕　46303-2

死ぬか生きるかの極限状況を科学する！　どのくらい高く登れるか、どのくらい深く潜れるか、暑さと寒さ、速さなど、肉体的な「人間の限界」を著者自身も体を張って果敢に調べ抜いた驚異の生理学。

快感回路

デイヴィッド・J・リンデン　岩坂彰〔訳〕　46398-8

セックス、薬物、アルコール、高カロリー食、ギャンブル、慈善活動……数々の実験とエピソードを交えつつ、快感と依存のしくみを解明。最新科学でここまでわかった、なぜ私たちはあれにハマるのか？

人生に必要な知恵はすべて幼稚園の砂場で学んだ

ロバート・フルガム　池央耿〔訳〕　46421-3

生きるのに必要な知恵とユーモア。深い味わいの永遠のロングセラー。“フルガム現象”として全米の学校、企業、政界、マスコミで大ブームを起こした珠玉のエッセイ集、決定版！

脳はいいかげんにできている

デイヴィッド・J・リンデン　夏目大〔訳〕　46443-5

脳はその場しのぎの、場当たり的な進化によってもたらされた！　性格や知能は氏か育ちか、男女の脳の違いとは何か、などの身近な疑問を説明し、脳にまつわる常識を覆す！　東京大学教授池谷裕二さん推薦！

「雲」の楽しみ方

ギャヴィン・プレイター＝ピニー　桃井緑美子〔訳〕 46434-3

来る日も来る日も青一色の空だったら人生は退屈だ、と著者は言う。豊富な写真と図版で、世界のあらゆる雲を紹介する。英国はじめ各国でベストセラーになったユーモラスな科学読み物。

植物はそこまで知っている

ダニエル・チャモヴィッツ　矢野真千子〔訳〕 46438-1

見てもいるし、覚えてもいる！　科学の最前線が解き明かす驚異の能力！　視覚、聴覚、嗅覚、位置感覚、そして記憶——多くの感覚を駆使して高度に生きる植物たちの「知られざる世界」。

孤独の科学

ジョン・T・カシオポ／ウィリアム・パトリック　柴田裕之〔訳〕 46465-7

その孤独感には理由がある！　脳と心のしくみ、遺伝と環境、進化のプロセス、病との関係、社会・経済的背景……「つながり」を求める動物としての人間——第一人者が様々な角度からその本性に迫る。

偉人たちのあんまりな死に方

ジョージア・ブラッグ　梶山あゆみ〔訳〕 46460-2

あまりにも悲惨、あまりにもみじめ……。医学が未発達な時代に、あの世界の偉人たちはどんな最期を遂げたのか？　思わず同情したくなる、知られざる事実や驚きいっぱいの異色偉人伝！

ヴァギナ　女性器の文化史

キャサリン・ブラックリッジ　藤田真利子〔訳〕 46351-3

男であれ女であれ、生まれてきたその場所をもっとよく知るための、必読書！　イギリスの女性研究者が幅広い文献・資料をもとに描き出した革命的な一冊。図版多数収録。

精子戦争　性行動の謎を解く

ロビン・ベイカー　秋川百合〔訳〕 46328-5

精子と卵子、受精についての詳細な調査によって得られた著者の革命的な理論は、全世界の生物学者を驚かせた。日常の性行動を解釈し直し、性に対する常識をまったく新しい観点から捉えた衝撃作！

著訳者名の後の数字はISBNコードです。頭に「978-4-309」を付け、お近くの書店にてご注文下さい。